阿刀亥煤矿急倾斜特厚煤层综放开采技术与工程实践

刘文郁　王忠乐　王　滨　著

梁卫国　主　审

中国矿业大学出版社

内 容 简 介

本书是阿刀亥煤矿急倾斜特厚煤层水平分段综放开采近十几年的工作经验和科技成果的总结,其创新点是全面系统地把立面图应用到急倾斜特厚煤层综放开采现场作业全过程。本书主要内容包括:阿刀亥煤矿急倾斜特厚煤层立面图作业体系、水平分段开采方法、"煤矿生产五大系统"、矿压显现及矿压规律、巷道锚网支护设计、采煤工艺关键技术、"三机"配套、安全避险"六大系统"、瓦斯抽采及综合利用体系、防灭火系统建设及"三环一化"精细化管理制度。

本书可供采矿工程、岩石力学、瓦斯处治、防灭火、安全管理等领域的科研、教学、设计及生产单位的工程技术人员参考使用。

图书在版编目(CIP)数据

阿刀亥煤矿急倾斜特厚煤层综放开采技术与工程实践/
刘文郁,王忠乐,王滨著. —徐州:中国矿业大学出版
社,2016.8

ISBN 978 - 7 - 5646 - 3243 - 4

Ⅰ. ①阿… Ⅱ. ①刘… ②王… ③王… Ⅲ. ①急倾斜
厚煤层采煤法—研究—包头 Ⅳ. ①TD823.21

中国版本图书馆 CIP 数据核字(2016)第 207665 号

书　　名	阿刀亥煤矿急倾斜特厚煤层综放开采技术与工程实践	
著　　者	刘文郁　王忠乐　王　滨	
责任编辑	郭　玉	
出版发行	中国矿业大学出版社有限责任公司	
	(江苏省徐州市解放南路　邮编221008)	
营销热线	(0516)83885307　83884995	
出版服务	(0516)83885767　83884920	
网　　址	http://www.cumtp.com　**E-mail**:cumtpvip@cumtp.com	
印　　刷	徐州中矿大印发科技有限公司	
开　　本	787×1092　1/16　**印张** 13.25　**字数** 331 千字	
版次印次	2016 年 8 月第 1 版　2016 年 8 月第 1 次印刷	
定　　价	38.00 元	

(图书出现印装质量问题,本社负责调换)

参与本书编著人员名单

周连春　陈跃都　李　铮　刘永强　杨雪成
张　硕　杨健峰　陈建永　侯得峰　姚海飞
王中华　高贯林　孟祥甜

本书审稿专家名单

梁卫国　张　飞　聂百胜　连传杰

序

  煤炭是我国的主体能源,在国民经济和社会发展中发挥着重要的基础性作用。科学技术是煤炭工业快速、健康和可持续发展的重要保障。我国煤炭科学技术的长足进步有力地促进了煤炭资源的高效开发和利用,极大地保障了国民经济建设与人民生活的需要。根据煤炭行业"十三五"规划,到 2020 年我国煤炭消费总量将控制在 42 亿吨左右,预计占世界煤炭产量的 56% 以上。满足国民经济当前和长远发展对煤炭的需求、提升煤炭生产力水平和核心竞争力并实现在国内煤炭资源赋存急倾斜特厚煤层条件下的安全高效开采将是未来煤炭开发的重大课题。我国急倾斜特厚煤层分布广泛,其地质条件大多数比较复杂,经过长期勘探和开采,我们对现有生产矿井中的急倾斜特厚煤层和将要开采的急倾斜特厚煤层的赋存特征及开发环境已有相当的了解。

  急倾斜特厚煤层开采方法一直是采矿技术中的难题,已经引起国家有关部门的重视。长期以来,人们对此做出了不懈的努力,并取得了可喜的进展。然而,由于急倾斜特厚煤层开采条件的特殊性,开采方法仍然是这类矿井改善技术经济面貌的主要障碍。急倾斜特厚煤层储量占我国煤炭总储量的 4%,而南方地区 80% 的矿区赋存有急倾斜特厚煤层。急倾斜特厚煤层的开采方法与煤层埋藏的地质条件有密切关系。选择某种采煤方法不仅受煤层倾角和厚度的影响,而且与煤层埋藏深度、煤层数目、围岩性质、地质构造,以及煤层的自然发火性质、瓦斯含量、水文条件等多方面的地质因素有关。

  "十二五"以来,煤炭行业各单位认真贯彻落实国家科学技术发展规划的重点任务。煤矿工作面急倾斜厚煤层综放开采技术在理论与实践上取得了重大突破,与之相配套成套技术与装备日趋成熟。围绕着煤矿安全发展的需要,制约煤矿安全生产的重大灾害防治关键性技术取得了突破性的进步,如我国高瓦斯特厚煤层、易燃特厚煤层、"三软"和"两硬"特厚煤层、大倾角特厚煤层等综放开采技术在煤矿灾害防治技术水平上有了大幅度的提高,并在现场工程实践中取得了成功,为我国煤矿开采技术创新,指导急倾斜特厚煤层综放开采、安全及管理方法研究奠定了基础。

  由刘文郁等同志编著的《阿刀亥煤矿急倾斜特厚煤层综放开采技术与工程实践》一书,紧密围绕阿刀亥煤矿急倾斜特厚煤层综放开采技术与工程示范建设，完整地介绍了急倾斜特厚煤层综放开采关键技术，并针对阿刀亥煤矿自身的历史和自然条件，从安全管理的角度步步深入，让读者对我国煤层急倾斜特厚煤层的发展历史及技术工程实践创新有一个全面的了解和把控。该矿岩巷和石门都是裸体巷道（巷道围岩为砾岩，经喷浆处理，无支护）；通风方式为 3 个回风立井，回风立井由反井钻机施工完成；运输系统及溜煤眼都在岩巷中布置；并形成了"一井一面一条龙"的煤炭生产新格局。在当时时代背景下，阿刀亥煤矿发挥"矿小贡献大"的优良作风，被评为"全国优秀矿山企业十面红旗"荣誉称号。阿刀亥人提出"不与大矿比条件，敢与大矿比贡献"的口号，诠释了阿刀亥煤矿老一代人的精神风貌和高尚品质，对阿刀亥煤矿的发展做出了极大的贡献。这本书对急倾斜特厚煤层综放工作面安全、高效开采示范工程进行了全面的总结，理论结合实践，为煤矿工程技术人员提供了一本既具有学术研究价值又具有现场指导的参考资料和工具书。

梁卫国

2016 年 2 月于北京

前　言

　　急倾斜煤层是指地下开采时倾角在45°以上的煤层,特厚煤层是指地下开采时厚度在8.0 m以上的煤层。这类煤层在许多矿区都有赋存,约占我国开采煤田总数的40%以上。开采急倾斜特厚煤层的国有重点煤矿约占煤矿总数的17%,开采急倾斜特厚煤层的地方煤矿约占地方煤矿总数的40%。急倾斜特厚煤层由于受煤层的赋存条件、煤层结构、地应力分布等因素影响,其煤炭开采方法多种多样。

　　我国急倾斜特厚煤层开采技术的改革,从新中国成立初期到现在,大致经历了五个发展阶段。第一阶段:20世纪50年代初,我国进行了采煤方法的改革。各矿区根据不同的煤层赋存条件,推行倒台阶工作面、水平分层、巷道长壁和沿俯斜推进的掩护支架等采煤方法,部分采用风镐落煤,刮板输送机运煤和机械式回柱,用垮落法处理采空区,取得了提高工作面生产能力、减轻劳动强度、改善安全状况的效果,初步改变了急倾斜特厚煤层矿井落后的技术经济面貌。第二阶段:20世纪60年代,急倾斜特厚煤层开采技术的进步主要表现为改风镐落煤为电钻钻眼爆破落煤。为扩大掩护支架的使用范围,淮南、开滦、徐州等矿区先后在掩护支架采煤法中成功应用"八"字型等掩护支架,克服了平板型支架的一些缺点,取得了较好的技术经济效果;此外,一些开采急倾斜特厚煤层的矿井还进行了矿井开拓和巷道布置方面的改革,降低了掘进率,改善了巷道的维护条件;同时也对工作面回采工艺进行了改革,开始应用金属支柱和金属铰接顶梁,在水平分层工作面中采用金属网假顶,或因地制宜地利用竹笆、荆笆等作假顶材料,均取得了较好的技术经济效果。第三阶段:20世纪70年代中期,以淮南矿区首创的伪斜柔性掩护支架采煤法获得成功为标志。这种采煤法具有产量大、生产系统简单、巷道掘进量小、回采工序少、生产安全、材料消耗低和劳动效率高等优点。它的试验成功是急倾斜煤层开采技术上的一大进步,目前仍在许多矿区使用。为进一步提高急倾斜特厚煤层开采的机械化程度,在此期间,北京、鸡西等矿区试验了滚筒式采煤机,四川攀枝花矿区试验了冲击式刨煤机,开滦、淮南矿区试验了用于掩护支架下机械化落煤的地沟机。此外,在一些矿区还进行过急倾斜特厚煤层综合机械化采煤的试验。但总体来说,机械化试验成功率不高,能推广应用的较少。第四阶段:20世纪80年代末90年代初,急倾斜特厚煤层采煤方法得到进一步的改进,工作面长度加大、单产提高、安全条件进一步改善。如四川芙蓉矿务局巡场煤矿试验成功的俯伪斜走向长壁分段密集采煤法,是由伪斜短壁采煤法演变而成的一种采煤方法,具有产量大、通风条件好、便于顶板管理的特点。几十年来,我国在研究和改进急倾斜特厚煤层开采技术方面已做了大量的工作,取得一个又一个重大的技术成果,开采急倾斜特厚煤层矿井的技术经济面貌也在不断得到改善。第五阶段:20 世纪 90 年代中期至今,出现以滑移顶梁支架放顶煤采煤法、水平分段放顶煤采煤法为主的采煤方法。我国急倾斜特厚煤层开采的总体趋势将朝着两个主要的方向发展。第一个方向是实现机械化开采,把缓倾斜特厚煤层的回采工艺引入急倾斜特厚煤层是一种途径,而研制新的急倾斜特厚煤层的轻型机械更为迫切;第二个方向则是向放顶煤发展,放顶煤仍是急倾斜特厚煤层采煤方法改革的一个很有潜力的发展方向。对于急倾斜特厚煤层可以采用水平分段综采放顶煤采煤法,对于中厚-厚煤层可以采用巷道放顶煤采煤法。

阿刀亥煤矿于 1958 年建矿,矿井生产能力经过多次改造,由最初的 5 万 t/a 发展为现在的 90 万 t/a。它曾经被树为全国煤炭系统扭亏为盈十面红旗之一,被誉为"矿小贡献大"的光辉典范和内蒙古西部"煤海明珠"的美称。2002 年 12 月 31 日,被神华集团公司授予首批"质量标准化"特级矿井称号。阿刀亥煤矿位于内蒙古土默特右旗沟门镇阿刀亥矿区,煤层倾角为 50°~86°,煤层厚度为10~70 m,属急倾斜特厚煤层。急倾斜特厚煤层水平分段放顶煤开采时,由于受煤层厚度的限制,工作面长度一般比较短。根据煤层赋存特征,急倾斜特厚煤层工作面长度一定,合理地提高水平分段的高度是提高单位推进度的煤炭产量的重要手段之一,但水平分段的高度也不是可以无限度地增加,一般 18~25 m 是比较合理的范围。在急倾斜特厚煤层水平分段开采中,合理地提高分段高度有四个优点,可以简述为"三低一高":大幅度降低了掘进成本和百万吨掘进率;极大地减少了搬家倒面次数,避免了因反复搬家所带来的巨大困难;最大限度地减少了相应的经济浪费;提高了单位推进度的煤炭产量,保证煤矿高产、高效。

水平分段放顶煤技术是急倾斜特厚煤层的主要开采方法。本书以阿刀亥煤矿为背景,主要介绍了急倾斜特厚煤层水平分段综放开采技术的发展历程。首先分析了急倾斜特厚煤层开采技术的发展历史及变化;其次以内蒙古阿刀亥矿区急倾斜特厚煤层富集区阿刀亥煤矿为背景,设计、确定了急倾斜特厚煤层 90 万 t/a 综放工作面的基本参数,并分析了急倾斜特厚煤层综放工作面的矿压显现及围岩活动规律;再次根据综放工作面采煤机、液压支架、带式输送机等设备的选择原则,为 90 万 t/a 综放工作面进行了合理的设备选型,形成了急倾斜特厚煤层综放工作面装备的合理匹配;最后制定了急倾斜特厚煤层回采工艺、采区及巷道布置方案,建立了完整的急倾斜特厚煤层水平分段综放开采体系。

急倾斜特厚煤层水平分段综采放顶煤开采涉及三个方面的重要问题:第一,水平分段的高度问题,与开采高度密切关联的工作面顶板及围岩的稳定性分析涉及矿山地质及岩体力学相关学科;第二,顶煤冒放问题,实现工作面上方顶煤高效放出的前提是对顶煤进行预先弱化和有效破碎,而弱化的方法多种多样,比如注水弱化、放震动炮、二氧化碳爆破致裂预处理等,涉及空气动力学及爆破相关学科;第三,工作面"三机配套"问题,基于急倾斜特厚煤层的综放工作面"三机配套"(采煤机、液压支架、刮板输送机)有着自身的特殊性,合理地发挥设备自身优势,增设支架破煤,优化综采放顶煤开采工艺显得至关重要,该问题涉及机械与系统工程相关学科。随着科学技术的不断进步,煤层弱化技术有了很大的提高,比如二氧化碳爆破致裂技术在低透气性、坚硬煤层中的应用可以最大限度地保证安全、高效地弱化煤层,提高顶煤冒放性。上述三个问题如果得到解决,将会对急倾斜特厚煤层特有的水平分段开采实现安全、高效、绿色开采,促进综采放顶煤技术又快又好发展具有十分重要的理论研究和现实意义。

全书的整体构思、统稿由刘文郁、王滨负责,审定由梁卫国教授完成。本书的顺利完成得到了原神华集团包头矿业公司阿刀亥矿总工程师王忠乐的大力支持,另外周连春、李铮、刘永强、陈跃都、杨健峰、杨雪成、张硕、陈建永、侯得峰、高贯林、姚海飞、王中华、孟祥甜等参与了本书部分章节的编写工作,并提供了宝贵的建议和意见,对全书的成稿提供了很大的帮助。本书在撰写过程中得到了中国煤炭科工集团有限公司、神华集团有限责任公司、山东科技大学、太原理工大学、河南理工大学、内蒙古科技大学等相关企事业单位同仁的大力支持,也得到了中国矿业大学出版社的热情帮助,借本书出版之际,作者向给予本书支持和帮助的各位专家、学者和同仁一并表示衷心的感谢。

希望本书能为读者带去一缕新鲜空气和创新的火花,为全国煤矿开采技术人员、管理干部和该研究领域的专家、学者提供创新交流的平台,倡导国家层面"大众创业,万众创新"的顶层设计指导思想,为煤炭科技创新发展起到"抛砖引玉"的作用。由于作者水平有限,书中疏漏和错误在所难免,敬请读者批评、指正。

刘文郁

2016 年 7 月于北京

目　录

第一章　概　　述

急倾斜特厚煤层是指赋存角度为 45°～90°、煤层厚度大于 8.0 m 的煤层。阿刀亥矿区从 20 世纪 90 年代中期应用和研究滑移顶梁支架放顶煤采煤法以及水平分段综采放顶煤开采技术,已成功应用 20 余年。

20 世纪 80 年代末,急倾斜特厚煤层水平分段综采放顶煤技术在我国窑街、辽源、乌鲁木齐矿区等地先后试验成功。与水平分层采煤法相比,可以大大减少分层的次数,极大地减少运输巷道和回风巷道的开掘数量和掘进工程量,增加经济效益,具有不可替代的优越性。

急倾斜特厚煤层的总储量与历年的产量占我国煤炭总量的 5% 以下,但赋存有这种煤层的矿区约占我国开采煤田的 40% 以上。其中开采急倾斜特厚煤层的国有重点煤矿约占国有重点煤矿总数的 17%,而开采急倾斜特厚煤层的地方煤矿约占地方煤矿总数的 40%。急倾斜特厚煤层采煤方法有很多种,与其煤层赋存条件、煤层的结构和复杂的应力环境有关,也与"破、装、运、支、处"装备机械化程度密不可分。

法国是发展现代放顶煤技术较早的国家,20 世纪 80 年代,我国学者为研究和发展放顶煤技术曾到法国考察学习。但到了 20 世纪 90 年代,法国由于石油的冲击和开采煤炭成本升高的原因,煤矿被迫关闭。20 世纪 80 年代后,前苏联在开采急倾斜特厚煤层采煤方法上与我国有着不同的思路,前苏联主要发展综合机械化采煤,这种方式偏向于沿倾斜方向推进。乌克兰顿涅茨煤矿机械设计院自 1986 年为顿巴斯矿区开采急倾斜特厚煤层设计了 54 个综放工作面,最高月产量可以达到 1.701 万 t,平均月产 1.2763 万 t。20 世纪 90 年代以来,随着苏联的解体,其煤炭工业的发展遇到重重困难,在急倾斜特厚煤层开采设计方面没有太大的创新和突破。1993 年,乌克兰煤炭产量中煤层倾角在 35° 以上的煤层产量为 849.9 万 t,仅仅占该国煤炭总产量的 3%～4%,而其中非机械化开采的煤炭产量约占总产量的 64.5%。

前苏联的长壁体系采煤法在我国得到过很好的应用推广,其中倒台阶采煤法在急倾斜薄及中厚煤层中得到很好的应用,工作面布置成倒台阶可以防止放落的煤和冒落的顶板向下滚砸。20 世纪 50～60 年代,倒台阶采煤法成为我国急倾斜特厚煤层主要应用的正规方法,该方法是在每一个台阶上 1～2 个工人进行作业,工人作业时都在上一个台阶伞檐的保护下,采下的煤通过挡板溜向下部运输巷道的出煤口。倒台阶采煤法由于台阶上作业的工人主要靠风镐进行落煤,工作面需要两套动力供应系统,台阶限制了产量的进一步提高。我国很多急倾斜特厚煤层的煤层底板都比较软,很容易发生滑动破坏,倒台阶布置时其滑移容易向工作面发展,造成顶板事故。在 20 世纪 80 年代中期,我国四川开采急倾斜特厚煤层数量较多,在这个时期形成了典型的分段密集支柱采煤方法,该方法是以发展伪倾斜体系采煤方法的重大技术变革。

分段密集支柱采煤方法的特点如下:① 采煤工作面线与水平面的夹角为 35°,作业工人可以在工作面上自由行走,而无需像在倒台阶工作面那样上下爬行,可以提供较好的工作环境;② 采煤工作面下部超前于上部,可以有效防止底板破坏滑移;③ 采煤工作面采用分段密集支护方式,将冒落的直接顶挡在沿倾斜方向的各个水平段上,而不是都沿倾斜方向向下滚滑,防止造成下部填满而上部悬空的现象,可以有效地控制基本顶沿着倾斜方向无规则运动。

急倾斜特厚煤层长期沿用的正规采煤方法是水平分层和斜切分层采煤方法,由于采煤工作面长度较短,一般采用单体支柱进行支护,每个分层的高度控制在 2 m 左右,每个分层分别沿顶板和底板布置运输巷道和回风巷道,掘进量较大。在分层间需要铺设金属网,或留煤柱,成本较高,因而不少矿井仍沿用巷柱式采煤法。

我国的现代放顶煤技术源于急倾斜特厚煤层的开采。1982 年,北京矿务局研制了滑移顶梁液压支架,于次年在木城涧煤矿进行工业性试验并取得了成功,于 1985 年通过煤炭工业部的鉴定认可。20 世纪 80 年代末,急倾斜特厚煤层水平分段综采放顶煤在窑街、辽源、乌鲁木齐、阿刀亥矿区先后试验并获得成功。急倾斜特厚煤层水平分段综采放顶煤与水平分层采煤法相比,有着一些不可替代的优势。

目前,我国开采急倾斜特厚煤层的矿井水平或者阶段的高度一般为 100～200 m,采用水平分层采煤法,一般分层的高度设置为 2.0 m,一个生产水平需要划分 50 多个分层,仅运输巷道和回风巷道就需要开掘 100 多条。而采用水平分段放顶煤,水平分段的高度如按照阿刀亥煤矿的 10～18 m,一个生产水平仅需要划分 6～10 个分段,运输巷道和回风巷道就只需要开掘 12～20 条,少掘进了 80% 以上的巷道,节约的工程量很大,经济效益非常明显。阿刀亥矿区在发展急倾斜特厚煤层放顶煤技术方面所取得的成果在我国乃至世界煤炭行业都独树一帜。

第二章　急倾斜特厚煤层立面图作业体系

第一节　立　面　图

一、立面图的定义

在煤矿地下开采工程制图实践中,如果煤层与水平面的角度大于 45°而小于 90°时,为了反映矿井地质概况与开拓开采系统实际情况,我们通常把它投影在位置合适的立面上,从而形成反映煤矿地下开采工程的立面图。

立面图示意如图 2-1 所示。

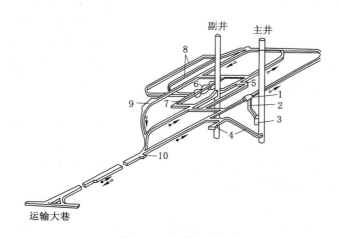

图 2-1　立面图示意

1——卸载硐室;2——煤仓;3——装载硐室;4——清理撒煤硐室和斜巷;5——等候室;
6——中央水泵房;7——变电所;8——水仓;9——电机车修理硐室;10——调度室和医疗室

二、立面图的适用范围

如果煤层与水平面之间的夹角大于 45°而小于 90°时,立面图有着其平面图所不能具备的优势。水平投影图是把反映矿山地质工程概况的所有内容通过向水平面投影到一张图上,它是二维平面图(X,Y),水平投影图不能反映 Z 方向的完整数据信息和立体的三维效果。为了方便读图、识图,通常在煤层与水平面之间的夹角大于 45°而小于 90°时,沿着能够反映主要矿山数据信息的一个轴面进行投影,从而可以达到一目了然的三维视觉效果,更容易读图和识图。

反映矿山工程地质概况的方法有平面法和立面法两种方式。平面法是平面投影,在煤层底板等高线图上进行。立面法为立面投影,包括立面投影法和立面展开法两种。如图 2-2

所示,当煤层走向顺直,走向不拐弯,且倾角大于 60°宜采用立面投影法;当煤层走向折曲,走向拐弯,且倾角大于 60°宜采用立面展开法。

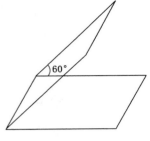

在矿山地质工程实践中,立面图主要适用于以下几种情况:

(1)急倾斜特厚煤层地下开采工程实践;

(2)煤矿安全避灾路线示意;

(3)煤矿地下开拓系统矿山工程实践;

(4)煤矿地下硐室绘制;

图 2-2　立面法适用情况

(5)煤炭资源储量估算。

第二节　CAD 立面图的绘制原则及方法

一、速腾矿图辅助设计系统 2010 版软件简介

计算机技术特别是 CAD 技术给采矿工程技术人员提供了强有力的辅助设计工具。目前大型采矿技术管理软件价格十分昂贵,比如:3DMine、南方 CASS、GIS 等。虽然功能强大但操作复杂且对数据成图的要求也很严格,其局限性只适用大型矿井。采矿行业到目前为止还没有普及行业公认、专业性强的辅助设计软件。大部分矿山工程技术人员仍停留在将 AutoCAD 作为绘图工具,逐条线、逐个图形地将图纸绘制到计算机中的阶段。虽然改变了传统的绘图方式,但并没有太大地减轻矿山设计人员的劳动强度。图元、线型不能完全达到国家统一的采矿制图标准。非标准的图纸不利于主管部门审查,影响整个行业的图纸规范和标准化推广使用。

为此,煤炭科学研究设计院在 AutoCAD 平台上开发的"速腾矿图辅助设计系统"是专为煤矿、非煤矿山的采矿工程图纸设计、技术管理及安全监控而研发。整个系统集设计者多年的设计制图实践经验,针对采矿辅助设计、测量成图提供非常完美的解决方案。

二、CAD 立面图绘制原则和方法

1. 绘制立面图应遵循的原则

(1)比例:和平面图一样,立面图和剖面图都可以直接采用 1∶1 的比例来绘制图样,图纸比例出图时决定。

与平面图采用相同的比例,并画在同一个图层中的好处是直观,而且可以直接从平面图引出参考线,作图准确。另外可以沿用平面图中原本已经设置好的一些参数,比如煤层底板等高线图等。

(2)图层:由于各二次开发软件中对立面和剖面的支持都不是特别明显,并且没有特别统一通用的图层设定,故立面、剖面的图层可以自行设置。需要注意的是:除文字和标注这两层外,即使颜色和线型一样,也要重新设定新的图层,一般不去套用平面图中的已有图层,以避免在大面积编辑时发生混淆。

常用图层:

PUB_TEXT 文字线型 CONTINUOUS 颜色 7(正白);

PUB_DIM 尺寸线型 CONTINUOUS 颜色 3(正绿)。

辅助线:细线、中粗线、粗线。

或在 WALL 及 WINDOW 前面加上有关立面和剖面的前缀名。

2. 立面图作图顺序

绘制立面图的过程,实际和手工画图是一样的,需要对应平面图确定各矿山地质单元水平方向位置,同时根据层高、方位等确定垂直方向的各个高度。对于有很多层的矿山工程地质概况立面图,先画好一层,再阵列获得其余各层。立面图常用绘制顺序为:调用平面图作为参照→绘制水平方向参照线→绘制垂直方向参照线→在辅助线层上覆盖正确的线型图层→绘制煤层底板等高线及巷道硐室等→单层完成后阵列得多层→绘制煤层顶板→检查调整图样→标注尺寸→标注文字→关闭辅助线层→出图。

注意:由于辅助线相当于手工绘图的超细轻线,是图样中多余的线,所以在绘制完成后一定要先将其关闭再出图,而在移动图样时,则要保证其开启并随图样移动,以方便后来的编辑调整;也可以在不需要用辅助线时将这些线删除。

第三节　煤矿 CAD 立面图的识读

平面图在开采急倾斜特厚煤层中的不适用性,通过立面图与平面图的立体关系分析,确定巷道的长度、坡度及测点坐标再在图上的对应关系,为绘制立面图提供方便。

开采急倾斜特厚煤层时,由于煤层倾斜度较大,各种巷道和采区在平面图上的变形较大,有的甚至会重叠,这时平面图已经无法准确无误地反映巷道之间的关系,使阅读和使用极为不便。因此,开采这类煤层时,除绘制采掘工程平面图外,还应加绘立面投影图。

《生产矿井储量管理规程(试行)》规定,煤层倾角大于 60° 时,应在立面投影图或立面展开图上计算储量。

一、立面图的基本特点

(1)煤层底板等高线。在立面图上,煤层底板等高线表现为一组等间距的水平线。其间距由立面图比例及等高距决定,与煤层倾角无关。

(2)立面图上所反映的巷道长度、倾角与真实值的关系。如图 2-3 所示,立面 M 与水平面 N 相交于 OW,任意巷道 AB 交面 M 于 B,交面 N 于 A,AB 在面 M 上的投影为 CB,在面 N 上的投影为 AD。令巷道 AB 的真倾角中为 β,巷道 AB 的水平投影线 AD 与立面的水平投影线 OW 之间的夹角为 γ,巷道 AB 的实际长度 $AB = l$,则:

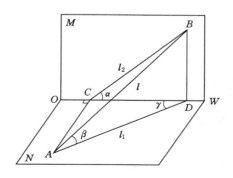

图 2-3　巷道在平面与立面上的投影关系

① 巷道 AB 在立面 M 上的投影长度 l_2：

$$CB = l_2 = \sqrt{BD^2 + CD^2}$$
$$= \sqrt{l^2\sin^2\beta + l^2\cos^2\beta\cos^2\gamma}$$
$$= l\sqrt{1 - \cos^2\beta\sin^2\gamma} \tag{2-1}$$

② 巷道 AB 在立面 M 上所反映的倾角 α：

$$\tan\alpha = \frac{BD}{CD} = \frac{\tan\beta \times AD}{CD} = \frac{\tan\beta}{\cos\gamma}$$

$$\alpha = \arctan\left(\frac{\tan\beta}{\cos\gamma}\right) \tag{2-2}$$

③ 巷道 AB 在立面 M 上所反映的高差 $\Delta h'$：

$$BD = \Delta h' = l \times \sin\beta \tag{2-3}$$

于是，立面图上所反映的巷道长度、倾角均通过该巷道的水平投影线与立面的水平投影线之间的夹角 γ 与真实值联系起来。

二、坐标填图

将测绘点 $P(X_0, Y_0, Z_0)$ 填绘到立面图上。如图 2-4 所示，水平面 N 位于坐标 OXY 中，立面 M 位于坐标系 OWZ 中，两坐标系共原点。显然面 $M \perp$ 面 N，点 $P(X_0, Y_0, Z_0)$ 在面 N 上的投影为 $P_1(X_0, Y_0)$，在面 M 上的投影为 $P_2(W, Z_0)$，过点 P_2 作 $P_2D \perp OW$，$P_2C \perp OZ$；过点 P_1 作 $P_1A \perp OX$，$P_1B \perp OY$，如图 2-5 所示。令 OW 轴的方位角为 δ，即 $\angle XOW = \delta$。下面推导由平面直角坐标系 X_0、Y_0 及高程 Z_0 换算成立面坐标 W、Z 的具体表达式：$W = f(X_0, Y_0)$，$Z = f(Z_0)$。

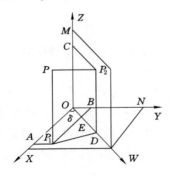

图 2-4　测点在平面图与立面图上的坐标关系

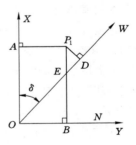

图 2-5　辅助计算图

首先证明 $P_1D \perp OD$：

$CO \perp$ 面 N，$P_2D /\!/ CO \Rightarrow P_2D \perp$ 面 $N \Rightarrow P_2D \perp P_1D$ 〕

$PP_2 \perp$ 面 $M \Rightarrow PP_2 \perp P_2D$

$P_2D \perp$ 面 N，$PP_1 \perp$ 面 $N \Rightarrow P_2D /\!/ PP_1$

P、P_1、P_2、D 四点共面

$\Rightarrow PP_2 /\!/ P_1D \Rightarrow P_1D \perp$ 面 $M \Rightarrow P_1D \perp OD$

由于 $P_1D \perp OD$，故：

$$OD = OE + ED = \frac{Y_0}{\sin\alpha} + (X_0 - Y_0/\tan\delta)\cos\delta$$

简化,即:

$$W = X_0 \cos \delta + Y_0 \sin \delta \tag{2-4}$$

特殊情况下:① $\delta=0°$时,$W=X_0$;② $\delta=90°$时,$W=Y_0$;③ $\delta=180°$时,$W=-X_0$。

显然,高程为:

$$Z = Z_0 \tag{2-5}$$

这样,便可以根据公式(2-4)和公式(2-5),将已知点的平面直角坐标(X_0,Y_0)及高程Z_0,通过立面的水平投影线的方位角δ,换算成立面图上坐标系OWZ中的立面坐标(W,Z),从而在立面图上填绘相应的点。

三、根据采掘工程平面图绘制立面图

某回采工作面平面图如图 2-6 所示,巷道 AB 为开切眼,AC、BD 分别为下、上平巷。从平面图可以得出:煤层走向为 75°,倾角 68°;巷道 AB 斜长 87.34 m,倾角 34°55′,方位 55°;AB 两点平面直角坐标及高程为 A (50,120,150),B(92,178,200)。根据平面图绘制立面图的步骤如下:

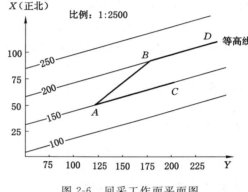

图 2-6　回采工作面平面图

(1)确定立面位置,令立面水平投影线 OW 平行于煤层走向$\delta=75°$。

(2)画出立面坐标系OWZ及煤层底板等高线。

(3)根据公式(2-4)、公式(2-5)计算立面坐标。

对于 A 点:

$W_A=50\cos 75°+120\sin 75°=128.85$ m

$Z_A=150$ m

对于 B 点:

$W_B=92\cos 75°+178\sin 75°=195.75$ m

$Z_B=200$ m

(4)填绘图。由于平巷 AC、BD 沿煤层走向布置,故在立面图上反映等长度。

(5)根据立面图求巷道 AB 的几何要素。根据图 2-6 直接量得:巷道 AB 的立面长度 $l_2=83.5$ m,立面倾角 $\alpha=36°30′$。根据公式(2-1)和公式(2-2),求巷道 AB 的实长 l 和真倾角 β,必须先算出巷道 AB 的水平投影线与立面的水平投影的夹角 γ。根据平面图,$\gamma=75°-55°=20°$。

$\tan \beta=\tan \alpha \cdot \cos \gamma=\tan 36°30′\times \cos 20°$

$\beta=34°48′$

$$l=\frac{l_2}{\sqrt{1-\cos^2 \beta \times \sin^2 \gamma}}=\frac{83.5}{\sqrt{1-(\cos 34°48′\times \sin 20°)^2}}=87.0 \text{ m}$$

显然不能单独根据立面图推算出某一巷道的实际长度、真倾角及方位。这也说明矿井在绘制立面图时为何还要绘制平面图的道理。

第四节　立面图在开采急倾斜特厚煤层中的应用

湖北长阳落雁山煤矿是一个核定生产能力为 15 万 t/a 的矿井,现在实际生产能力 8 万 t/a 左右。该矿煤层为急倾斜煤层,其中南翼煤层倾斜角 60°～80°,平均 68°。矿井采用斜坡采煤法。多年来,一直使用平面图,因巷道在图上显得过于拥挤,采掘情况很难清晰地在图上反映出来。后来,该矿开始在平面图的基础上尝试绘制立面图,结果,各巷道的关系在图上变得清晰了,使用起来极为方便。

下面以南翼Ⅳ采区为例说明立面图的绘制方法:该采区煤层走向 101°20′,倾角 70°,沿煤层走向剖面,$\delta=101°20′$,立面图选用与平面图相同的比例尺 1:1 000。

(1) 按比例作高程线,并注上高程数据。

(2) 画一直线与高程线平行的剖面投影线,将其作为 W 轴,并按比例画等份,标注坐标数据。

(3) 对于经纬仪测量结果,可先将平面坐标换算成立面图坐标,然后填图。根据公式 (2-4) 有:

$$W = X_0\cos\delta + Y_0\sin\delta$$
$$= (336\times10^4 + X)\cos\delta + (3\,750\times10^4 + Y)\sin\delta$$
$$= 36\,108\,472.78 + X\cos 101°20′ + Y\sin 101°20′$$

为简化计算,将立面坐标原点向右平移 36 108 472.78 m,则:

$$W = X\cos\delta + Y\sin\delta \qquad\qquad (2\text{-}6)$$

例如:该采区材料上山某测点 b_1(48 811.081,7 456.484,629.056)换算成立面坐标,即为 b_1(6 365.629,629.056)。

对于罗盘测量成果,可先计算出平面坐标,而后按公式(2-6)换算,再填图;亦可根据公式(2-1)、公式(2-2)先计算出 l_2、α,再填图。这里 $\gamma=|\delta-R|$,R 为巷道的方位角。例如:该采区某一斜坡罗盘测得:边长 $l=15$ m,倾角 $\beta=32°$,方位 $R=207°$,$\gamma=|101°20′-207°|=105°40′$,$\alpha=\arctan\left(\dfrac{\tan 32°}{\cos 105°40′}\right)=-66°37′41″$,$\alpha$ 为负值。说明 W 的增量减少,填图时应注意。立面图上反映的长度 l_2 为:

$$l_2 = 15\sqrt{1-(\cos 32°\sin 32°)} = 8.66 \text{ m}$$

对于工程设计巷道,可根据设计参数,或点的坐标,或巷道几何要素(边长、倾角、方位)按上述方法绘制。

(4) 最后注上各种标记,并对照平面图进行认真的分析、检查。这样,便将一幅立面图独立地绘制在另一张图纸上。

本章节介绍的立面图绘制方法,计算较繁琐,但成图精度高,能有效地指导生产,且由于不依赖平面图而独立成图,可与平面图对照,相互检查,亦可编程由电脑绘图,实现绘图自动化。

第三章　阿刀亥煤矿急倾斜特厚煤层开采方法

第一节　阿刀亥煤矿矿井生产概况

神华集团包头矿业有限公司阿刀亥煤矿位于阴山山脉大青山煤田中段南缘,距京包线萨拉齐车站 15 km,距 110 国道及呼包高速公路 7 km,交通运输条件比较便利。井田范围东西长 7.5 km,南北宽 2 km,矿区面积 6.575 km²。地理坐标:东经 110°23′50″～110°28′20″,北纬 40°37′35″～40°38′38″。

阿刀亥煤矿始建于 1958 年 5 月,当时为年产 5 万 t 的地方小型矿井,生产系统比较简单,仅一个采煤队、一个掘进队、一个通风队和一个机电队,归属土默特右旗人民政府。1972 年由包头矿务局接管,成为国有统配煤矿,改建为年产 15 万 t 的小型正规矿井,1973 年投产。之后经过不断的技术改造,1994 年改建为年产 30 万 t 井型,采煤工艺由炮采改进为机采。1998 年随包头矿务局整体划归神华集团,2001 年 9 月到 2002 年 5 月由包头矿务局主管,阿刀亥煤矿又进行了改扩建,采煤方法由滑移支架机采放顶煤采煤法改进为综采放顶煤采煤法,矿井主提升由箕斗提升改为大倾角胶带提升,使矿井设计能力达到 60 万 t/a,2003 年 8 月随包头矿务局更名为神华集团包头矿业有限公司阿刀亥矿。2006 年核定生产能力为 90 万 t/a。2009 年原煤产量 83.8 万 t。2016 年阿刀亥煤矿由神华集团转让给私营企业。

现矿井生产能力为 90 万 t/a,井田面积 6.575 km²。矿井主采煤层为石炭二迭纪 Cu_2 煤层,煤层厚度为 21～43 m,平均厚度为 32 m,煤层倾角一般在 70°以上。阿刀亥煤矿矿井采用中央并列斜井多水平开拓方式,岩石大巷、石门见煤,阶段小石门布置工作面。现生产水平为 +1 155 m 水平,采区布置以井筒分为东、西部两个采区,采区设计长度为 1 000 m。以石门分东、西两翼布置工作面。工作面沿煤层走向布置,回采两巷道沿煤层顶板和底板布置。工作面走向长度一般为 450～500 m,工作面平均宽 32 m。2014 年矿井瓦斯等级鉴定结果为绝对瓦斯涌出量 19.54 m³/min,相对瓦斯涌出量 9.84 m³/t,为高瓦斯矿井。通风方式为分区抽出式,矿井进风量 4 800 m³/min;主提升井为 28°,采用大倾角强力带式输送机运煤;排矸井为 32°、6 t 箕斗提升;副井配备斜井人车、井下东部配有猴车运人系统。

开拓工作面采用凿岩机(7655 气动凿岩机)、湿式钻眼、光面爆破,工作面装岩采用耙岩机装岩,绞车提升。为预防破碎带落石,对岩石巷道进行喷浆,喷浆厚度为 10～15 mm。阿刀亥矿现有 +1 310 m 水平、+1 260 m 水平、+1 155 m 水平大巷,目前生产水平为 +1 155 m,开拓接续水平为 +1 000 m。+1 155 m 水平运输大巷沿煤层底板布置,为机轨运输大巷,带式输送机全部采用 SPJ-800 型固定机架式带式输送机。煤炭运输采用带式输送机运输,设备、材料运送采用矿车轨道运输。

采煤方法为急倾斜特厚煤层水平分层走向长臂综采放顶煤采煤法。开采顺序为下行式,采区前进式、工作面后退式。水平分层厚度为 16 m 和 13 m,其中采高 2.2 m,放顶煤为 12.8 m 和 10.8 m。现生产水平的水平分层厚度为 16 m,设计延深水平分层厚度为 13 m,回采工艺流程为:采煤机割煤→拉后部刮板输送机→移综采支架→推移前部刮板输送机→放顶煤→移设端头支护→回收等正规循环作业,工作面平均月推进 70 m,日均 2.4 m。放煤步距采用两采一放,放煤方式采用单轮间隔放顶煤。放煤步距为 1.2 m,放煤口间距为 1.25 m。

采煤工作面采用 MGD-150N 短臂采煤机落煤,配 ZFBZL1800/15/23 轻型综采低位放顶煤液压支架支护。采煤机截深为 0.6 m,放煤口插板行程为 0.55 m,工作面采用 SGB-630/75 型刮板输送机作为采煤机的行走轨道和运煤设备,工作面支架后部采用 SGB-630/75 型刮板输送机作为放顶煤的运输设备。

矿井有两个煤巷掘进面,其中一个综掘面(使用 EBZ-30 型综掘机)、一个炮掘面,工作面巷道采用锚网支护与 12# 矿工钢梯形支架支护,巷道交岔点采用对棚 12# 矿工钢支护,日掘进巷道可达 12 m。有两个开拓面准备,日开凿岩巷约 3 m,支护采用喷浆或锚网喷浆支护。

运输方式为:① 西部采区工作面煤炭→运输巷刮板输送机→溜煤眼→采区石门转载刮板输送机→+1 155 m 西部运输大巷带式输送机→+1 155~+1 310 m 大倾角带式输送机(28°)→井下集中煤仓→+1 310 m 地面大倾角带式输送机(28°)→地面。② 东部采区工作面煤炭→运输巷刮板输送机→溜煤眼→采区石门转载刮板输送机→+1 155 m 东部运输大巷带式输送机→+1 155~+1 310 m 大倾角带式输送机(28°)→井下集中煤仓→+1 310 m 地面大倾角带式输送机(28°)→地面。

工作面运输巷采用多部 SGB-630/75 型刮板输送机运煤。采区运输石门、运输大巷采用 SPJ-800 带式输送机运输,井下到地面采用 28°大倾角强力带式输送机运输。排矸采用 6 t 后卸式箕斗运输。辅助运输采用 JD-40 型调度绞车。

矿井通风方式采用中央边界和中央对角混合分区抽出式,由两个主井、一个副井进风,白家尧风井和西二风井回风,经实测矿井最大排风量为 4 950 m³/min;东部采区采用中央边界式,西部采区采用两翼对角式。白家尧风井两台主要通风机型号分别为:在用主要通风机型号为 BDK618-No.18,备用主要通风机型号为 BDK618-No.22,西二风井两台主要通风机型号均为 BDK618-No.18,主要通风机全部采用双回路供电。采煤工作面利用固定瓦斯抽采系统进行瓦斯预抽采,东、西两个抽采泵站抽采能力达 190 m³/min;掘进工作面供风采用局部通风机正压供风,全部为双通风机双电源,并可自动切换。

阿刀亥煤矿现有基层生产区队 8 个(采煤、掘进、开拓、通风、灭火、抽采、机电、选煤),生产职能科室 6 个(调度科、安监科、技术科、地测科、设备支护科、本安体系办),机关及后勤保障科室 13 个(物资供应、后勤、培训、劳资、财务、党政办、工会、团委、纪委、保卫、卫生院、救护队、水暖队),各基层单位职责清晰、任务明确,相互配合默契,人员配置满足生产要求,全矿现有职工 1 080 人。

第二节　急倾斜特厚煤层开采方法

回顾几十年来急倾斜特厚煤层采煤方法的改革进程,我国急倾斜特厚煤层开采方法大致向两个方向发展。一是视急倾斜特厚煤层倾角大为不利因素,按缓倾斜特厚煤层的工作面布置及回采工艺模式来设计急倾斜特厚煤层开采方法,例如俯伪斜走向长壁分段密集采煤法。这些开采方法在工作面通风及回采工艺上取得了较大的进步,然而,在回采过程中,尽管工作面的坡度减小了,煤层及其顶底板的倾角却是始终无法改变的,采场顶底板仍按其某些固有的规律运动,工作面矿压显现也不同于缓倾斜特厚煤层。因此,这些开采方法的顶板管理工作比缓倾斜特厚煤层复杂得多,也是其效益难以发挥的主要原因之一。二是充分利用急倾斜特厚煤层倾角大、煤层易沿倾斜方向垮落的特点设计的开采方法,如从仓储、高落式采煤法到长孔爆破采煤法,在通风安全条件、工人劳动强度等方面得到了一些改善,但采出率低、单产低、煤质差等问题仍然存在。

尽管如此,从我国煤炭工业的发展来看,工艺改革仍是采矿技术发展的核心。缓倾斜特厚煤层开采效果的不断改善是回采工艺不断进步的结果,从房柱式到短壁,从短壁到长壁一直到综采放顶煤,使缓倾斜特厚煤层的开采效果一步步大幅度提升。急倾斜特厚煤层也不例外,随着工艺的改革,开采效果也在不断改善之中。但工艺改革的成功离不开采矿基本理论尤其是采场围岩运动规律及其控制的研究。多年来,与缓倾斜特厚煤层开采方法相比,急倾斜特厚煤层采煤方法的改革是非常活跃的,到目前为止,急倾斜特厚煤层采煤方法已达几十种之多。然而,在急倾斜特厚煤层采煤方法改革的过程中,人们往往只注重工艺的创新,而忽视了采场围岩运动规律的研究,因而难以从根本上改善急倾斜特厚煤层的开采效果。

急倾斜特厚煤层水平分段综采放顶煤是急倾斜特厚煤层开采方法改革的重要成果之一。它充分利用了急倾斜特厚煤层倾角大、煤层易垮落、顶板稳固性相对较好的特点,利用了综采放顶煤的优势,形成了自己较为完整的矿压控制及回采工艺的理论体系,真正实现了急倾斜特厚煤层开采的高产高效,是急倾斜特厚煤层采煤方法改革的一个里程碑。然而,水平分段综采放顶煤采煤法只能用于厚度在 20 m 以上的急倾斜特厚煤层。而我国特别是南方矿区,急倾斜特厚煤层的厚度大部分在 10 m 以下,以中厚煤层居多,并且赋存条件复杂。这些煤层的开采方法种类繁多,但大部分还不成熟,存在许多问题。巷道放顶煤采煤法为该类煤层的开采找到了一条有效的途径,并在采取一定手段后可以用于急倾斜特厚煤层放顶煤。

第三节　水平分段开采

我国传统的开采急倾斜特厚煤层多用高落式采煤法、水平分层和斜切分层采煤法以及伪倾斜柔性掩护支架采煤法。随着近水平厚煤层综采放顶煤技术的发展,综采支架放顶煤技术已被成功引入急倾斜煤层的开采。在辽原梅河矿、窑街二矿、乌鲁木齐六道弯矿、包头阿刀亥煤矿先后进行了急倾斜煤层水平分段综采放顶煤采煤法试验,均取得了良好的开采效果。急倾斜煤层水平分段放顶煤采煤法的试验成功,是急倾斜煤层采煤法及其回采工艺的重大改革。

一、急倾斜煤层水平分段综采放顶煤的优点

（1）产量大幅度提高。有的矿井比巷道长壁、柔性掩护支架等采煤法产量提高了 2～6 倍。

（2）矿井生产集中，机械化程度高。

（3）与一般的急倾斜煤层开采方法相比，煤巷掘进率大幅度降低。

（4）提高了劳动生产率，降低了成本。与倾斜分层相比，梅河矿工作面效率提高了 2.4～7.9 倍，窑街二矿提高了 2.9 倍，开采成本降低 10％～15％。

二、主要缺点

（1）适应性不强。对于煤层厚度沿走向变化较大，断层较多，厚度小于 20 m 的急倾斜煤层均不适用。

（2）综采机械设备初期投资远大于其他任何急倾斜煤层开采方法。

（3）设备搬运和安装比较困难，工作面长度必须保持不变，因此而造成的煤损大。

（4）煤尘大，危害工人健康和安全生产。

三、适应条件

（1）煤层倾角大于 45°。

（2）煤层厚度大于 20 m。

（3）适用于中硬 $f<2.0$ 和中软 $f\geq0.8$ 的煤层，$f\geq2.0$ 时要使用爆破强制落煤措施。

（4）在采区走向长度范围内厚度基本无变化，无落差较大的断层，煤层稳定。

第四节　阿刀亥煤矿矿井立面图的编制

一、矿井概况

矿井为井下开采，采用斜井开拓、岩石大巷、石门见煤、阶段小石门布置工作面。开采煤层为 Cu_2 煤组，其生产系统井口坐标为：

主斜井：$X=4\,500\,195.856$，$Y=37\,454\,187.558$，$Z=1\,451.056$；

副斜井：$X=4\,500\,218.085$，$Y=37\,454\,158.963$，$Z=1\,444.723$；

白家尧井（一采区风井）：$X=4\,500\,475.707$，$Y=37\,454\,130.127$，$Z=1\,465.000$；

西风井（二采区风井）：$X=4\,500\,375.193$，$Y=37\,453\,342.133$，$Z=1\,409.359$；

新主斜井（提矸副斜井）：$X=4\,500\,079.339$，$Y=37\,454\,126.921$，$Z=1\,453.544$。

矿井采煤方法为急倾斜特厚煤层分层水平走向长壁综采放顶煤方法。开采顺序为下行式，采区前进式，工作面后退式。工作面沿煤层走向布置，回采巷道贴近煤层顶、底板，综放工作面有两条放煤线，一条采煤机割煤，采高 2.2 m，由前部输送机运煤，另一条是矿压作用下的顶煤经支架放煤机构放煤，再由后部输送机运出。这种采煤方法是以厚煤层为前提，一次采 Cu_2 煤组全层，包括煤层及夹石全部采出。

井下煤炭运输由刮板输送机及带式输送机直接运至地面，地面设有选矸楼，经机选后落地储存。矿井通风方式采用中央并列抽出式，由主、副井进风，白家尧风井和西二风井分区回风。

二、井田开拓方案

根据井田内煤层赋存、外部建设条件、地质地形、煤炭储量、工作面机械化装备水平、投资及成本等因素,本矿井采取斜井开拓:从地面选择地势高、地形平坦、平场工程量少,同时考虑井下开拓总体工程量最省、运输距离最小、压煤最小等因素来设计确定,工业广场布置可采用原有矿井的工业场地。

井田开拓方案示意如图 3-1 所示。

（一）开拓方案

根据矿井地形地质条件及井上下生产系统、工业广场布置及地面筛分系统的位置,考虑充分利用现有设施的可能性,经分析研究,最终确定了利用现有主斜井、副斜井、提矸副斜井、两个回风斜井井筒作为矿井开拓系统主要组成部分。

现矿井已形成开拓系统 +1 155 m 水平,一采区开采标高为 +1 212 m,二采区开采标高为 +1 203 m。本设计移交水平为 +1 155 m 水平。

井田开拓位于井田东侧,划分三个采区,勘探 7—7′线以东为一采区,勘探 7—7′至勘探 4—4′线区间为二采区,勘探 4—4′线以西至储量核实边界为三采区,即一、二、三采区。

主斜井、副斜井、提矸斜井、一采区回风井均位于 7—7′勘探线处,二采区回风井位于二采区的中央。

副斜井距主斜井西侧 30 m,提矸副斜井距主井西南侧 125 m,一采区风井距主井西北侧 284 m,二采区风井距主井西南侧 863 m。

主斜井斜长 320 m,倾角 28°,延伸至 +1 304 m,装备大倾角带式输送机,井底设煤仓,煤仓高度为 43 m,井下运输通过 +1 155 m 水平运输大巷经暗主井(倾角为 28°)至煤仓。

副斜井斜长为 470 m,倾角 32°,延伸到 +1 310 m 运输大巷,装备单钩串车,+1 310 m 运输大巷经由 +1 310～+1 260 m 暗副井(倾角 28°)与 +1 260 m 运输大巷连接,+1 260 m 大巷经由 +1 260～+1 155 m 暗副井(倾角 28°)与 +1 155 m 机轨运输大巷连接,实现轨道运输接力连接,与各水平互相连接。

提矸副斜井斜长为 290 m,倾角 28°,延伸至 +1 220 m,装备单钩串车,经矸石筒仓与 +1 260 m 水平连接,各采区的矸石通过采区轨道上山与 +1 260 m 连接,经 +1 260 m 运输大巷与矸石筒仓连接,经由矸石筒仓与提矸斜井连接。

一采区回风井斜井斜长为 680 m,倾角 30°,延伸至 +1 260 m 回风大巷,通过采区轨道下山与 +1 155 m 水平相连接。

二采区回风斜井斜长为 180 m,倾角 28.6°,延伸至 +1 352 m,经 +1 352 m 石门折返 +1 352～+1 260 m 下山至 +1 260 m 二采区运输大巷,经采区 +1 260～+1 155 m 下山延伸到 +1 155 m 水平运输大巷,通过 +1 260 m 采区折返轨道下山与 +1 155 m 水平相连接。

（二）生产系统

井下各采区的煤炭运输通过各采区的溜煤眼、带式输送机运输石门、+1 155 m 运输大巷与大倾角强力带式输送机上山连接至 +1 342 m 井底煤仓再经煤仓转运到主提升井至地面。

井下各采区辅助运输通过折返轨道下山连接各采区分层石门,通过各采区回风石门、回风眼与回风大巷连接实现完整的生产系统。

1. 排水系统

在 +1 310～+1 260 m 暗副井和 +1 260～+1 155 m 暗斜井分别设置井底中央变电

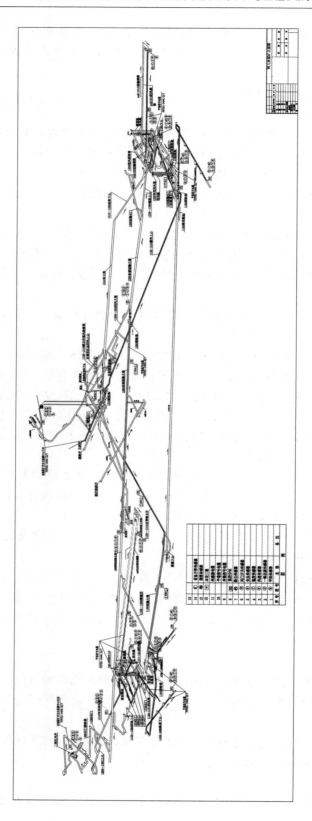

图3-1 井田开拓方案图

所、水仓、水泵房,井下排水通过+1 155 m水泵房经+1 260～+1 155 m暗副井到+1 260 m水泵房,再由+1 260 m水泵房经由+1 260～+1 310 m暗斜井至副斜井,排到地面水池。

2. 材料系统

一采区材料系统:地面材料经由+1 310 m运输大巷经由(+1 310～+1 228 m)轨道下山折返至+1 228～+1 155 m轨道下山与各分层石门连接,运至回采工作面。

二采区材料系统:地面材料经由+1 310 m运输大巷经由(+1 310～+1 260 m)暗副井至+1 260 m运输大巷,再由+1 260 m运输大巷运到二采区轨道下山与二采区开采石门连接,运至回采工作面。

3. 矸石运输系统

井下+1 310 m轨道运输大巷、+1 260 m轨道运输大巷、+1 260 m东回风大巷、+1 155 m水平运输大巷均布置在Cu_2煤层底板岩石中。与各水平连接的暗副井与轨道运输大巷连接的石门均布置在Cu_2煤层底板岩石中。

一采区提矸系统:经一采区的分层石门、一采区+1 155～+1 228 m轨道下山、一采区+1 310～+1 228 m轨道下山提升至+1 310 m轨道运输大巷,经副斜井提至地面。

二采区提矸系统:经二采区的分层石门、二采区轨道下山提升至+1 260 m运输大巷,经过+1 260 m水平矸石筒仓、提矸副斜井提至地面。

三、水平划分及水平延深

井田划分为三个水平,一水平标高为+1 155 m;二水平标高为+1 000 m,三水平标高为+920 m。移交一水平。

四、井筒

根据开拓布置,本矿井移交生产时共建成5条井筒,即主斜井、副斜井、提矸副斜井、一采区回风斜井、二采区回风斜井。

其中主斜井为大倾角强力带式输送机提升,担负全井煤炭运输,敷设消防洒水管路,兼入风井和安全出口,设置台阶和扶手;副斜井为单钩串车提升,担负材料、设备及人员升降之用,敷设消防洒水管路,设置台阶和扶手,兼作矿井入风井和安全出口;提矸副斜井担负全井的矸石提升,敷设消防洒水管路,设置台阶和扶手,兼作入风井和安全出口;一采区回风井和二采区回风井为矿井回风斜井,兼安全出口,设置台阶和扶手。井筒的详细参数如表3-1所列。

五、井底车场及硐室

(1)井底车场形式的选择

本矿井开拓方式为斜井开拓,根据副斜井提升方式以及大巷运输方式、运量、副斜井相对位置关系等条件,经比较确定各水平井底车场形式选为集中轨道运输大巷。在+1 310 m、+1 260 m水平设置集中轨道运输大巷,通过与各采区的轨道下山与之相连,各水平之间采用折返式轨道下山与各水平巷道相连,折返轨道下山设置小型中转车场,担负+1 155 m水平的矸石、材料、设备和人员的转运任务。

(2)线路布置

表 3-1 井筒特征表

序号	井筒特征		井 筒 名 称				
			主斜井	副斜井	提矿副斜井	一采区回风斜井	二采区回风斜井
1	井口坐标/m	经距(Y)	37 454 187.558	37 454 158.955	37 454 126.921	37 454 130.127	37 453 342.133
		纬距(X)	4 500 195.854	4 500 218.113	4 500 079.339	4 500 475.707	4 500 375.193
2	井口标高/m		1 451.054	1 444.550	1 453.544	1 465.000	1 409.359
3	提升方位角		185°35′16″	185°22′18″	191°33′24″	75°15′43″	179°29′10″
4	井筒倾角		28°	28°	32°	30°	28°
5	水平标高 /m	第一水平			+1 155		
		第二水平			+1 000		
		最终水平			+920		
6	井筒深度或斜长/m	最终深度	320	470	290	655	190
7	井筒直径或宽度/m	净	2.6	2.6	3.0	2.6	2.6
		掘进	3.3/2.84	3.3/2.84	3.6/3.24	3.3/2.84	3.3/2.84
8	井筒断面积 /m²	净	6.0	6.0	8.0	6.0	6.0
		掘进	8.1/6.7	8.1/6.7	10.4/9.3	8.1/6.7	8.1/6.7
9	支护方式	材料	(钢筋)混凝土	(钢筋)混凝土	(钢筋)混凝土	(钢筋)混凝土	(钢筋)混凝土
		厚度/mm	350/120	350/120	350/120	350/120	350/120
10	井筒装备		强力带式输送机	单钩串车	单钩串车	台阶、扶手	台阶、扶手

为节省井巷工程量和便于施工,并考虑车场运输、调车的方便,故将翻转罐笼进、出车线、回车线、调车线按充分利用+1 260 m水平辅助运输大巷进行布置的,翻转罐笼进、出车线和调车线长度按2.5 t蓄电池电机车牵引11辆1 t固定箱式矿车组成的1列车长度设计,长度为25 m。

(3)调车方式

矸石列车由机车牵引到+1 260 m井底车场调车线后,由机车顶入翻转罐笼进车线,机车经回车线运行到翻转罐笼出车线牵引空车和材料车经回车线、调车线返回采区。矿车进罐笼时,采用推车机和阻车器集中操作。

(4)车场通过能力

井底车场运输任务主要包括运送煤炭、矸石和材料。一列混合列车由11辆1 t固定车厢式矿车组成。车场通过能力计算如下:

$$N = T \times Q/(1.15 \times T_d)$$

式中　N——井底车场通过能力,t/a;

　　　Q——每一循环进入井底车场载重量,t;

　　　T_d——每一调度循环时间,min,经过计算完成一次循环时间为4.0 min;

　　　T——年运输时间,min。

$T = 330 \times 16 \times 60 = 316\ 800$ min;

$N = 316\ 800 \times (11 \times 1)/(1.15 \times 4.0 \times 10\ 000) = 75.8$ 万 t。

满足《煤炭工业设计规范》规定要求。

(5)井底车场硐室

井底煤仓采用立仓布置,直径3 m,高度43 m,容量约250 t。

清理撒煤装载口设在主斜井井底,将撒煤装入矿车后,经井底清理撒煤斜巷提升至+1 310 m井底车场,由副斜井提升到地面。

井底运输车场硐室有:消防材料硐室、电机车充电硐室、变电所、水泵房、水仓。

电机车充电硐室布置在运输大巷内,加宽式巷道布置,长度为20 m。主变电所、中央水泵房和管子道分别布置在+1 260 m、+1 155 m暗副井附近,以便于与各水平辅助运输巷之间的联系,主变电所与中央水泵房联合布置。

消防材料库分别设置于+1 260 m、+1 155 m运输大巷与各暗副井之间,加宽式,长度为20 m。

井下由于爆炸火药用量较少,井下不设置爆炸材料库发放硐室。

水仓分别布置在+1 260 m、+1 155 m暗副井一侧,同两条独立的巷道共同组成,水仓间距为20 m。水仓入口靠近暗副井井底的最低点。水仓净断面为5.78 m²,+1 155 m水仓长90 m、+1 260 m水仓长90 m,有效容量均约为520 m³,满足《煤矿安全规程》的要求。水仓采用1 t固定式矿车人工清理。电机车充电硐室设置在+310 m轨道运输大巷东侧,回风通过+1 310~+1 260 m联络巷至一采区总回风大巷。

(6)井底车场主要巷道和硐室的支护方式及支护材料

+1 310 m轨道运输大巷、+1 260 m轨道运输大巷井底车场布置在Cu_2煤层底板岩层中,煤层直接底板以砂质泥岩(高岭土岩)、中砂岩为主,局部含有细砂岩,厚度在0.2~2.0 m之间,岩性及厚度变化皆大。Cu_2煤组基本底为Cu_1石英砾岩,厚度为40~130 m,平均70

m,其砾径在 2 cm 左右,岩性稳定性较差,局部变为含砾粗砂岩,胶结次于 Cu_3 砾岩层,其他性质同 Cu_3 砾岩。井田内为层状岩类,工程地质勘查类型为三类二型即:中等型,设计暂按Ⅳ类围岩考虑,设计确定车场巷道和硐室均采用直墙半圆拱形断面,其他巷道和硐室均采用料石(或混凝土)砌碹支护。井底运输车场的各单位工程进行施工图设计时,可依据井巷掘进时探掘实测所提供的岩石物理力学性质及指标调整巷道或硐室的支护形式。

六、大巷运输方式设计

(1)煤炭运输

根据矿井的开拓部署,井下采用两个综采放顶煤采煤工作面保证全矿的设计生产能力,本着少投资、尽量简化井下运输系统的原则,统筹考虑井下煤、矸石、材料、设备及人员的运输,设计选定井下主要运输巷道的运输方式为 SPJ-800/2×75 型带式输送机方式运输。

井下辅助轨道运输采用 600 mm 轨道,矸石、砂石、水泥等散装物料用 1 t 固定矿车运输,设备及坑木、钢轨等长材用 1 t 材料车或 1 t 平板车运输,矸石、设备、材料组成的列车均由 XK5-6/90-KBT 蓄电池电机车牵引。

井下考虑到机械运输人员,在+1 310~+1 155 m 猴车上山设置 HC726 型猴车运送人员。

(2)主要运输巷道设计

主要运输巷道为+1 155 m 机轨运输大巷,依据巷道所处的围岩条件,暂确定主要运输石门和大巷均采用直墙三心拱形断面,锚喷支护。石门和大巷的坡度为 0.3%~0.4%,装备 SPJ-800/2×75 型带式输送机,轨道铺设 22 kg/m 钢轨。

(3)主要运输巷道断面、支护方式

井下机轨运输大巷、辅助运输大巷、运输石门、集中水平回风石门和回风大巷均采用直墙半圆拱断面,挂网锚喷支护。工作面运输巷、超前运输巷和回风巷采用金属支架支护。

七、采区布置

(1)移交生产和达到设计生产能力时采区数目、位置和工作面生产能力

本井田煤层为倾斜特厚煤层,倾角为 76°~86°,共有 Cu_2 南翼、Cu_2 北翼两层,主采 Cu_2 北翼,Cu_2 煤组最大厚度为 43 m,最小厚度为 21 m,平均厚度为 32 m,根据井巷揭露 Cu_2 北翼平均厚度为 30 m 左右。主要运输大巷布置在岩石中,运输大巷与各采区之间通过各水平运输石门、各水平分层石门联络。此布置有利于减少移交及准备工程,减少区段石门保安煤柱损失。移交投产工作面编号为 $Cu_2$11212 和 $Cu_2$21203 两个工作面,两个工作面达到设计生产能力。

(2)煤层分组关系和开采顺序

根据本井田煤层开采技术条件,井田划分为三个水平,每个水平划分由东向西为依次三个采区,每个采区采用水平煤层布置分层石门方式;沿采区轨道下山方向水平分组,每组划分为 6 个分层石门。每个石门区段高度约 15~18 m,分层石门设置两个分层回采工作面,每个工作面开采放顶煤厚度不超过 8.8 m。煤层开采顺序是同区段内先上层后下层,区段下行,区段工作面内的开采顺序为后退式回采。

(3)采区巷道布置

本井田可采煤层为根据详查报告中的可采煤层 Cu_2 南北翼煤层。其中 Cu_2 煤层全部可采,设计井田可采煤层赋存范围以井田划定境界为界,南北最长 6.370 km,东西最宽为

1.053 km,面积为 6.709 9 km²。

+1 260 m 井底车场通过辅助运输大巷至采区轨道下山,+1 155 m 水平运输大巷掘进 +1 155 m 运输石门,+1 155 m 水平石门开凿三组进风眼、三组回风眼和一个溜煤眼,轨道 下山开凿各分层石门,各采区沿各分层石门分别沿 Cu₂ 煤层顶板开凿运输巷,沿 Cu₂ 煤层底 板开凿回风巷,各分层工作面运输巷与溜煤眼相连接至+1 155 m 水平运输大巷。

(4)采区运输、装车点及硐室

采区采用带式输送机运输煤炭,装载点设采区煤仓,煤仓容量为 203 t。采区设临时变 电所。

(5)采区煤、矸运输和辅助运输方式及设备选型

综放工作面有两条放顶线,一条采煤机割煤,采高 2.2 m,由前部输送机运煤;另一条是 矿压作用下的顶煤经支架放煤机构放煤,再由后部输送机运出。采区移交 Cu₂ 煤层工作面 前部配备 SGB-630/75 可弯曲刮板输送机,后部配备 SGB-630/150 可弯曲刮板输送机,运输 巷内配备 SGB-630/150 刮板输送机,工作面采出的煤炭经超前运输巷、分层运输巷、采区溜 煤眼进入采区煤仓。

采区辅助运输(掘进煤)经采区溜煤眼进入采区煤仓;采区辅助运输(矸石)经采区轨道 下山(JD-40 型绞车)到+1 260 m 集中运输大巷,经+1 260 m 集中辅运大巷矸石筒仓至提 矸副斜井(一采区矸石经+1 310 m 轨道运输大巷至副井)。

(6)采区通风和排水

采区采用上行通风方式,新鲜风流经过进风眼、分层运输巷进入工作面,乏风经过回风 巷、回风眼、采区回风石门、回风上山、集中回风大巷、回风斜井排出井外。

回采工作面的水通过运输巷、轨道上山、+1 260 m 集中运输大巷、+1 155 m 机轨运输 大巷、水仓、+1 155 m 水泵房、+1 260 m 水泵房经+1 310 m 运输大巷、副斜井至地面。

采区局部低洼处积水,用 WQ15-60-9.2 型水泵排出。

第四章　急倾斜特厚煤层水平分段开采"煤矿生产五大系统"

第一节　通　风　系　统

矿井通风是最基本的生产环节,它在建井和生产期间始终占有重要地位。阿刀亥煤矿由于生产布局变化、自然条件影响、生产能力提高,按照煤矿实际情况进行了矿井通风系统的改造优化,目的在于建立完善、可靠、合理的矿井通风系统,实现矿井安全生产和提高效益。

一、通风系统优化改造方案

（一）补掘通风巷道或扩巷改造优化

西部采区利用原西二采区两条轨道下山并联作为西部主要回风巷,又设计施工一条专用回风巷与该两条下山相连。东部采区设计施工一条专用回风巷直接施工到风井吸风硐处,既可解决采区专用回风巷和一段回风、一段进风问题,又解决了风井通风阻力大的问题。采区内设计新专用回风立眼(有效通风断面不小于 $5.3 \ m^2$)。由于阿刀亥煤矿所采煤层为急倾斜煤层,为减少工程量,用反井钻机在采区回风石门处打专用回风立眼与采掘面回风巷相连。对通风巷道局部断面较小处进行扩帮、挑顶、拉底,使有效通风断面不小于 $6 \ m^2$。再者,优化深部水平的采区变电所通风设计,使其具备独立通风条件。这样,需新掘巷道1 345 m,扩建巷道 150 m,回风立眼 6 个共 282 m。

（二）整改矿井通风设施

(1) 更换白家尧备用通风机为 BDK618-No.18 型对旋节能主要通风机,使在用和备用通风机同能力、同型号。

(2) 整改通风机附属设施。淘汰原风硐内闸板,更换为通风机专用蝶型阀;加固吸风硐,在原吸风硐外表面用混凝土浇灌,堵塞漏风;在防爆门与门框之间粘贴胶板或毡垫,减少漏风。

(3) 完善井下通风设施。将主要大巷风门更换为无压风门,风门实现液压闭锁、更加可靠。采区内设木风门(除原装的两道风门之间的闭锁装置外),每道风门增设风门自闭装置(防止风门打开后无人关闭而造成风流短路),进一步提高通风设施的可靠性。

（三）优化矿井通风系统

(1) 通过掘进矿井和采区专用回风巷,对矿井及采区通风系统进行优化,增加采区并联进风巷道,拆除冗余风阻物件、降低通风阻力、增大矿井风量。

(2) 新掘成的+1 218 m专用回风巷作为西一采区的总回风巷,原来回风的采区轨道下山和进风的+1 155 m 石门作为采区主要进风巷。在+1 218 m 石门内专用回风巷外侧、+1 203 m石门内回风立眼联络巷外、西二采区石门与+1 260～+1 352 m回风上山交叉点外侧和+1 171 m 专用回风立眼联络巷内各新建风门。拆除+1 260 m 大巷西部采区瓦斯抽采泵站处、西一采区各分层石门内、西二采区+1 310~+1 260 m 下山下车场和+1 203 m 移变硐室内的风门。拆除+1 155 m 石门联络巷内挡风墙。

（3）新掘成的+1 260 m 专用回风巷作为东部采区的总回风巷，原来回风的+1 310 m 东大巷、采区轨道下山和原来进风的+1 155 m 运输石门作为采区主要进风巷。在+1 209 m 石门内专用回风巷外侧、+1 155 m 回风石门内、东部+1 260 m 大巷与+1 260 m 专用回风上山交叉点西侧新建风门。拆除东部采区+1 310 m 大巷、东部采区+1193 m 石门内、+1 155 m 石门联络巷处和+1 352 m 石门处的风门。在+1 392 m 石门内和+1 352 m 回风上山口处施工挡风墙，拆除+1 228~+1 260 m 回风上山口处两道密闭墙。阿刀亥煤矿通风系统改造后的矿井通风网络如图 4-1 所示。

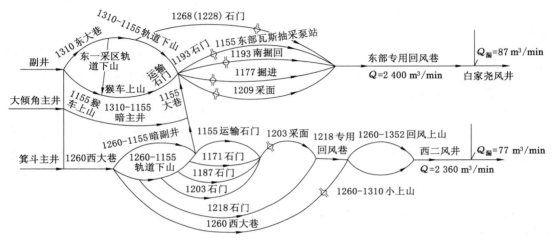

图 4-1　阿刀亥煤矿通风系统改造后的矿井通风网络图

（四）改造优化后的效果分析

（1）通风系统改造优化之后，效果明显改善。矿井通风能力明显提高，通风阻力大幅降低。矿井风量增加 1 400 m³/min，增幅 41.7%；通风阻力下降 468.9 Pa，降幅 32.8%。等积孔由 1.79 m² 提升至 3.07 m²，成为容易通风矿井。矿井有效风率大大提高，外部漏风率下降，通风设施减少，通风系统更加可靠合理。

（2）通过矿井通风系统的改造与优化，矿井东、西翼采区具备专用回风巷，阶段采用回风立眼连通，形成了采掘工作面独立通风系统，通风系统简单、可靠。主要通风机更换为同一种型号，两个风井主要通风机机房配电间、供电系统及供电设备老化问题全部更新，供电系统可靠。大量减少了风门等通风设施，减少了采区漏风，有效风量大大增加；既保证了采掘面供风，又解决了专门为各分层石门配风的问题，提高了矿井有效风率，为矿井瓦斯治理创造了条件。通风阻力减小，从而降低采煤工作面负压；采空区漏风随之减少，采煤工作面瓦斯涌出量会随负压降低而减小；不但有利于采煤工作面瓦斯管理，而且有利于防灭火管理。矿井通风阻力降低后，风量增加，主要通风机能耗降低。

二、矿井通风方式及合理性分析

阿刀亥煤矿在 2014 年鉴定结果为高瓦斯矿井，严格按高瓦斯矿井管理。根据矿井开拓部署，矿井目前生产时，共建有 5 条井筒，即主斜井、副斜井、提矸副斜井、白家尧回风斜井、西二回风斜井。其中主斜井、副斜井、提矸副斜井进风,白家尧、西二回风斜井回风,矿井通风系统为分区式,通风方式为机械抽出式。

阿刀亥煤矿由两个主井、一个副井、白家尧风井和西二风井组成,经实测,矿井最大排风量为 4 950 m³/min。白家尧风井两台主要通风机型号均为 BDK618-No. 18,一台使用,一台备用;西二风井两台主要通风机均为 BDK618-No. 18,一台使用,一台备用,主要通风机全部采用双回路供电。通风方式采用机械抽出式,此方式使井下风流处于负压状态,当主要通风机因故停止运转时,井下的风流压力提高,可减少采空区瓦斯涌出量,对安全生产十分有利,漏风量小,通风管理较简单,是国内外煤矿最常用的一种通风方式。

工作面通风路线:新鲜风由+1 155 m 猴车下山、+1 310 m 东大巷→+1 155 m 进风立眼、+1 155 m 分层石门→+1 155 m 工作面→回风立眼→回风上山→+1 260 m 东部回风大巷→白家尧风井排出地面。

工作面通风方式设计为一进一回。采区内运输巷和轨道下山进风,采区专用回风巷回风。局部通风采用压入式通风,所有局部通风机均采用双风机双电源并实现自动切换。

三、工作面瓦斯涌出量

根据东部+1 177 m 北工作面瓦斯排放量统计,其工作面瓦斯一部分来源于开采煤层的煤壁和落煤解吸的瓦斯,另一部分来源于采空区,采空区瓦斯涌出包括未采下分层卸压后涌出的瓦斯、邻近层及围岩涌出的瓦斯,因此工作面瓦斯主要来源于开采落煤和采空区(含围岩及邻近层)涌出的瓦斯。

邻近东部+1177 m 北工作面,煤体原始瓦斯含量为 4.65～6.25 m³/t,矿井有瓦斯预抽采措施。东部采区东翼回采工作面瓦斯抽采后平均绝对瓦斯涌出量为 2.8～3.8 m³/min(日产 2 000 t 左右)。

四、工作面供风量、风速计算及合理性分析

工作面日产量为 2 964 t,则最大绝对瓦斯涌出量为 5.63 m³/min。

(1) 应配风量计算

$$Q_采 = 100 \times q_采 \times K_{CH_4}/1.0$$

式中　$Q_采$——工作面实际需风量,m³/min;

　　　$q_采$——回采工作面瓦斯平均绝对涌出量,m³/min;

　　　K_{CH_4}——采煤工作面瓦斯涌出不均衡系数,取 1.6;

　　　1.0——风流瓦斯浓度上限值,%。

$Q_采$=100×5.63×1.6/1.0=900.8 m³/min=15.01 m³/s。

(2) 按工作面温度计算

$$Q_采 = 60v \cdot S$$

式中　v——采煤工作面平均风速,m/s,按采煤工作面空气、温度、湿度的对应关系,取 0.8;

　　　S——采煤工作面的平均断面积,m²。

$Q_采$=60×0.8×10=480 m³/min。

(3) 按人数计算

$$Q_采 = 4N$$

式中　N——采煤工作面同时工作的最多人数,取 30;

　　　4——每人每分钟应供给的最小风量,m³/min。

$$Q_采 = 4 \times 30 = 120 \text{ m}^3/\text{min}$$

（4）采煤工作面最低风量的规定

综放工作面配风量不应低于 800 m³/min。

（5）按风速验算

《煤矿安全规程》规定，采煤工作面最高允许风速为 4 m/s，采煤工作面切眼最低允许风速 0.25 m/s。按此要求进行验算，即回采工作面的风量应满足：

$$15S \leqslant Q \leqslant 240S$$

式中　S——采煤工作面平均有效断面，m²。

S 取 10 m²，得出：150＜Q＝900.8＜2 400。

从风速验算来看，工作面需风量 900.8 m³/min 能够满足要求，且风速一般在规定的最高风速的一半以下，若工作面实际抽采效果不理想，则实际需风量将进一步增大，风速仍然能够满足《煤矿安全规程》规定的要求。

五、通风设施、减少漏风和降低风阻的措施

（一）通风设施

为了使矿井通风系统稳定可靠，保证风流按拟定路线流动，根据开拓布置和井下用风的要求，在必要地点设置风门、调节风门、风墙、风帘、风桥等通风构筑物和设施，并要加强管理和维护，以确保矿井安全生产。

（1）风门

采用铁皮制风门，设在进、回风巷之间，用于隔断风流，便于行人、检修等，在盘区主要风路之间安设风门用于反风，当工作面需要进行反风时将其关闭，并相应打开有关常闭风门。

（2）调节风门

采用木或铁制，用于调节通过巷道的风流大小，安设在独立通风硐室的回风通道、大巷、工作面巷道等需要调节风流的巷道中。

（3）风墙及密闭

风墙分为永久风墙和临时风墙两种，用于隔绝风流。永久风墙（密闭）用实心混凝土块或砖块砌成，砂浆抹缝，中间充填黄土或其他非可燃无毒密封材料，在进风一侧墙面抹砂浆。永久风墙主要设在不允许风流通过，也不需要行人、行车的进、回风大巷之间的横贯中；密闭墙设在进回风巷与采空区和废弃的巷道之间，重点密闭需安设可关闭的检查孔。

临时风墙用空心混凝土块或砖块砌成，不需砂浆抹缝，但要在进风流巷一侧墙面抹砂浆，也可用钢筋骨架塑料板喷化学凝胶制成，主要设在综放工作面进风巷和回风巷之间的横贯和掘进工作面巷道中。

若风墙中部去掉混凝土块，安上门，其构筑物称为人行门，人行门向进风侧开启。

（4）风桥

它主要用于进、回风巷相交处，使回风巷从进风巷上方通过形成风桥，风桥上方巷道采用锚喷支护，下方巷道侧墙为混凝土浇筑，顶部为配有工字钢梁的混凝土板，为防止漏风，在混凝土板上方填筑 0.5～1.0 m 厚的黄土。对于服务时间不长，上方巷道仅作回风使用的风桥，其下方的巷道两壁可用空心混凝土块砌成，壁面抹砂浆，顶部覆盖经防腐处理后的波纹板，以保证不漏风。如均为进风的带式输送机巷和辅助运输巷相交，则可设置运输立交，当带式输送机巷穿越辅助运输大巷时，为节省工程量，可采用可移动拼装式钢结构立交。

（5）风帘

风帘采用不燃性材料制作，用于疏导风流，主要设在与掘进工作面有关的巷道中。

（二）减少漏风和降低风阻的措施

（1）对采空区及废弃巷道要及时封闭，并应经常检查密闭效果。

（2）在行人或行车而又不允许风流通过的巷道中，应设置风门，为避免风门开启时风流短路，每组风门应设置两道风门，并安设风门联动装置，禁止同时打开。主要进、回风巷之间的风门需安装遥控和集中监控装置。

（3）为防止矿井反风时风流短路，在主要风路之间的风门设两道反风风门。

（4）主要进、回风巷道，砌壁或锚喷表面应尽量平整光滑，并保持巷道整洁，不乱堆放杂物，以降低巷道风阻和减少局部阻力。

（5）对于损坏或变形较大的巷道要及时修复，清除堵塞巷道，以保证通过的有效风量和减少通风阻力。

（6）通风设施要完备，对于不合格的地方要及时修补更换，以预防风流短路等不良后果发生。

（7）设置专职人员对矿井通风系统和通风设施按时进行检查和维修。

（8）建立完整的通风系统管理制度。

第二节 采掘系统

阿刀亥煤矿现开采水平为＋1 155 m，布置两个采区，即东部采区和西一采区，采煤工作面走向长度一般为450～500 m，配套两个煤巷掘进工作面，四个岩巷掘进工作面，煤巷掘进工作面采用综掘锚网支护，打锚杆孔采用液压锚杆钻机，在压风系统建成后全部采用风动锚杆钻机，每个掘进面需两台锚杆钻机，并在每个工作面安装一台风镐。

矿井延深水平为＋1 000 m，全部为岩巷掘进，岩巷掘进采用炮掘工艺，采用7655气动凿岩机进行钻眼，5个岩巷工作面共安装10台气动凿岩机，并在每个岩巷掘进工作面配套一台风镐。

一、采煤工作面布置

采煤工作面布置时根据煤层厚度来确定采煤工作面长度，且根据煤层厚度变化在掘进过程中及时调整工作面长度，工作面两巷道分别沿煤层顶底板布置，其中北巷（采煤工作面运输巷）沿煤层顶板布置，南巷（采煤工作面回风巷）沿煤层底板布置，工作面长度接近煤层厚度。东部采区和西一采区各布置一个采煤工作面，考虑工作面搬家等影响因素，年平均工作面个数为1.8个，工作面平均长度25 m，采用ZF1800/15/23BZL型轻型综采放顶煤支架，落煤采用MGD-150N型采煤机，工作面运输采用SGB630/75型刮板输送机。单个工作面生产能力计算如下：

$$Q_工 = N \times P \times L \times M \times Y \times C \times T$$
$$= 6 \times 0.6 \times 25 \times 13 \times 1.55 \times 0.93 \times 330 = 55.6 万 t/a$$

矿井年产量为：

$$Q = 1.8Q_工 = 1.8 \times 55.6 = 100 万 t/a$$

式中　Q——矿井采煤工作面年生产能力，万t/a；

　　　$Q_工$——工作面年生产能力，万t/a；

  N——工作面日循环数，6 个/d；

  P——工作面循环进度，0.6 m 每循环；

  L——工作面长度，平均 25 m；

  M——工作面分层厚度，13 m；

  Y——煤的密度，1.55 t/m³；

  C——工作面回采率，93%；

  T——年工作天数，330 d。

  根据上面计算，工作面年生产能力为 55.6 万 t/a，矿井采煤工作面年生产能力为 100 万 t/a。每年需掘进煤巷 4 000 m，生产掘进煤 2.4 万 t，所以矿井采区生产能力为 102.4 万 t/a。

二、巷道掘进

  水平延深后，为矿井达产，每年需掘进煤巷 4 000 m，东部和西部各掘进 2 000 m，掘进方式采用 EBZ-55 型小型掘进机进行掘进，掘进煤采用刮板输送机运输，其中工作面两巷道回风巷采用 SGW-40T 刮板输送机运输，工作面两巷道运输巷采用 SGB630/150C 刮板输送机运输。东部和西部共布置 3 个煤巷掘进头，东、西部采区根据工作面两巷道接续情况交替安排 2 个掘进面和 1 个掘进面。

  巷道支护方式初步确定采用 12 号矿工钢棚支护，其中运输巷棚梁和棚腿长全部为 2.3 m，回风巷棚梁长 2.3 m，棚腿长 2.6 m。采煤工作面回风巷每隔 30～40 m 打一个瓦斯抽采钻场，钻场采用木棚支护。（支护方式如发生改变，以改变后的支护方式重新确定巷道断面）。

第三节　提升运输系统

  矿井主提升采用 28°大倾角带式输送机（3 部）接力运输，分别为地面主井大倾角带式输送机，+1 155～+1 310 m 暗主井大倾角带式输送机，+1 000～+1 155 m 暗主井大倾角带式输送机（新安装）；大巷运输采用固定机架式带式输送机，采煤工作面巷道采用可伸缩带式输送机。矿井辅助运输采用轨道运输，斜井为串车提升，平巷为蓄电池机车运输。

  目前使用 STJ800/220S 型大倾角带式输送机，副井使用的是 JK-2×1.5 型绞车，提升矸石由专用的提矸斜井绞车 JK-2.5×2 型变频调速绞车进行提矸，它们的提升能力能否保障和满足目前的矿井生产，符合国家的《煤矿生产能力核定标准》，下面进行核算。

一、提升系统

  阿刀亥煤矿矿井设计生产能力为 90 万 t/a。主斜井由原来的斜井箕斗提升改为钢丝绳芯带式输送机提升，主斜井提升由井下 +1 310 m 大倾角带式输送机转至地面主提升带式输送机，副井提升使用 JK-2×1.5 型绞车，采用斜井串车提升方式，担负着提升材料、设备和升降人员等辅助提升任务。依据 2010 年实际生产能力达到 107.05 万 t。

  （一）主井带式输送机提升能力

  （1）+1 310 m 大倾角带式输送机

  带式输送机的带宽 $B=1$ m，带速 $v=2$ m/s，设计输送能力 $Q=250$ t/h，倾角为 28°。

  按设计能力计算，运输量 A_1 为：

$$A_1 = \frac{btQ}{10^4 k_1} = 110 \text{ 万 t/a}$$

式中　b——工作日，$b=330$ d/a；

　　　t——提升时间，$t=16$ h/d；

　　　Q——设计输送机运输能力，t/h；

　　　k_1——运输不均匀系数，取 $k_1=1.2$。

按此输送机工作特性计算，运输量 A_2 为：

$$A_2 = \frac{330kB^2 v\gamma ct}{10^4 k_1} = 231.8 \text{ 万 t/a}$$

式中　c——输送机倾角系数，取 $c=0.68$；

　　　k——输送机负载断面系数；

　　　γ——松散煤堆容积重，取 $\gamma=0.9$ t/m³。

由以上 110 万 t/a 和 231.8 万 t/a 两个数值，核定时应取其中最小者，即设计值 110 万 t/a。

（2）地面主提升带式输送机

带宽 $B=1$ m，带速 $v=2$ m/s，设计输送能力 $Q=250$ t/h，倾角为 28°。

按设计能力计算，运输量 A_1 为：

$$A_1 = \frac{btQ}{10^4 k_1} = 110 \text{ 万 t/a}$$

按实测的数据计算生产能力，运输量 A_2 为：

$$A_2 = \frac{3\,600 \times 330qvt}{k_1 \times 10^3 \times 10^4} = \frac{3\,600 \times 330 \times 40 \times 2 \times 16}{1.2 \times 10^3 \times 10^4} = 126.72 \text{ 万 t/a}$$

式中　q——被核定单位提供的实际数值，取 $q=40$ kg/m。

（二）副井提升系统能力

副井提升系统能力是指从副井井底到达地面的提升系统的能力。副井工作制度按工作 330 d/a，三班作业，每班最大提升时间 5 h 计算。这一工作制度的规定，即工作 15 h，比较符合副井运行的实际情况，也便于列式计算副井提升能力。

阿刀亥煤矿副井提升使用 JK-2×1.5 型绞车，采用斜井串车提升方式，担负着提升材料、设备和升降人员等辅助提升任务。提升材料和下放其他材料一次循环时间分别为 362 s、422 s。

依据 2010 年提升各类材料 2 640 车，吨煤用材料比重 M 为：

$$M = \left(\frac{2\,640 \times 1.5}{1\,075\,000}\right) \times 100\% = 0.36\%$$

实测工人每班下井时间为 26 min，该矿采用综采，则升降工人时间为 26×1.8＝46.8 min，升降其他人员时间为 46.8×0.2＝9.36 min；每班人员上下总时间：46.8＋9.36＝56.16 min＜60 min，符合规定。副井提升能力 A_f 为：

$$A_f = 330 \times 3 \times \frac{5 \times 3\,600 - T_R - DT_Q}{10^4 \frac{M}{P_c} T_c} = 2\,853 \text{ 万 t/a}$$

式中　P_c——每次提升材料重量，t；

　　　T_c——每次提升材料循环时间，s；

　　　D——下运其他材料次数，每班按 5～10 次计（指下运炸药、设备、长材等）；

　　　T_Q——下运其他材料每次循环时间，s；

T_R——每班人员上下井总时间，s；

M——吨煤用材料比重，%。

提升矸石由专用的提矸斜井绞车即 JK-2.5×2 型变频调速绞车进行提矸，按提矸绞车校核提升能力如下：

2010 年提升矸石 111 670 车，原煤产量 107.05 万 t，出矸率 R 为：

$$R = \left(\frac{111\ 670 \times 1.8}{1\ 075\ 000}\right) \times 100\% = 18.7\%$$

副井提升能力 A_f：

$$A_f = 330 \times 3 \times \frac{5 \times 3\ 600}{\dfrac{R}{P_G} T_G \times 10^4} = 118.3\ 万\ t/a$$

式中　P_G——每次提矸石重量，t；

T_G——提矸一次循环时间，s。

阿刀亥煤矿主、副井及矸石斜井提升设备能力可以满足矿井生产能力的需求。

二、运输系统

（一）主运输系统

矿井现有煤炭运输方式为带式输送机运输。

煤炭运输线路为：工作面运输巷刮板输送机→运输石门→溜煤眼→各采区 +1 155 m运输石门→+1 155 m 集中运输大巷→胶带运输上山→主斜井带式输送机→地面转载带式输送机。

（二）辅助运输系统

矿井现有辅助运输方式为轨道运输。

辅助运输线路为：副斜井→+1 310 m 车场→暗副井、轨道上山→分层石门→工作面回风巷→回采工作面。暗副井安装 JD-40 型提升机，各轨道上山安装 JD-40 型提升机。

井下考虑机械运输人员，在 +1 310～+1 155 m 猴车上山设置 HC726 型猴车运送人员。

第四节　供电系统

阿刀亥煤矿供电系统由白狐沟变电所提供两趟架空双回路 35 kV 线路，矿井两台主变压器容量全部为 6 300 kVA。矿井入井电缆共有四回路，实现分区式供电，入井电压等级为 6 kV，采区内电压等级为 1 140 V、660 V。

一、供电电源

在距本矿井以北 7 km 处有白狐沟 35 kV 变电所，电压等级为 35 kV、10 kV，该变电所考虑了本矿井的负荷。由白狐沟 35 kV 变电所 10 kV 侧不同母线段引两回 10 kV 电源，导线 LGJ-240，距离 7 km。双回电源一回工作，一回备用。

矿井实行双回路供电，分别为 10 kV 和 35 kV，入井电压为 6 kV，共有 4 路，对井下实行分区供电，2 路由地面变电所经 1310 变电所到东部 1155 变电所；2 路由地面变电所经 1260 变电所到西部 1155 变电所。

二、电力负荷及输变电

阿刀亥煤矿供电系统由白狐沟变电所供两趟架空双回路 35 kV 线路，矿井地面变电所两台主变压器容量全部为 6 300 kVA。

矿井入井电缆共有四回路,实现分区式供电,入井电压等级为 6 kV,井底 +1 155 m、+1 000 m 各有一个井下变电所,现已投入使用,采区内电压等级为 1 140 V、660 V。

三、地面供电

地面设有一个变电所,采用双回路供电,由白狐沟 35 kV 变电所供给。一次进线为 10 kV 电压等级,二次母线为 6 kV,地面动力电源为 380 V,主要通风机电源电压为 1 140 V。

四、井下供配电

井下设有 3 个变电所,为三回路供电。+1 310 m、+1 260 m 和 +1 155 m 水平各设有一个变电所,采区动力电源电压为 1 140 V 和 660 V,其中采煤工作面电源电压为 1 140 V,掘进北巷为 1 140 V,南巷为 6 60 V,运输巷电源电压为 6 60 V。

第五节　供排水系统

一、概述

大青山煤田属阴山山脉的一部分,重峦叠嶂,连绵起伏。地表植被稀少,覆盖率很低。年降水量少且集中,蒸发量大,地下水主要补给来源以大气降水为主。区内沟谷纵横,山高沟深坡陡,大气降水快速排泄于较大的沟谷流出区外,补给岩层甚少。几条大的沟谷常年有水流几经曲折排出山前平川,均属黄河水系,区内无大的地表水体。矿区从东到西分布有石匠窑沟、阿刀亥沟、脑包沟、越来窑沟等河流,均为季节性河流,雨季时可能发生山洪。

二、矿井供水系统

根据供水水源的情况,按照生产生活、消防等各项用水对水质、水压及水量的要求不同,采用分质供水系统即生活用水系统,生产、消防联合供水系统及热水系统。本矿井供水水源主要为自备水井及本矿井下涌水,排水选用 3 台 100D-45×6、100D-45×4 型水泵接力排水,矿井水经处理后作为井下消防用水或绿化。

矿区地面建有一座容量为 600 m³ 的地面水库,并配套一座污水净化厂,井下排到地面的矿井水排入水库,经净化后供井下生产用水。矿井供水管路通过钻孔送入井下延伸到各采区。

三、矿井排水系统

（1）地面排水

矿井工业场地现没有完善的排水系统,工业场地内的办公楼、浴室等排放的粪便污水,经化粪池简单处理,食堂排水经隔油池隔油,锅炉排污经降温池降温后,汇集其他建筑排放的污废水由室外排水管网排入工业场地的污水处理站,经处理后复用。

（2）井下排水

井下水主要来源为:寒武奥陶系石灰岩含水层、小窑旧巷积水和大气降水沿煤层露头补入。石灰岩含水层中的含水量不大,开采时在最低标高的开拓巷道接近石灰岩时,打放水钻孔,通过一段时间就可放出,不会对矿井造成威胁。

根据《阿刀亥煤矿初步设计》(2008 年),矿井正常涌水量为 21.00 m³/h,矿井最大涌水量为 42.00 m³/h。矿井排水系统采用两级排水方式,+1 260 m 水平水泵房和 +1 000 m 水平水泵房。+1 000 m 水平的水通过管路排向 +1 260 m 水平,再由 +1 260 m 水平排向地面。

第五章　急倾斜特厚煤层水平分段开采矿压显现及矿压规律研究

第一节　矿山压力及其岩层控制理论简述

采场上覆岩层结构理论的研究主要集中在采场矿山压力及控制、开采沉陷及控制两个领域上。采场上覆岩层结构理论的形成和发展过程大致经历了 3 个阶段,提出的假说和理论研究成果对矿山压力及岩层控制具有一定的指导意义。

一、采场上覆岩层结构早期认识与初步研究阶段

20 世纪 50 年代以前,由于受到当时科学技术发展水平的限制,人们对采场上覆岩层结构的认识仅仅处于假说阶段,本阶段比较有典型代表性的假说主要有:

(1)压力拱假说

压力拱假说是由德国人哈克和吉里策尔于 1928 年提出的。此假说认为,在回采工作空间上方,由于岩层自然平衡的结果而形成了"压力拱"。压力拱一个支撑点在工作面前方的煤体内,另一个支撑点在采空区已垮落的岩石上。随着工作面的推进,前后拱脚也将向前移动。这种观点解释了两个重要的矿压现象:一是支架承受上覆岩层的范围是有限的;二是煤体上和采空区矸石上将形成较大的支承压力,其来源是控顶上方的岩层重量。压力拱假说对回采工作面前后的支承压力及回采工作空间处于减压范围做出了粗略却是经典的解释,但由于压力拱假说难以解释采场周期来压等现象,现场也难以找到定量描述压力拱结构的参数,所以压力拱假说只能停留在对一些矿压现象一般解释的水平上。

(2)铰接岩块假说

该假说认为,工作面上覆岩层的破坏可分为垮落带和其上的规则移动带。垮落带分上下两部分,下部垮落时,岩块杂乱无章;上部垮落时,则呈规则的排列,但与规则移动带的差别在于无水平方向有规律的水平挤压力的联系。规则移动带的岩块间可以相互铰合而形成一条多环节的铰链,并规则地在采空区上方下沉。此假说对支架和围岩的相互作用做了较详细的分析。假说认为,工作面支架存在两种不同的工作状态。当规则移动带(相当于基本顶)下部岩层变形小而不发生折断时,垮落带岩层(相当于直接顶)和基本顶之间就可能发生离层,支架最多只承受直接顶折断岩层的全部重量,这种情况称为支架处于"给定载荷状态"。当直接顶受基本顶影响折断时,支架所承受的载荷和变形取决于规则移动带下部岩块的相互作用,载荷和变形将随岩块的下沉不断增加,直到岩块受已垮落岩石的支承达到平衡为止,这种情况称为支架的"给定变形状态"。铰接岩块间的平衡关系为三铰拱式的平衡。铰接岩块假说阐明了工作面上覆岩层的分带情况,并初步涉及岩层内部的力学关系及其可能形成的结构。

（3）悬臂梁假说

悬臂梁假说是由德国的施托克于 1916 年提出的,后来得到英国的弗里德、前苏联的格尔曼等的支持。此假说认为,工作面和采空区上方的顶板可视为梁,它一端固定在岩体内,另一端则处于悬伸状态。当顶板由几个岩层组成时,形成组合悬臂梁。在悬臂梁弯曲下沉后,受到已垮落岩石的支撑,当悬伸长度很大时,发生有规律地周期性折断,引起周期来压。此假说可以解释工作面近煤壁处顶板下沉量小,支架载荷也小,而距煤壁越远则两者均大的现象。同时也可以解释工作面前方出现支承压力及工作面出现周期来压现象。根据上述观点,提出了各种计算方法,但由于并未查明开采后上覆岩层活动规律,因此仅凭悬臂梁本身计算所得的顶板下沉量和支架荷载与实际所得数据相差较远。

（4）预成裂隙假说

预成裂隙假说认为,由于开采的影响,回采工作面上覆岩层的连续性遭到破坏,从而成为非连续体。在回采工作面周围存在着应力降低区、应力增高区和采动影响区。随工作面的推进,三个区域同时相应地向前移动。由于开采后上覆岩层中存在各种裂隙,这些裂隙有可能是由于支承压力作用而形成的,它可能是平行于正压应力的张开裂隙,也可能是与正压压力成一定交角的剪切裂隙,从而使岩体发生很大的类似塑性体的变形,因而可将其视为"假塑性体"。这种被各种裂隙破坏了的假塑性体处于一种彼此被挤紧的状态时,可以形成类似梁的平衡;在自重及上覆岩层的作用下,将发生明显的假塑性弯曲;当下部岩层的下沉量大于上部岩层时,就会产生离层。此假说还认为,为了有效地控制顶板,应保证支架具有足够的初撑力和工作阻力,并应及时支撑住顶板岩层,使各岩层及岩块之间保持挤紧状态,借助于彼此之间的摩擦阻力,阻止岩层破断岩块之间的相对滑移、张裂与离层。预成裂隙假说示意如图 5-1 所示。

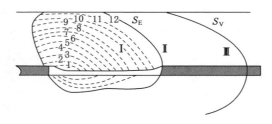

图 5-1　预成裂隙假说示意图

二、采场上覆岩层结构理论的近代发展阶段

20 世纪 60 年代以来,开采中出现的种种问题要求人们必须用定量分析的手段来发展采场上覆岩层结构理论。基于西方国家的经济实力和国情特点,其对采场矿山压力的控制和研究主要是从矿山机械设备方面着手进行的。由于当时我国国情的要求,只能以较低的设备投入来实现矿井的安全、高效生产,因此,我国学者的研究重点则是通过研究采场上覆岩层的结构,以发现采场矿山压力的规律并加以控制。我国专家、学者在这一阶段对采场上覆岩层结构的研究作出了较大的贡献。

（1）"砌体梁"理论

钱鸣高院士在铰接岩块学说和预成裂隙梁假说的基础上,借助于大屯孔庄矿开采后岩层内部移动观测资料,研究了裂隙带岩层形成结构的可能性和结构的平衡条件,提出了上覆岩层开采后呈砌体梁式平衡的结构力学模型。该理论认为:采场上覆岩层的岩体结构主要是由多个坚硬岩层组成,每个分组中的软岩可视为坚硬岩层上的载荷,此结构具有滑落和回转变形两种失稳形式。该理论将上覆岩层分为三带:垮落带、裂缝带和弯曲下沉带。该研究的意义主要在于:具体给出了破断岩块的咬合方式及平衡条件,同时还讨论了基本顶破断时在岩体中引起的扰动,为采场的矿山压力控制及支护设计提供了理论依据。上覆岩层结构形态与平衡条件的提出,为论证采场矿山压力控制参数奠定了基础,该理论对我国煤矿采场矿压理论研究与指导生产实践都起到了重要作用。

（2）"传递岩梁"理论

以岩层运动为中心的矿压理论。宋振骐院士等人在大量现场观测的基础上,建立了以岩层运动为中心,预测预报、控制设计和控制效果判断三位一体的实用矿压理论体系,称之为传递岩梁理论。该理论的重要贡献在于:揭示了岩层运动与采动支承压力的关系,并明确提出了内外应力场的观点。在此基础上,提出了系统的采场来压预报理论和技术,提出了"限定变形"和"给定变形"为基础的位态方程（支架、围岩关系）,以及系统的顶板控制设计理论和技术。

（3）"薄板"理论

太原理工大学贾喜荣教授将基本顶岩层视为四周为各种支撑条件下的"薄板"并研究了"薄板"的破断规律、基本顶在煤体上方的断裂位置以及断裂前后在煤与岩体内所引起的力学变化。中国工程院钱鸣高院士等学者于1986年提出了岩层断裂前后的弹性基础梁模型,从理论上证明了"反弹"机理并给出了算例;钱鸣高院士和煤炭科学研究总院朱德仁教授以及钱鸣高院士和何富连教授分别在1987年和1989年提出了各种不同支撑条件下的文克勒（Winkler）的弹性基础上的基尔霍夫（Kichhoff）板力学模型。北京科技大学姜福兴教授于1991年通过对长厚比小于5～8倍的中厚岩板进行了解算,得出了重要的结论。

三、采场上覆岩层结构理论的现代发展（研究）阶段

1994年,中国工程院钱鸣高院士领导的课题组通过对"砌体梁"结构进一步的深入研究,促成了"S-R"稳定性理论的形成。该理论认为,影响采场顶板控制的主要因素是离层区附近的关键块,关键块的平衡与否对采场顶板的稳定性和支架受力的大小有着直接的影响。提出了"砌体梁"关键块的"S-R"稳定条件;中国矿业大学缪协兴教授于1989年对采场基本顶初次来压时的稳定性进行了分析;西安科技大学侯忠杰教授给出了比较精确的基本顶断裂岩块回转端角接触面尺寸,并分别按照滑落失稳和回转失稳计算出了类型判断曲线。

钱鸣高院士和西安科技大学的黄庆享教授、石平五教授于1999年建立了浅埋煤层采场基本顶周期来压的"短砌体梁"和"台阶岩梁"的结构模型,分析了顶板结构的稳定性,揭示了工作面来压明显和顶板台阶下沉的机理是顶板结构的滑落失稳。岩块端角摩擦系数和岩块间的端角挤压系数的大小直接关系到顶板结构的稳定性及失稳形式,对采场顶板岩层控制的定量化研究至关重要。2000年,钱鸣高院士、黄庆享教授和石平五教授三位学者通过岩块实验室试验、相似模拟和数值模拟研究了基本顶岩块端角摩擦和端角挤压特性,得出了基本顶岩块端角摩擦角为岩石残余摩擦角,摩擦系数为0.5,端角挤压强度具有规律性,端角挤压系数为0.4。另外,湖南科技大学钟新谷教授借助突变理论分析了长壁工作面顶板变形失稳的初始条件,推导了变形失稳的分叉集,提出了采场大面积顶板来压时顶板的临界稳定参数模型;借助结构稳定理论,提出了确定支架合理刚度的标准。1996年煤炭科学研究总院闫少宏研究员和贾光胜研究员提出了上位岩层结构面稳定性的定量判别式。北京科技大学姜福兴教授提出了基本顶存在"类拱"、"拱梁"和"梁式"3 种基本结构，并提出了定量诊断基本顶结构形式的"岩层质量指数法"。

钱鸣高院士领导的课题组根据多年对顶板岩层控制的研究与实践，于 1990 年代中后期提出了岩层控制的关键层理论，进一步研究了硬岩层所受的载荷及其变形规律，分析了影响工作面及地表沉陷的主要岩层及其变形形态。关键层判断的主要依据是其变形和破断特征，即在关键层破断时，其上覆全部岩层或局部岩层的下沉变形是相互协调一致的，前者称为岩层活动的主关键层，后者称为岩层活动的亚关键层。岩层中的主关键层只有一层，而亚关键层可能不止一层。中国矿业大学茅献彪教授、缪协兴教授、钱鸣高院士分析研究了上覆岩层中关键层的破断规律。钱鸣高院士、茅献彪教授、缪协兴教授又于 1998 年就采场上覆岩层中关键层上载荷的变化规律作了进一步的探讨。

中国矿业大学许家林教授和钱鸣高院士于 2000 年给出了上覆岩层关键层位置的判断方法。许家林教授、钱鸣高院士分别对上覆岩层采动裂隙分布特征和上覆岩层采动裂隙分布的"O"形圈特征进行了研究，建立了卸压瓦斯抽采的"O"形圈理论，保证了卸压瓦斯钻孔有较长的抽采时间、较大的抽采范围和较高的瓦斯抽采率，已成功在安徽淮南、淮北、山西阳泉等矿区的卸压瓦斯抽采中进行了试验并进行了推广及应用。

关键层理论及其关于上覆岩层离层动态分布规律的研究成果，为离层注浆减沉技术合理的布置注浆钻孔提供了理论依据。在采场底板突水的治理中，中航勘察设计研究院有限公司黎良杰高工在底板突水事故统计分析的基础上，分别对无断层底板关键层的破断与突水机理及有断层底板关键层的破断与突水机理进行了研究。

关键层理论表明，相邻硬岩层的复合效应增大了关键层的破断距，当其位置靠近采场时，将引起工作面来压步距的变化。不仅第一层硬岩层对采场矿山压力显现产生影响，与之产生复合效应的邻近硬岩层也对矿山压力显现产生影响。姜福兴教授探索了采动上覆岩层空间结构与应力场的动态关系。研究表明，在评判巷道围岩应力、工作面底板应力及离层注浆后注浆立柱的地下持力体的稳定性时，采用立体力学模型计算出的结果更合理和准确。由姜福兴教授领导的课题组与澳大利亚联邦科学与工业研究组织（CSIRO）广泛合作，利用微地震定位监测技术揭示了采场上覆岩层空间破裂与采动应力场的关系，证实了采矿活动导致采场围岩的破裂存在 4 种类型，在两侧煤体稳定、煤体一侧稳定和另一侧不稳定、两个以上采空区连通 3 种典型边界条件下上覆岩层空间破裂结构与采动应力场的关系具有不同的规律，并且在空间上展示了顶板、煤体、底板的破裂形态及其与应力场的关系。通过现场实测，在地层进入充分采动之前，上覆岩层的最大破裂高度 G 近似为采空区短边长度 L 的一半，即 $G/L \approx 0.5$。这一结论解释了煤矿连续出现采空区"见方"（工作面斜长与走向推进距离接近）时，压死支架或发生冲击地压的原因。此外，其他许多学者也在采场矿山压力理论及上覆岩层运动规律方面做了许多卓有成效的工作，对于矿山压力与岩层控制理论的发展和完善起到了巨大的作用。近年来，有些专家、学者将非线性科学的一些基本原理应用到采场矿山压力与预测预报领域，对矿山压力现象的预测评价和可预测评价问题进行了有益的探索。

第二节　综采放顶煤回采工作面矿压显现特征

综采放顶煤开采技术是我国在 20 世纪 80 年代中期发展起来的一种新型的采煤方法，其为厚煤层开采的技术革新做出了巨大的贡献。目前，对综放采场的矿压显现规律的研究普遍遵循厚煤层或特厚煤层开采传统的矿山压力理论，但是作为放顶煤开采，其新颖的开采方式还是会呈现出与厚煤层不同的矿压规律，例如，顶煤的破碎和冒放程度一定程度上影响了直接顶的力学特性，最终影响直接顶和基本顶的扰动，为此通过分析大量的现场数据和模拟数据得出了放顶煤采场支架的工作状态和综放开采矿压显现的基本规律特征。

一、综放采场支架的工作状态

支架受力的大小及其载荷分布取决于直接顶的整体力学特性以及与支架的相互作用。因此，支架的工作状态与直接顶的刚度特性相关。当直接顶处在似刚性条件下时，顶板的下沉量与基本顶的位态有关，并不取决于支架的工作阻力。而基本顶的位态取决于采空区矸石的充填程度和压实程度，由于基本顶的回转变形为给定变形，因此，支架此时处于给定变形工作状态。当直接顶为似零刚度条件时，基本顶回转作用于直接顶的回转变形压力为零，因此支架的载荷与基本顶的位态无关，只取决于直接顶的重量。此时支架处在给定载荷工作状态，顶板的下沉量取决于支架的刚度。当直接顶为中间型刚度时，其在基本顶回转过程中的变形量介于似刚性和似零刚度直接顶之间，支架的载荷由直接顶的重量和基本顶的回转变形压力分两部分组成，后者则取决于直接顶的刚度。此时，支架工作阻力与顶板下沉量呈近似双曲线关系。

二、综放采场的矿压显现规律特征

（1）通过对我国综放采场支架载荷的大量分析，资料表明，综放采场仍然具有初次来压和周期来压等显现规律，但较单一煤层而言不明显，初次来压和周期来压强度都很小，但支架载荷普遍较小，支架受载并不因开采煤厚的增加而加大，反而减小。同一煤层综放开采与分层开采顶分层相比，工作面的支架载荷减少 5％～68％，来压强度减少 15％～20％；这说明，在煤炭开采过程中，顶板在工作面前方不远处就已经形成了平衡结构，支架受载不受顶板的影响，只和顶煤的强度有关，煤的强度越大，冒落越困难，完整性越好，从而支架受到的载荷越大。

另外，垮落的顶板在煤层推进很长距离后才会充满采空区，其形成的砌体梁平衡结构离采场较远，形成的拱式平衡的跨度变大，但其发生周期性垮落时会使得采场的支架有小规模的波动。

（2）综放采场的支承压力分布与单一煤层开采相比，在顶煤及煤层赋存条件相同的条件下，分布范围更大，峰值点前移，支承压力集中系数没有显著的变化；其分布规律主要受到煤层强度和煤层厚度的影响，煤层愈硬，分布范围更小，峰值点距煤壁的距离愈近。对于硬煤层而言，峰值点距煤层为 5～8 m，分布范围为 20～30 m；对于软煤层，峰值点会发生前移，距离煤壁约 15～25 m，分布范围在 40～50 m。另外，煤层越厚，支承压力分布范围越大，峰值点距煤壁越远，其主要是由于顶煤强度较低而引起的；如果顶煤中存在一层夹矸，其除了影响顶煤的冒落规律外，还会影响支承压力的分布范围。

这种影响的规律可简述为：顶煤的强度越低，则其在采场支承压力的作用下会极易发生破碎,使得其很快进入塑性破坏阶段,但载荷进一步增加,其不再具有承载能力,使得顶板载荷向煤壁远方转移,造成煤层进入塑性区的范围增大,使得支承范围增大,峰值点前移,而顶煤的夹矸会影响顶煤的强度,使得煤层的承载能力增强,呈现出硬煤层的支承规律。

(3)综放工作面支架所受动载荷普遍不强烈,动载系数较分层开采工作面低,周期来压对支架的影响明显缓和,表明基本顶的活动对支架作用明显减少。四柱式综放支架前柱的平均工作阻力普遍大于后柱的平均工作阻力,一般高10%~15%,最高可达到37%,支架后柱在放煤后有相当比例呈阻力下降,甚至降为零。这主要和顶煤的硬度和冒落形态有关,对于软煤层而言,由于顶煤的破碎和冒落程度较好,支架后方上部的顶煤较少,上部基本顶对支架的作用载荷较小,因此,支架的工作载荷较小;对于坚硬煤层而言,由于顶煤不易冒落,支架后方形成难以冒落的顶煤,其有效的传递了顶板的载荷作用,造成支架上方的载荷较大,形成了支架前柱载荷大于后方的现象。

(4)放顶煤工作面的煤壁片帮较严重,因为顶煤易破碎,尤其是顶煤节理较发育,遇到局部的断层等构造时,基本顶的来压,再加上工作面推进速度缓慢,致使煤壁长时间受到支承载荷的作用,煤壁片帮严重,工作面端头处顶煤也易发生破裂垮落。因此,改善端部的结构,加大端头支架处的载荷,对于放顶煤采场的安全有着重要的意义。

三、特殊煤层赋存条件下的综放采场矿压规律

上面叙述的是普遍的放顶煤工作面的矿压显现规律,但是,对于较特殊的地质条件和特殊的开采工艺,其矿压显现规律会呈现特殊的特征,下面是一些特殊条件放顶煤开采下的矿压显现规律。

(一)大倾角特厚煤层的矿压显现规律

选取阿刀亥煤矿 Cu_2 煤层1212综放工作面的矿压规律进行研究,通过分析总结出以下的基本规律:

(1)周期来压

根据现场观测,11212工作面来压时一般是工作面下段超前于中段,中段超前于上段。由此表明:大倾角煤层走向长壁工作面上、中、下段周期来压步距有明显差异,沿工作面倾斜方向来压是不同步的,来压具有"时序性"。现场矿压观测表明,11212工作面周期来压步距下段大于中段,中段又大于上段,且上半段矿压显现强度大于下半段。由此可知:大倾角煤层走向长壁工作面上、中、下段的周期来压步距与矿压显现,表现出明显的分段特性。下半段周期来压步距明显大于上半段,下半段来压显现更小。

(2)支柱载荷

大倾角煤层工作面支柱载荷分布有以下特点:

① 工作面支柱载荷较小,且大部分处于低阻力状态。

② 沿工作面倾向的支柱载荷分布不均匀,中上段最大,上段次之,下段最小。

③ 工作面控顶区内沿走向方向的支柱载荷,一般随远离煤壁而增大,最大载荷仍在沿倾斜的密集支柱上。大倾角煤层支柱,不仅受垂直于顶板方向的轴向载荷,而且还要承受底板下滑及其他情况形成的侧向载荷,导致支柱稳定性大大降低,增大顶板控制的难度。这是不同于缓倾斜煤层的又一重要特点。

(3)活柱下缩量

通过活柱下缩量观测表明:大倾角煤层活柱下缩量,明显小于缓倾斜煤层,大约小一半或更多,主要是由于工作面矿压显现不剧烈。

（4）支承压力分布特征

① 与缓倾斜岩层相比,大倾角综放采场煤层走向长壁工作面的超前支承压力峰值系数较小,峰值距煤壁距离较大,超前支承压力的影响范围较大。支承压力分布范围内存在应力增高区、应力降低区和应力稳定区（原岩应力区）。

② 与缓倾斜煤层相比,大倾角煤层回采平巷也呈现出顶压较小、肩压侧压较大的特点,但上部的超前应力集中程度更高,应力集中系数更大,范围更远。

（二）超长工作面综放采场矿压规律

（1）顶板运移规律

在切顶线附近,顶煤和直接顶的位移速度和位移量都有迅速增加的现象,而基本顶下位岩层的位移速度和位移量却无此特征,因此可以推断顶煤比较破碎,放煤效果好,直接顶可随采随冒,而基本顶下位岩层不能随采随冒,带有一定的悬顶。直接顶随采随冒,会对顶煤起到挤压下推的作用,有利于顶煤的放出。

切顶初始位移和断裂均发生在煤壁前方,在基本顶断裂线附近直接顶和顶煤破碎比较严重,在控顶区上方和煤壁前方基本顶位移较大,说明直接顶垮落以及"半拱"结构的失稳对基本顶的运动影响比较大。基本顶断裂时,控顶区上方以及煤壁前方煤体压力增大,导致煤壁片帮严重,但由于松散破碎的顶煤体起到了缓冲作用,支架所受压力变化不是很明显。

（2）片帮深度

工作面的平均片帮深度和长度以及最大的片帮深度和长度与工作面的推进速度有关,工作面的推进速度越大,片帮深度和长度就越小。因此加快工作面推进速度是避免煤壁片帮的有效措施之一。再一个就是液压支架选用带有防片帮装置的液压支架。

第三节　急倾斜特厚煤层水平分段综采放顶煤
工作面矿压显现特征

一、概述

我国西北的乌鲁木齐、窑街、华亭、靖远、大通、木里、阿刀亥等矿区都赋存着大量的急倾斜特厚煤层。

目前,对于急倾斜薄及中厚煤层的开采,走向长壁采煤法依然是主要的采煤方法,但对于急倾斜特厚煤层而言,水平分段放顶煤采煤法是应用较为广泛的方法。其类似于水平分层采煤法,差别在于其按高度划分为数个分段,每个分段的底部采用水平分层采煤法的落煤方法,比如机采和炮采,分段上部的煤炭由采场后方放出,这样,各段依次自上而下使用放顶煤采煤工艺便可进行回采。

从 20 世纪 80 年代后期窑街二矿和阿刀亥煤矿工业实验成功后,水平分段放顶煤作为开采急斜特厚煤层先进的采煤方法,得到了广泛的应用。沿煤层水平布置垂直于顶底板走向的工作面,推进方向沿着煤层的走向线,水平分段的高度依煤层赋存特征的不同为 8～16 m,自上向下分段开采。

显然,这一采煤法与急斜薄及中厚煤层走向长壁采煤法所引起的覆岩移动规律不同,也与传统意义上的采高为 2～3 m 的水平分层采煤法不同，急倾斜煤层水平分段放顶煤开采特殊的围岩运动规律引起的矿压显现规律也有其特殊性。自 1985 年以来，窑街二矿、华亭煤矿及王家山煤矿等矿井相继在急倾斜特厚煤层水平分段放顶煤工作面进行了多次矿压观测，都证实了这一结论。其一方面影响着顶板的破碎程度，导致工作面冒顶和支架受载现象的发生，另一方面也会引起上覆岩层以至地表的移动变形，造成地表沉降变形。

二、水平分段综采放顶煤矿压显现规律研究

急倾斜水平分段放顶煤工作面较短，煤层开采后，在煤层顶底板的挤压作用下沿工作面方向形成拱结构，拱的平衡是暂时的，随着工作面的推进，拱的平衡遭到破坏，煤"自然"冒落和放出，造成工作面来压。实测阿刀亥大段高放顶煤工作面靠顶板侧、中部和靠底板侧 3 个测站支架载荷如表 5-1 所列。以初次来压为例，工作面推至 28 m 时，靠顶板侧支架载荷明显增大，如图 5-2 所示；推至 29.6 m 时，靠底板侧来压；工作面中部来压明显滞后于两侧，至 31 m 时中部载荷增大。

表 5-1　　　　　　　　　　阿刀亥矿大段高放顶煤工作面来压特征

测区	来压次序	来压步距/m	距开切眼距离/m	来压经历		实测支架载荷/(kN/架)		
				/d	/m	峰值	平时	倍数
靠顶板	初次	28.0	28.0～32.5	14	4.5	1 400	641	2.3
	2	12.3	4.0～44.4	1	0.4	1 098	434	2.5
	3	10.0	54.0～56.0	10	2.0	1 410	551	2.6
中部	初次	31.4	31.4～33.4	5	2.0	1 248	698	1.8
	2	10.7	42.1～42.9	2	0.8	1 112	631	1.8
	3	11.5	53.6～55.0	5	1.4	1 100	821	1.3
靠底板	初次	29.6	29.6～30.4	2	0.8	1 149	691	2.0
	2	10.6	39.2～43.7	11	4.5	1 425	629	2.4
	3	15.9	55.1～55.9	8	0.8	1 194	614	1.9

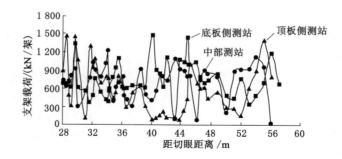

图 5-2　阿刀亥煤矿放顶煤工作面推进至 28 m 时矿压显现特征

（1）急倾斜工作面仍然具有明显的周期来压，且来压的强度大小相同，说明工作面上覆围岩中具有两种不同结构的形成和失稳，即基本顶岩块间的铰接结构和直接顶中的拱结构，如图 5-3 所示。

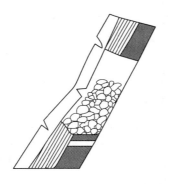

图 5-3　急倾斜厚煤层水平分段综放工作面围岩结构示意图

(2) 急倾斜厚煤层放顶煤工作面的支架载荷普遍较低并且随分段高度的增加支架载荷减小(见表 5-2),这是由于采高增大后采场上方拱壳结构的稳定性提高,失稳的范围减小所致。

表 5-2　　　　　　　　急倾斜水平分段高度对支架受载的影响

工作面	放高(采高)/m	实测初撑力/(kN/架)	实测加权阻力/(kN/架)	实测最大阻力/(kN/架)
大段高工作面	30～45(2.5)	988.9	723	1 555
试验综放面	7.5(2.5)	1 414	1 502	1 820

(3) 由于顶板垮落后的滑移特性,水平分段工作面方向上的载荷分布是不同的,阿刀亥矿的实测结果如表 5-2 所列。可见,靠顶板侧支架的平均载荷分别为中部和底板侧的平均载荷的 1.27 倍和 1.45 倍,而靠顶板侧支架最大载荷分别为中部和底板侧的 1.2 倍和 1.24 倍。阿刀亥煤矿滑移支架放顶煤试验面实测活柱下缩量和支柱插底量也反映出靠顶板侧矿压显现相对剧烈。由此说明矿压显现受顶板活动的影响,并且倾角愈小影响愈明显。

表 5-3　　　　　　　　工作面长度方向的载荷分布

测站	实测支架初撑力/(kN/架)	实测支架平均载荷/(kN/架)	实测支架最大载荷/(kN/架)
靠顶板侧	359.6	428	800
中部	270.7	337	669
靠底板侧	280	295	644

(4) 由于支架直接支撑着范围较大的塑性区,支架对围岩的控制作用受到很大限制,不可能通过支架性能的改变去影响顶板的活动规律,而只可能加强对端面的有效控制。

(5) 在实体煤中开采第一分段时,在上方未采动的顶煤上的载荷值为最大,在以下分段开采中,顶煤上的载荷将减小。这是由于在第一分段开采时,基本顶没有产生位移,直接顶垮落的矸石将全部作用在顶煤上,从而在以后的分段中,基本顶下沉将对碎矸起夹持作用,从而使载荷减小。

(6) 由现场实测工作面支架载荷分布可知,采场中部测站的来压明显滞后于两侧,这与传统的近水平长壁开采工作面中部支架来压超前于两侧支架的规律相反。这种工作面不同位置来压时序不同的显现规律是由放顶煤工作面上方顶煤拱结构失稳破坏所导致的,顶煤冒落形成的拱结构的稳定性是暂时的,随采场推进,它的平衡和失稳会导致周期性的采场来压。

(7)由上述可以认为,靠垮落碎矸产生的载荷,不足以使顶煤裂碎。对于中硬以上的煤(如 $f=2\sim3$),有时放煤困难,需辅以人工松动。

(8)靠近煤层底板的煤不能放出,造成"死煤三角"损失,如图 5-4 中阴影线所示。其边界一边为煤层底板,一边为放煤漏斗边界线,上部为分段煤岩边界线。经近似计算认为:当煤层倾角大于 55°时,此部分损失较少,45°左右或以下时损失严重。另外与分段高度、工作面长度等也有关,工作面过短,分段高度越大,损失也越大。放煤顺序由底板向顶板方向进行,也有利于减少三角煤的损失。

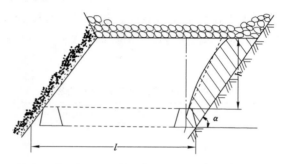

图 5-4　急斜水平分段放顶煤"死三角"煤炭损失

(9)由于上分段遗留的煤,有时可通过下分段放出一部分,减少了分段放煤的损失,有利于提高采出率。

第四节　急倾斜特厚煤层水平分段综采放顶煤开采围岩活动规律

水平分段综放开采是开采急倾斜厚煤层主要的采煤方法,目前,该方法已在我国急倾斜煤层矿区得到了广泛的应用,像阿刀亥煤矿、苇湖梁煤矿和乌东煤矿,开滦矿区的赵各庄矿,以及华亭煤矿、小红沟煤矿等。急倾斜水平分段放顶煤开采与近水平长壁开采不同,其采场上方包括顶板岩层、上分层的残留煤矸和待放煤体,采场下方包括底板岩层、下分层待采煤层,两侧是残留三角块煤柱,其特殊的赋存特征和围岩性质决定了其异于其他工作面的围岩活动规律。因此,本节通过分析国内外有关急倾斜特厚煤层水平分段开采围岩活动规律的研究结果,从理论分析、现场实测的角度出发,总结出该种采煤方法引发的围岩活动规律如下。

一、围岩破坏基本特征

急斜水平分段放顶煤开采工作面是沿煤层的水平厚度方向布置,工作面长度有限,直接顶和基本顶在工作面的一侧,底板在工作面的另一侧,形成的是"残留煤矸—顶煤—支架—底煤"力学承载系统。模拟实验表明,急斜水平分段放顶煤开采围岩的破坏主要向顶煤和顶板两个方向发展。随着顶煤的放出,破坏向上发展。但是,顶煤可能成拱。一旦成拱后,顶煤从工作面支架的放出过程就自然终止。因此,合理的水平分段高度,一般情况下应该与自然成拱的高度相适应。随着工作面煤炭的采放出,顶板破坏,因而构成了围岩破坏运动的主方向,基本上是煤层的法线方向,随着倾角的增大,向上方偏移。另外,在顶板破坏过程中,由于急斜煤层倾角大,因而顶板的离层力较小,一般水平分段高度 10～20 m,较为坚硬的基本顶在第一分段开采时,呈一狭长条形,一般不会发生破坏失稳。但是随着开采向下部的分段发展,当基本顶悬露到一定面积时,顶板围岩发生垮落。

二、顶板卸载拱结构

俄国著名学者普罗托吉雅可诺夫的松散体地压学说和美国学者太沙基(K. Terzaghi)提出的太沙基学说都论述了地压中的拱效应。普氏通过盛满干砂(黏聚力 C＝0)的箱底开孔试验发现了拱效应,并认为松散岩体中也有拱效应。

急倾斜特厚煤层水平分段采场沿煤层倾向方向布置,一般采取爆破的方法破碎顶煤,其控顶区不是直接顶和基本顶,而是顶煤和上分层残留的煤矸,属于散体介质,其顶板断裂所形成的结构与缓倾斜煤层长壁开采顶板所形成的“砌体梁”结构不同。由于该采场的断面都是类平行四边形结构,由于顶压大于侧压,顶角应力集中,因此,在工作面上方顶煤和残留煤矸内,顶板卸荷极易形成稳定结构,且是一种从顶板到底板方向跨越整个煤层的结构,称为“跨层拱”结构,结构示意如图 5-5 所示。

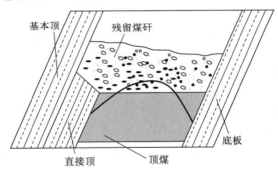

图 5-5　急斜厚煤层水平分段综放采场顶板“拱结构”

当然,对于这种稳定拱结构的研究,不同的学者有不同的描述。有的学者认为,在急倾斜煤层水平分段开采中,各分段的开采都会形成拱结构,而且覆岩上位拱和本分段开采内所形成的下位拱的同步失稳运动是急倾斜特厚煤层大段高综放工作面矿压显现剧烈的基本原因。有的学者认为,水平分段综放开采工作面上覆残留煤矸与顶煤复合演化形成非对称倾斜“类椭球体拱结构”,拱结构失稳时容易诱发动力学灾害。其他研究表明,45°以上特厚煤层水平分段综放开采时,上覆岩层形成“倾斜岩梁”结构,当覆岩悬顶长度在走向和倾向上都达到破断极限跨度时直接顶才会垮落,工作面才会有来压现象显现。

而且,经过研究发现,拱的平衡是暂时的,随工作面的推进它的平衡和失稳导致了工作面的来压。图 5-6 说明了拱结构的形成有一个由小到大的发展过程,它的破坏过程是上位拱平衡系统替代下位拱平衡系统的逐渐发展过程,因此,在大分段开采情况下,上位拱结构的滞后垮落,有可能沿工作面推进方向形成跨度在 20～40 m 大范围悬空现象,工作面面临大范围围岩垮落灾变危险性。

因此,由以上分析可知,拱结构是急倾斜水平分层放顶煤开采中最重要的围岩结构,它改变了介质中的应力状态,引起应力的重新分布,把作用于拱上的压力传递到拱脚及周围稳

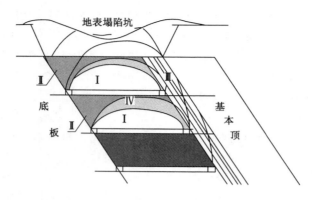

图 5-6　煤岩破坏过程分区示意图

定介质中去。"跨层拱"结构,就像在顶板和底板之间的一座单跨桥梁,把桥上(上覆残留煤矸)的荷载通过桥墩(拱脚)传到持力层,支架支护的压力只是稳定拱下方顶煤和残留煤矸的重量。对于沿走向连续推进的水平分段工作面,支架还可能承受"跨层拱"失稳时作用于它的力。

三、卸荷拱的动态扩展

分段放顶煤开采后,基本顶岩层朝采空区侧弯曲下沉,其各点的位移变化值是不同的,导致顶板岩层发生离层现象。基本顶呈现拱形下沉特点,在下沉拱范围内,个别岩层之间将失去力的联系,从而形成卸载拱。正因为拱结构的存在,拱所承担的上覆岩层荷载由上下拱脚处承担,这必将引起上下拱脚处支承压力的升高。拱内岩层在应力释放过程中向采空区卸载变形,暴露岩板承受的上覆岩层荷载是由作用在其上方的拱内岩层传递的,因此分段开采后形成拱脚横跨采空区上下端的"不等高卸载拱",上拱脚向采空区上方煤柱浅部偏移。卸载拱是顶板岩层中的一种动态扩展拱结构。当上支撑端煤岩超出其承载的强度极限时,支承压力集中区煤岩破碎垮落,原有的拱式平衡被打破,拱结构上支撑端上移,拱高也随之增加,并达到一种新的平衡状态,卸载拱结构的范围也随之增大,因此是一个不断扩展的"平衡—失稳—再平衡—再失稳"的动态扩展过程 ,也是形成工作面来压显现的原因。

四、顶板围岩的破坏分区

急倾斜特厚煤层开采顶煤冒落形成的大结构是一个拱壳,顶板以狭长倾斜板的形式破坏,越向上的岩层破断椭圆越小,高层顶板的破断在角度较大(70°)时,对工作面没有灾害性的影响。但开采过程中顶煤与围岩的破坏过程存在着明显的分区,如图 5-6 所示,Ⅰ区,顶煤放出区,即随开采从放煤窗口放出的破碎顶煤,其破坏特征为成拱,放出高度取决于顶煤的可冒放性,以及采取的松动破碎措施;Ⅱ区,沿底座滑区,即靠底板侧未能从窗口放出的顶煤,能在较长时间内滞留,最后沿底板下滑充填到采空区;Ⅲ区,顶板离层破坏区,随开采向下部水平分段发展,顶板悬露到一定面积后,离层向破坏垮落区冒落发展;Ⅳ区,煤岩滞后垮落区,随顶板垮落顶煤破坏向上发展,冒落顶板和顶煤未能回收。

五、顶板及顶煤破断角特征

在急倾斜煤层水平分段开采过程中,对工作面矿山压力有影响的是上位顶煤、已采分段残留煤矸和顶板。显然,采后引起的煤岩破坏向煤层上方和顶板法线方向发展。

急斜特厚煤层下行分段开采,在倾斜方向顶板破断角总趋势是增加的。第一分段开采结束后,顶板岩层未发生破坏,开采对顶板影响不明显;开采到第 5、第 6 分段时,虽然顶板岩层破坏不断发展,但破断角较前面分段开采时的小,为 72°~75°,由于冒落煤矸自下而上向采空区不断堆积支撑顶板,使其破断沿岩层法线方向减弱,沿层向增强,破断向地表不断发展。顶板岩层沿倾斜方向上端支撑范围越来越小直至消失,由初次垮落的固支结构发展成最终的自由结构,顶板破断线由下而上向采空区弯曲,从剖面看,整个垮落带最终呈现一个半深槽形状,顶板岩层的破断特征从机理上解释了地表串珠状椭圆形深槽塌陷特征。

开采后围岩破坏的发展方向,不是沿水平面向垂直方向发展,而是沿急斜煤层面的法线方向向上扩展,沿倾斜的上下呈不对称状,破坏区偏向上侧。当开采向深部发展时,随着顶煤的冒落,上部垮落顶板几乎充填满采空区,减缓了下位顶板岩层的运动,顶板只出现离层而不垮落,而上位顶板岩层活动仍然剧烈,岩层移动破坏不对称现象更加明显,沿倾斜上部岩层破断角减小而下部破断角增大,它反映了随开采深度增大悬露顶板沿法线方向逐层向上破断变小,岩层破断线不是直线型,而是向采空区弯曲的曲线。当开采 B4+5+6 煤层第二水平分段时,顶煤冒落至黄土层,黄土层出现弯曲下沉;开采第三水平分段时,岩层破断角为 74°,黄土层冒落高度为 13.6 m。开采到 B1+3 煤层第三水平分段时,岩层破断角为 70°。顶板破坏特征如表 5-4 所列,倾斜方向顶煤破断角特征如表 5-5 所列。

表 5-4　　　　　　　　　　　　　顶板破坏特征

水平分段次序	顶板破断角 $\alpha/(°)$
Ⅰ	0
Ⅱ	69
Ⅲ	75
Ⅳ	75
Ⅴ	72
Ⅵ	75

表 5-5　　　　　　　　　　　　倾斜方向顶煤破断角特征

拱高 h/m	顶板侧破断角 $\alpha/(°)$	底板侧破断角 $\beta/(°)$
6	59	27
14	47	47
18	30	55
20	9	59

六、地表塌陷坑特征

沿倾斜方向顶煤在顶底板的挤压作用下破坏冒落成拱结构,随着顶煤冒落角的不断增大,顶煤冒落拱高度增加,在顶板侧顶煤冒落趋于完全,下位拱结构失稳促使上位拱结构形成,上拱角延伸至顶板岩层内,支撑在冒落煤矸上,拱基线向顶板方向倾斜,如图 5-5 中曲线所示。沿倾斜上覆煤岩层冒落到达地表时,拱基线的顶点明显偏向顶板侧,其中虚线圈定的范围就是地表塌陷的范围,显然,地表覆盖层受到的影响顶板侧大于底板侧,地表塌陷明显不对称。

由上面分析可知,急倾斜特厚煤层的分层下行开采易造成冒落拱向顶板侧逐渐扩展,呈现不对称性,造成地表塌陷坑的不对称贯通扩展,以阿刀亥矿区为背景,其属于较浅部煤层开采,Cu_2煤层开采地表破坏的基本特征是深槽型,塌陷总体特征是串珠状塌陷坑和塌陷槽,深槽型塌陷坑直接出现于煤层露头上方。

塌陷槽的形成经历了顶煤成拱阶段、塌陷孔形成阶段、塌陷孔贯通扩展阶段、槽形塌陷坑形成阶段及槽形塌陷坑扩展阶段。主要特点为:

(1)塌陷主要向顶板方向发展。一般情况下,由于浅部岩层受到长期风化作用,基本顶的强度明显降低,因而在不实施人工充填的条件下,随着开采深度的发展,可能发展到较大范围。

(2)地表沉陷不是一次性的。随着开采向下分段延伸,表现为多次沉陷。在地表表现为深槽形塌陷坑内垮落体由底板侧朝顶板侧呈台阶形分布。

(3)在深槽型塌陷坑的顶板方向,有明显的开裂裂隙产生,方向基本上与岩层的走向平行。随着时间的推移,就会发生塌落,塌陷坑宽度加大。深槽型塌陷坑的发展,是一个时空发展过程,如果不加控制,在顶板方向的影响范围会不断扩大。

第五节 FLAC³ᴰ数值模拟反演急倾斜特厚煤层水平分段开采全过程

一、模拟软件的选择

本节主要研究急倾斜厚煤层开采覆岩运动规律,在采场模拟方面FLAC³ᴰ具有其独特优势。

FLAC³ᴰ(Fast Lagrangian Analysis of Continua in Three-Dimensions)是由美国Itasca Consulting Group Inc.开发的三维显式有限差分计算程序,程序中包括了反映地质材料力学效应的特殊计算功能,可计算地质类材料的高度非线性(包括应变硬化/软化)、不可逆剪切破坏和压密、黏弹(蠕变)、孔隙介质的应力-渗流耦合、热力耦合、材料达到屈服极限后产生的塑性流动以及动力学行为等,广泛应用于边坡稳定性分析、地下硐室支护设计、工程开挖模拟、隧道工程施工设计等多个领域,目前已成为地下工程数值计算中的主要方法之一。

FLAC³ᴰ程序建立在拉格朗日算法基础上,采用显示算法来获得模型全部运动方程(包括内变量)的时间步长解,从而可以跟踪材料的渐进破坏和垮落,这对研究煤层开采是非常重要的。此外,程序允许输入多种材料类型,也可在计算过程中改变某个局部的材料参数,增强了程序使用的灵活性,极大地方便了在计算上的处理。

FLAC³ᴰ主要有如下一些特点:

(1)应用范围广泛,可以模拟复杂的岩土工程或力学问题。FLAC³ᴰ包含了10种弹塑性材料本构模型,有静力、动力、蠕变、渗流、温度5种计算模式,各种模式间可以互相耦合,以模拟各种复杂的工程力学行为。FLAC³ᴰ可以模拟多种结构形式,如岩体、土体或其他材料实体(梁、锚元、桩、壳)以及人工结构(支护、衬砌、锚索、岩栓、土工织物、摩擦桩、板桩等)。另外,FLAC³ᴰ设有界面单元,可以模拟节理、断层或虚拟的物理边界。

(2)FLAC³ᴰ具有强大的内嵌程序语言FISH,用户可以定义新的变量或函数以适应特殊需要。用户利用FISH可以自己设计FLAC³ᴰ内部没有的特殊单元形态,可以在数值试验中进行伺服控制,可以指定特殊的边界条件,自动进行参数分析,可以获得计算过程中节点、单元的具体参数,如坐标、位移、速度、应力、应变、不平衡力等。

（3）FLAC³ᴰ具有强大的前后处理功能。FLAC³ᴰ具有强大的自动三维网格生成器,其定义了多种基本单元形态,可以生成非常复杂的三维网格。FLAC³ᴰ程序具有强大的后处理功能,在计算过程中用户可以用高分辨率的彩色或灰度图或数据文件输出结果,可以绘出计算域的任意截面上的变量等值线图或矢量图,以对结果进行实时分析。用户可以直接在屏幕上绘制或以文件形式创建和输出多种形式的图形,图形可以表示网格、结构以及有关变量的等值线图、矢量图、曲线图等,使用者还可根据需要,将若干个变量合并在同一幅图形中进行研究分析。

二、模拟方案确定和模型建立

1. 模拟方案确定

为了全面、系统地反映急倾斜厚煤层水平分段开采全过程的覆岩运动规律,参照我国急倾斜煤层的地质赋存特点,建立三维模型对其开采过程中的覆岩运动特征及矿压显现规律进行模拟分析。为了获得全面的采场围岩力学特征,确定模拟方案如下:

（1）通过建立特定地质条件的急斜煤层水平分段工作面的模型,模拟分析第一分段开采过程中覆岩应力演化规律、顶板覆岩下沉规律、超前支承压力分布规律、塑性区扩展规律等内容,全面掌握急倾斜厚煤层水平分段开采的覆岩运动规律,为现场生产提供指导。

（2）模拟分析第一分段开采结束后,下行开采第二分段的覆岩应力演化规律、顶板覆岩下沉规律、超前支承压力分布规律、塑性区扩展规律等内容。

（3）模拟分析多分段联合开采过程中,覆岩应力演化规律、顶板覆岩下沉规律、超前支承压力分布规律、塑性区扩展规律等内容。

建好模型后,计算初始应力场至平衡,逐一进行各分段的开挖,每次开挖后,计算至平衡,再进行下一次开挖。在模拟开挖的过程中,采场控顶处施加均布向上的载荷,模拟工作面液压支架对采场顶板的支撑作用,随工作面的向前推进而移动,除此之外,通过设置特定测线,监测顶板和底板、顶煤和底煤的应力和位移随煤层开挖的变化,始终监测记录并存储每一步运算结果。

2. 计算方法选择

采用美国大型岩土工程计算软件 FLAC³ᴰ建立弹塑性材料模型,运用莫尔-库仑（Mohr-Coulomb）屈服准则判断岩体的破坏,即:

$$f_s = \sigma_1 - \sigma_3 N_\varphi + 2C\sqrt{N_\varphi}$$
$$f_t = \sigma_3 - \sigma_t$$

式中,σ_1、σ_3 分别为最大和最小主应力;C、φ 分别为材料的黏聚力和内摩擦角;σ_t 为抗拉强度;$N_\varphi = (1 + \sin\varphi)/(1 - \sin\varphi)$。当 $f_s = 0$ 时,材料将发生剪切破坏;当 $f_t = 0$ 时,材料将产生拉伸破坏。

3. 模型参数选择

模拟的矿井的煤层厚度为 32 m,倾角为 76°～86°,平均埋深 135 m,模拟推进的长度为 50 m,即煤层的走向长度为 50 m;煤层上部为泥岩直接顶以及砂岩基本顶,底板为泥岩直接底,下部为粉砂岩基本底;采场模型的尺寸:X 轴为工作面长度,总长度选取 32 m 进行模拟,Y 轴为工作面的走向长度,取 50 m,Z 轴为顶底板的高度。其中,整个模拟岩层的厚度共为 304 m。

煤层及顶底板岩层的力学特征如表 5-6 所列。

表 5-6　　　　　　　　　　　　　**顶底板岩层力学特征表**

岩层种类	厚度/m	抗拉强度/MPa	黏聚力/MPa	体积模量/GPa	密度/(kg/m³)	剪切模量/GPa	内摩擦角/(°)
泥岩	2	2.53	2.45	18.2	23 800	16.8	40
中砂岩	10	2.5	2.96	17.0	22 700	10.2	40
粉砂岩	3	3.5	3.2	21.0	23 500	13.5	42
泥岩	5	3.53	2.45	18.2	23 800	16.8	40
中砂岩	2	3.76	3.32	20.2	25 200	18.1	42
粉砂岩	10	3.5	3.2	21.0	23 500	13.5	42
中砂岩	11	3.51	2.06	17.0	22 700	10.2	40
泥岩	3	2.58	2.45	18.2	23 800	16.8	40
煤层	25	1.91	1.56	15.2	14 000	10.1	37
泥岩	3	2.53	2.45	18.2	23 800	16.8	40
粉砂岩	5	3.78	2.78	17.2	23 800	16.8	40
泥岩	4	2.53	2.45	18.2	23 800	16.8	40
中砂岩	13	3.76	3.32	20.2	25 200	18.1	42
粉砂岩	14	3.5	3.2	21.0	23 500	13.5	42

4. 计算模型确立

整个模型对 X、Y、Z 均为固定边界,水平位移为 0,即 $S_x = 0$,$S_y = 0$。模型上部是地表,自由边界。模型如图 5-7、图 5-8 所示,网格大小发生变化时使用 Attach 语句连接。工作面以 5 m 的间距进行开挖模拟,分段的高度选取 20 m,开挖 5 m,放 15 m,采放比为 1∶6,在开挖分段的顶煤和底煤,顶板和底板内按一定的高度布置应力和位移测点,计算单分段开挖和多分段联合开挖过程中采场围岩的应力和位移的变化,模型中煤岩体物理力学参

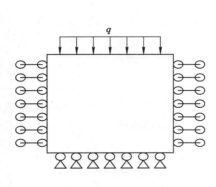

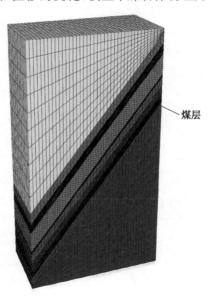

图 5-7　三维数值计算模型网格　　　　　　　图 5-8　模型三维立体网格边界条件

数通过参照大量相似矿井的地质特征进行施加。模型的长×宽×高=32 m×50 m×304 m,模型划分 60 800 个单元,68 431 个节点。

5. 监测线的设定

(1) 煤层顶板监测线

该测线平行于工作面长度方向,每隔 5 m 设置一个监测点,工作面总长为 20 m,即测线总长为 20 m,测点 X 方向位置分别为 0 m、5 m、10 m、15 m、20 m、25 m,对采场顶板的应力及位移进行监测。

(2) 距煤层顶板 20 m 处煤层内监测线

该测线垂直于工作面长度方向,距离采场顶板 20 m,位于顶板煤层内,每隔 10 m 设置一个测点,测线总长为 50 m,测点共 6 个,分别为 0 m、10 m、20 m、30 m、40 m、50 m。对开采煤层上部顶板煤层内的位移变化进行监测。

(3) 距煤层顶板 20 m 处顶板内监测线

该测线垂直于工作面长度方向,距离采场顶板 20 m,位于基本顶内,每隔 10 m 设置一个测点,测线总长为 50 m,测点共 6 个,分别为 0 m、10 m、20 m、30 m、40 m、50 m。对开采煤层上部顶板岩层内的位移变化进行监测。

(4) 距煤层底板 20 m 处煤层内监测线

该测线垂直于工作面长度方向,距离采场底板 20 m,位于底板煤层内,每隔 10 m 设置一个测点,测线总长为 50 m,测点共 6 个,分别为 0 m、10 m、20 m、30 m、40 m、50 m。对开采煤层下部的底板煤层内的位移变化进行监测。

(5) 距煤层底板 20 m 处顶板内监测线

该测线垂直于工作面长度方向,距离采场底板 20 m,位于基本顶内,每隔 10 m 设置一个测点,测线总长为 50 m,测点共 6 个,分别为 0 m、10 m、20 m、30 m、40 m、50 m。对开采煤层下部的底板岩层内的位移变化进行监测。

三、模型计算结果分析

通过处理数值实验结果,对开采第一分段、下行开采第二分段、多分段联合开采的围岩塑性破坏区、围岩应力变化规律和围岩位移演化规律等进行分析研究,并对各监测线的数据进行分析,总结归纳急倾斜厚煤层水平分段放顶煤开采的围岩演化规律。

(一) 水平分段开采围岩塑性区分析

(1) 第一分段不同推进距离下围岩塑性区分析

煤层在开采前岩体处于平衡状态,一旦煤层开挖将打破岩体的这种平衡,引起围岩应力重新分布,采动覆岩应力分布规律是随开采的进行而不断调整变化的,第一分段工作面从开切眼推进至 50 m 时,不同推进距离下的采场覆岩塑性破坏图如图 5-9 所示,右图为沿工作面推进方向的采场中部的截图(图中阴影部分为网格密集区)。

由图 5-9 可以看出,第一分段在开采 10 m 后,围岩塑性破坏区呈现"不对称拱"状破坏,靠近顶板侧的煤层破坏较严重,而靠近底板侧的煤层破坏范围小,顶板和底板处未见破坏,工作面煤壁处也未见破坏;在推进至 30 m 时,"不对称拱"进一步扩大,此时顶板发生断裂垮落,破坏区域开始沿着岩层的法向方向延伸,但最主要的还是沿着煤层的倾斜方向向上破坏;推进至 40 m 时,岩层法向方向破坏明显,破坏范围达到 20～30 m,此时,"不对称拱"逐渐过渡为"对称拱",顶板破坏明显加大。

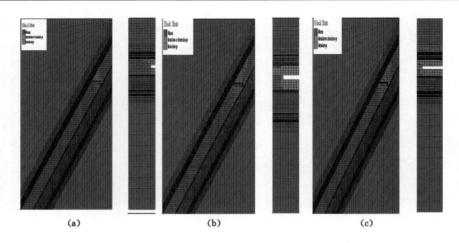

图 5-9　第一分段不同推进距离下的采场覆岩塑性破坏图
(a) 推进 10 m;(b) 推进 30 m;(c) 推进 40 m

（2）下行开采第二分段不同推进距离下围岩塑性区分析

当第一分段开采完毕后,分段底板的煤层和岩层都有一定程度的破坏,此时下行开采第二分段,其矿压显现规律势必会呈现不同于单分段开采的规律,对此种情况的塑性破坏图分析如图 5-10 所示。

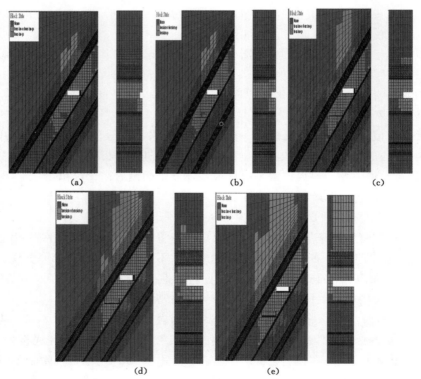

图 5-10　第二分段不同推进距离下的采场覆岩塑性破坏图
(a) 推进 5 m;(b) 推进 10 m;(c) 推进 20 m;(d) 推进 30 m;(e) 推进 40 m

由图 5-10 可知,下分段工作面开采 5 m 时,其顶部的顶煤同样会形成"不对称"状破坏区域,和上分段的"对称拱"相融合,形成一个大的"不对称拱"结构,而且由于上分层顶煤的破裂冒落,第二分层的矿压显现明显比第一分层剧烈,顶底板的塑形破坏区扩展也较单分段开采剧烈;但开采至 20 m 时,塑形破坏区已延伸至地表,形成小范围塌陷坑;开采至 30 m 时,地表破坏区域进一步加大,围岩破坏区继续沿岩层法向方向发展,分段的底部破坏范围也加大,深度可达到 15 m 左右,比同时期的第一分段的围岩破坏区范围大;开采至 40 m 时,破坏区域逐渐发展为"对称拱"结构,地表已形成范围为 40 m 左右的破坏区,破坏严重。

(3) 多分段联合开采不同推进距离下围岩塑性区分析

上面分析的是单分段开采的情况,但有时水平分段开采也涉及上下分段同时开采的情形,上分段先开采,下分段依次开采,此情况下的围岩处于两工作面开采的双重扰动之下,对于该种情形围岩塑形破坏区的分析,如图 5-11 所示。

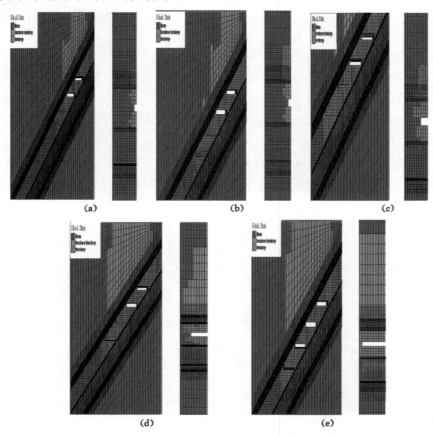

图 5-11　多分段联合开采不同推进距离下的采场覆岩塑性破坏图
(a) 第三分段推进 30 m;(b) 第三分段推进 10 m,第二分段推进 5 m;(c) 第三分段推进 20 m,第二分段推进 15 m;
(d) 第三分段推进 35 m,第二分段推进 30 m;(e) 第三分段推进 35 m,第二分段推进 30 m

第三分段先开始开采 5 m,其围岩破坏规律和第二分段开采时类似;当第三分段推进至 5 m 时,第四分段准备开始回采,第三分段推进至 10 m 时,第四分段已经推进 5 m,此时的围岩破坏范围明显增大,并且基本顶已经开始发生破坏;第三分段推进至 35 m 时,第四分段推进至 30 m,此时地表的破坏范围已经达到约为 80 m,而且底板的破坏范围已达到 20 m 左右。联合开采的围岩塑形破坏区较单分段开采的严重,这是由于上分段开采造成下部的煤和底板破坏,而此时下分段工作面再回采,会进一步加剧顶底板和煤层的破坏,造成破坏的叠加,但破坏范围的总体演化规律和单分段开采的类似,即顶板由"不对称拱"式破坏逐渐过渡为"对称拱"式破坏;地表的破坏范围会随着"拱"的递进演化逐渐加大,形成所谓的"塌陷坑"逐渐加大。

（4）一水平各分段开采完毕围岩塑性破坏图

图 5-12 为煤层一水平所有分段开采结束后的围岩塑性破坏范围。可知,水平分段开采对顶板破坏较严重,对底板的破坏相对较弱,这是由于煤层的倾斜开采,顶板岩层除受到采动应力发生破裂,断裂岩体会形成一定的自稳结构,但由于角度的影响,铰接块体间会发生滑移,加速了破碎岩体的失稳,这一切会加速覆岩的破坏,也会导致地

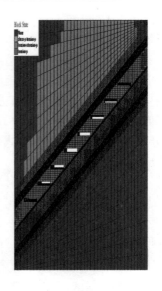

图 5-12　多个分段开采后
采场覆岩塑性破坏图

表出现塌陷坑的速度加快。因此,对于急倾斜水平分层的开采,应重点监测其顶板破坏速度,找到合适的时机采取相应的处理措施。

（二）水平分段开采围岩位移变化规律分析

对于三种开采条件下的围岩位移变化规律,由于处理的图片较多,影响篇幅,故对于每种开采条件,只选取两张图片进行说明,重点对监测线的监测数据进行处理分析。

（1）第一分段不同推进距离下围岩位移分析

由图 5-13 分析可知,第一分段的开采后,上覆顶煤和岩层会发生一定的沉降,呈"不对称"拱状下沉,拱顶处下沉量最大,达到 4.795 mm 左右;拱脚处的下沉量只有 2 mm;而底板

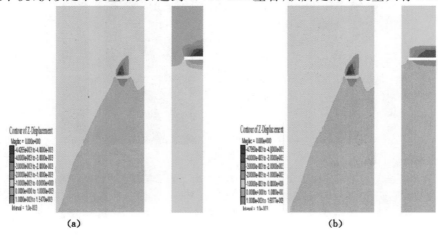

(a)　　　　　　　　　　(b)

图 5-13　第一分段开采不同推进距离下的采场围岩位移变化
（a）第一分段开采 20 m;（b）第一分段开采 40 m

会发生鼓起,最大的底鼓量为 1 mm;沿工作面推进方向,采场前方的下沉量小,而采空区后方的下沉量同样达到了 4.79 mm 左右。在此分析监测线的数据,图 5-14 为平行于工作面长度方向的顶板下沉量的监测数据,可知,在煤层开采的过程中,拱脚处的下沉量恒小于拱顶处的下沉量,并且随着采动的进行,无论拱脚还是拱顶,下沉量都在增大。这主要是因为随着采场的推进,采场顶板破坏越来越严重,导致下沉量增大。

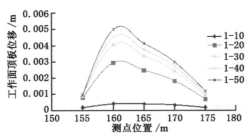

图 5-14　平行于工作面长度方向的顶板下沉量的监测数据

图 5-15 为距煤层顶板 20 m 处岩层内监测线、煤层内监测线、距煤层底板 20 m 的岩层内监测线和煤层内监测线的监测数据。对于一定开采距离下,如果顶板都发生下沉或都发生凸起,则统一用正数表示;如果在此推进距离下,既有下沉,又有凸起,则正数表示凸起,负数表示下沉[图 5-15 中,只有图 5-15(d)先发生底鼓,后发生下沉],图中横坐标的 1、2、3、4、5 分别代表推进 10 m、20 m、30 m、40 m、50 m。

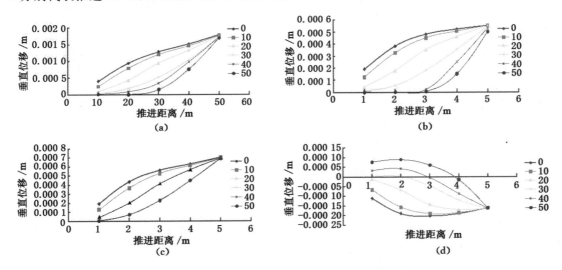

图 5-15　距煤层顶板 20 m 处岩层内监测线、煤层内监测线和
距煤层底板 20 m 的岩层内监测线、煤层内监测线
(a) 距煤层顶板 20 m 岩层内位移变化;(b) 距煤层底板 20 m 岩层内位移变化;
(c) 距煤层顶板 20 m 煤层内位移变化;(d) 距煤层底板 20 m 煤层内位移变化

由图 5-15 分析可知,随着采场的不断推进,采场上覆岩层和煤层内都发生下沉,并且下沉量随着推进距离的增加不断增大,并且对于某一个推进距离,测线 0 m 处的下沉量普遍最大,10 m 次之,20 m、30 m、40 m 依次减少,到了 50 m 时,每个测点的下沉量都达到了

0.001 7 m,说明 0～50 m 范围内的岩层发生了垮落。距采场顶板 20 m 处的煤层内的位移变化也符合这样的规律。对于距煤层底板 20 m 处的岩层内的位移,测线各点的底鼓量随着推进距离的增加而增加,同样,0 m 处的底鼓量最大,等推进至 50 m 时,各点的底鼓量趋于相同。对于距采场底板 20 m 处的煤层内的位移变化,0 m、10 m 和 20 m 处的测点一直在发生底鼓,而 30 m、40 m 和 50 m 处的测点首先发生下沉,然后发生底鼓,这主要是因为当推进至 10 m 时,由于工作面前方煤体受到支撑压力的作用,煤体在压力作用下发生下沉,而后方煤体由于受到两侧挤压作用而发生凸起,产生底鼓。

（2）下行开采第二分段不同推进距离下围岩位移变化规律分析

由图 5-16 分析可知,第二分段在推进至 20 m 处时,顶板岩层下沉量已经达到了 6 mm,这比同期的第一分段的开采要大 27%,而且底鼓量也达到了 2 mm,是同期第一分段底鼓量的 2 倍,且工作面顶板的下沉量沿推进方向出现了分级现象,符合采场矿压规律。而且,顶板处由于"不对称"拱的存在,造成位移变化也呈现非对称特征。

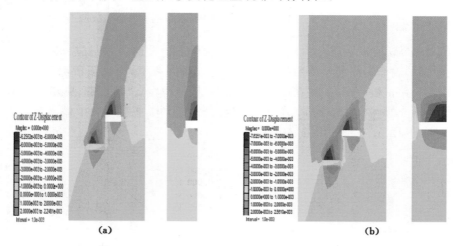

图 5-16　第二分段开采不同推进距离下的采场围岩位移变化
(a) 开采 20 m；(b) 开采 40 m

　　对于第二分段开采的采场顶板位移变化,如图 5-17 所示,和第一分段开采的顶板位移规律相似,即在煤层开采的过程中,拱脚处的下沉量恒小于拱顶处的下沉量,并且随着采动的进行,无论拱脚还是拱顶,下沉量都在增大,从开切眼推进至 50 m 处时,拱脚处下沉量增加了 40% 左右。

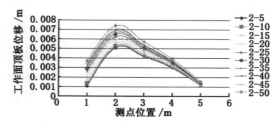

图 5-17　平行于工作面长度方向的顶板下沉量的监测数据

下行开采第二分层的监测线的数据如图 5-18 所示,可知,随采场推进,20 m 处顶板的下沉量在加大,基本规律和第一分段开采的变化规律相似,只是下沉量大于同期的第一分段开采的下沉量,在推进至 5 m 时,下沉量为 1.7 mm,比同期的第一分段大 3 倍左右。而当采到 50 m 时,下沉量达到了 3 mm,同比增大约 2 倍,这主要是因为第一分段的开采弱化了底板,从而导致在开采第二分段时,顶板的强度减小,在采动应力的作用下,顶板的下沉量增大。由图 5-18 可知,底板的鼓起量随采动距离的增加而减少,以 0 m 处为例,其由推进 5 m 时的 0.57 mm 减小为 0.5 mm,这主要是因为随着采场向前推进,后方的底板受到顶板的挤压作用而不断变小;20 m 处的顶部煤层内的位移变化与同期的第一分段的开采相同;20 m 处底板煤层测线的各测点都是先发生下沉,后发生底鼓,但开采至 50 m 时,底鼓量都达到了 5 mm。

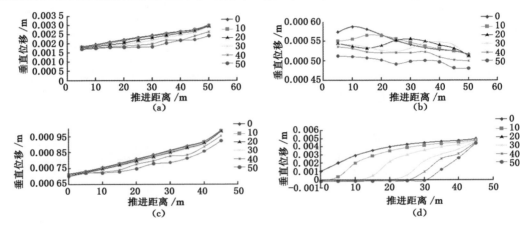

图 5-18　距煤层顶板 20 m 处岩层内监测线、煤层内监测线和
距煤层底板 20 m 的岩层内监测线和煤层内监测线
(a) 距煤层顶板 20 m 岩层内位移变化;(b) 距煤层底板 20 m 岩层内位移变化;
(c) 距煤层顶板 20 m 煤层内位移变化;(d) 距煤层底板 20 m 煤层内位移变化

(3) 多分段联合开采不同推进距离下围岩位移规律分析

对于多分段联合开采的围岩位移变化规律如图 5-19 和图 5-20 所示。经分析可知,测线的基本规律和上面分段开采时位移变化规律相似,只是下沉或底鼓量有变化,故不再详述。

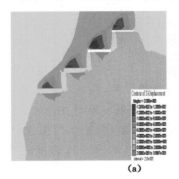

(a)　　　　　　　　　　　　(b)

图 5-19　多分段联合开采不同推进距离下的采场围岩位移变化
(a) 第三分段开采 20 m/第四分段开采 15 m;
(b) 第三分段开采 50 m/第四分段开采 45 m

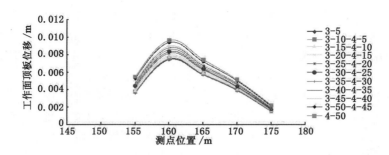

图 5-20 平行于工作面长度方向的顶板下沉量监测数据

由图 5-20 可知,采动第三和第四分段时,地表的下沉量已经达到了 10 mm,当第三分段开采至 50 m,第四分段开采至 45 m 时,地表的下沉量达到了 12 mm,且下沉的范围明显增大,此时工作面后方的顶板下沉量达到了 14 mm,比第一分段开采时增大约 3 倍。可见,随着分段开采由上至下开采,工作面顶板下沉量的变化级数在增加,且地表的下沉量也在增加。同样,底板的底鼓量也达到了 4 mm,同比增长 3 倍多,此时,第一和第二分段已经趋于稳定。因此,对于水平分段开采,开采深度越深,对顶板的管理越严格。

(三)水平分段开采围岩应力变化规律分析

对于三种开采条件下的围岩应力变化规律,由于处理的图片较多,影响篇幅,故对于每种开采条件,只选取两张图片进行说明。

(1)第一分段不同推进距离下围岩应力分析

图 5-21(a)、(b)分别为第一分段工作面开采 20 m 和 40 m 的围岩垂直应力分布云图。

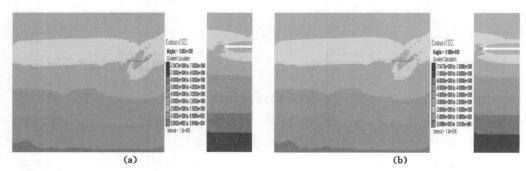

图 5-21 第一分段开采不同推进距离下的采场围岩应力变化规律
(a) 开采 20 m;(b) 开采 40 m

由图 5-22 可知,由于煤层的开挖,在顶底板中部形成应力降低拱区,在两帮形成垂直应力升高区,压力拱呈现非对称结构,采场上下部顶板所受垂直应力以采场推进方向为轴基本呈耳状对称分布。沿工作面长度方向,应力升高区出现在采场的两端,沿工作面推进方向,应力升高区出现在采场的前端,可见应力峰值区出现在采场的端头区。当工作面推进至 20 m 时,垂直应力峰值为 3.87 MPa,为原岩应力 2 MPa 的 0.93 倍,当推进至 40 m 时,垂直峰值应力为原岩应力的 0.87 倍。由不同的推进距离分布云图可知,峰值倍数随采动距离增加而减小,可见,前方煤体的支撑作用逐渐在减小,且随着推进步数的增加,应力升高区范围向采场前端深部延伸。由图 5-22 可知,沿工作面长度方向的 5 个测点,两端应力明显大于中

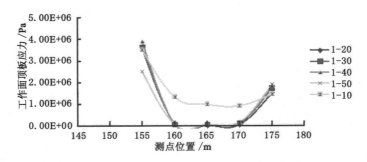

图 5-22　平行于工作面长度方向的顶板应力监测数据

部应力,这是由于应力卸荷拱造成的,当推进至 10 m 时,拱顶应力为 1.2 MPa,当推进至 50 m 时,拱顶应力减小为 0.055 MPa,减小约 20 倍;拱脚的应力由 3.87 MPa 减小为 0.143 MPa,减小同样约为 20 倍。

（2）下行开采第二分段不同推进距离下围岩应力分析

图 5-23（a）、（b）分别为第二分段工作面开采 10 m 和 30 m 的围岩垂直应力分布云图。工作面监测线应力变化图如图 5-24 所示。

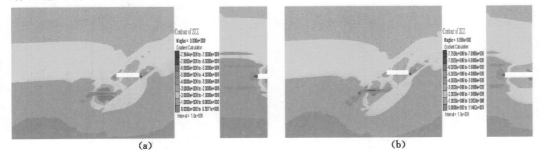

图 5-23　第二分段开采不同推进距离下的采场围岩应力变化规律

（a）开采 10 m;（b）开采 30 m

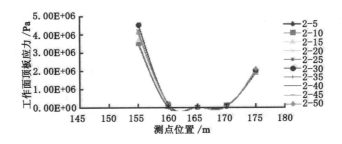

图 5-24　平行于工作面长度方向的顶板应力监测数据

由图 5-24 可知,采场围岩的应力变化和第一分段相似,即在采场上下部形成压力卸荷区,其同样呈"不对称"拱状分布,而且工作面煤壁处出现应力集中,可达到 7 MPa;第二分层开采的应力拱的范围明显比第一分层时加大,垂直应力增高区出现在采场的两侧和煤壁端。当工作面推进至 10 m 时,垂直应力峰值为 7.364 MPa,为原岩应力 2.5 MPa 的约 3 倍;当推进至 30 m 时,垂直峰值应力达到了原岩应力的 3.2 倍。由图 5-24 可知,工作面长度方向的垂直应力变化规律与第一分层相似,即拱脚和拱顶应力随采动距离增加而降低,拱脚应力大于拱顶。

（3）多分段联合开采不同推进距离下围岩应力分析

图 5-25(a)、(b)分别为第三和第四多分段开采时围岩垂直应力分布云图。工作面监测线应力变化图如图 5-26 所示。

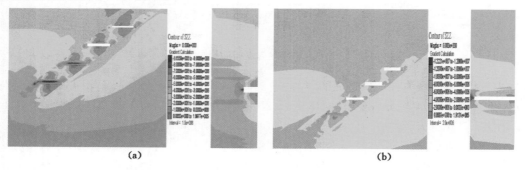

图 5-25　多分段联合开采不同推进距离下的采场围岩应力变化规律
（a）第三分段开采 20 m/第四分段开采 15 m；
（b）第三分段开采 50 m/第四分段开采 45 m

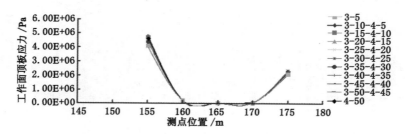

图 5-26　平行于工作面长度方向的顶板应力监测数据

由图 5-26 可以看出,由于工作面的推进,自开切眼起煤层上部岩层形成压力拱,压力拱由开采第一分段的不对称状逐渐过渡为第三和第四分段的对称状。当第三分段开采 20 m、第四分段开采 15 m 时,峰值应力达到了 8 MPa,且煤壁处的峰值应力区域增大,采场上下部的压力升高区呈现对称分布;当第三分段开采 50 m、第四分段开采 45 m 时,峰值应力达到了 12 MPa,为原岩应力的 3 MPa 的 4 倍,煤壁前端的应力升高区范围增大。所以,多分段联合开采的工作面应力变化规律和第一、第二开采时相似,只是变化量较后者有明显的升高。

第六章　急倾斜特厚煤层巷道锚网支护设计

第一节　巷道锚网支护设计方法介绍

支护设计是巷道锚杆支护中的一项关键技术。对充分发挥锚杆支护的优越性和保证巷道的安全具有十分重要的意义。如果支护形式和参数选择不合理，就会造成两个极端：其一是支护强度太高，不仅浪费支护材料，而且影响掘进速度；其二是支护强度不够，不能有效控制围岩变形，出现冒顶事故。

目前，国内外锚杆支护设计方法主要分为三大类：工程类比法、理论计算法和数值模拟法。工程类比法包括，根据已有的巷道工程，通过类比提出新建工程的支护设计；通过巷道围岩稳定性分类提出支护设计；采用简单的经验公式确定支护设计。

理论计算法基于某种锚杆支护理论，如悬吊理论、组合梁理论及加固拱理论，计算得出锚杆支护参数。由于各种支护理论都存在着一定的局限性和适用条件，而且计算所需的一些参数很难比较准确、可靠的确定，因此，设计结果很多情况下只能作为参考。

随着数值计算方法在采矿工程中的大量应用，采用数值模拟法进行锚杆支护设计也得到了较快发展。与其他设计方法相比，数值模拟法具有多方面的优点，如可模拟复杂围岩条件、边界条件和各种断面形状巷道的应力场与位移场；可快速进行多方案比较，分析各因素对巷道支护效果的影响；模拟结果直观、形象，便于处理与分析等。数值模拟法已经在美国、澳大利亚及英国等锚杆支护技术先进的国家得到广泛应用。如澳大利亚锚杆支护设计方法就是在巷道围岩地质力学测试与评估的基础上，采用数值模拟分析结合其他方法提出锚杆支护初始设计，然后进行井下监测，根据监测数据验证、修改和完善初始设计。尽管数值模拟法还存在很多问题，如计算所需的一些参数很难合理地确定，模型很难全面反映井下巷道状况，导致计算结果与巷道实际情况相差较大。但是，数值模拟法作为一种有前途的设计方法，经过不断的改进和发展，会逐步接近于实际。

现有的巷道支护设计方法很多，如基于以往经验和围岩分类的经验设计法，基于某种假说和解析计算的理论设计法，以现场监测数据为基础的监控设计法。大量实践经验证明，单独采用任何一种方法都不符合巷道围岩复杂性和多变性的特点，因而达不到理想的设计效果。只有采用包括试验点调查和地质力学评估、初始设计、井下监测和信息反馈、修正设计和日常监测的动态信息设计方法，才是符合井下巷道围岩特性的科学的设计方法。其中试验点调查包括围岩强度、结构、地应力及锚固性能测试等内容，在此基础上进行地质力学评估，为初始设计提供可靠的参数。初始设计采用数值计算或经验法进行，根据围岩参数和已有实测数据确定出比较合理的初始设计。然后将初始设计实施于井下，并进行围岩位移和锚杆受力监测，根据监测结果验证或修正初始设计。正常施工后还要进行日常监测，保证巷道安全。

近十年来,我国在锚杆支护设计方法方面做了大量工作。在借鉴国外先进设计方法的基础上,结合我国矿山巷道的特点,提出动态化、信息化的设计方法,符合巷道地质条件复杂性、多变性的特点。这种设计方法已经在多个矿区得到推广应用,锚杆支护设计的可靠性、合理性和科学性得到显著提高。

本设计采用现在流行的大型数值模拟软件 FLAC^{3D},再结合经验法和工程类比法进行。它包括试验点调查和地质力学评估,锚杆支护初始设计,井下施工所需材料、设备和工艺,矿压监测设计和仪器等内容。

第二节　试验点调查和地质力学评估

阿刀亥矿区北翼为走向近东西的单斜构造,无断层及其他地质构造发育。受区域性构造应力影响,煤层内存在小褶曲,煤层结构复杂,含夹矸层较多,夹矸层位、厚度均不稳定。

一、水文地质及其他

东部采区 Cu_2 煤层开采水文地质条件简单,主要水源是为露头补给的大气降水及基岩裂隙水。东部采区有 2007 年 6 月停采的 +1 228 m 东翼工作面采空区,采空区可能由于大气降水补给而积水,掘进 Cu_2 东翼其他工作面时应注意淋水、滴水情况,遵循先探后掘程序施工。

二、瓦斯及煤层危害性

东部采区瓦斯涌出量为:相对瓦斯涌出量 9.07 m³/t,绝对瓦斯涌出量 12.71 m³/min。根据重庆煤研所煤尘化验结果,煤尘具有爆炸性,爆炸指数为 18.07%～20.65%,地温为 18～20 ℃。因受构造挤压,煤层节理发育,空气可直接进入煤层中,经调查上部小煤窑就是因自燃而被迫停采。该煤层具有自燃倾向性,发火期较长,所以在掘进过程中应注意发火预兆,如 CO 浓度增加,温度升高,有煤油味等,发现问题应及时处理。

三、黏结强度测试

锚固剂采用锚杆拉拔计确定树脂锚固剂的黏结强度。该测试工作必须在井下施工之前进行完毕。测试应采用施工中所用的锚杆和树脂药卷,分别在巷道顶板和两帮设计不同锚固长度进行三组拉拔试验。黏结强度满足设计要求后方可在井下施工中采用。

第三节　巷道锚网支护设计与支护材料

一、设计原则

(1)一次支护原则。锚杆支护应尽量一次支护就能有效控制围岩变形,避免二次或多次支护。一方面,这是矿井实现高效、安全生产的要求,为采矿服务的巷道和硐室等工程需要保持长期稳定,不能经常维修;另一方面,这是锚杆支护本身的作用原理决定的。巷道围岩一揭露就立即进行锚杆支护效果最佳,而在已发生离层、破坏的围岩中安装锚杆,支护效果会受到显著影响。

(2)高预应力和预应力扩散原则。预应力是锚杆支护中的关键因素,是区别锚杆支护是被动支护还是主动支护的参数,只有高预应力的锚杆支护才是真正的主动支护,才能充分发挥锚杆支护的作用。一方面,要采取有效措施给锚杆施加较大的预应力;另一方面,通过托板、钢带等构件实现锚杆预应力的扩散,扩大预应力的作用范围,提高锚固体的整体刚度与完整性。

（3）"三高一低"原则。即高强度、高刚度、高可靠性与低支护密度原则。在提高锚杆强度（如加大锚杆直径或提高杆体材料的强度）、刚度（提高锚杆预应力、加长或全长锚固），保证支护系统可靠性的条件下,降低支护密度,减少单位面积上锚杆数量,提高掘进速度。

（4）临界支护强度与刚度原则。锚杆支护系统存在临界支护强度与刚度,如果支护强度与刚度低于临界值,巷道将长期处于不稳定状态,围岩变形与破坏得不到有效控制。因此,设计锚杆支护系统的强度与刚度应大于临界值。

（5）相互匹配原则。锚杆各构件,包括托板、螺母、钢带等的参数与力学性能应相互匹配,锚杆与锚索的参数与力学性能应相互匹配,以最大限度地发挥锚杆支护的整体支护作用。

（6）可操作性原则。提供的锚杆支护设计应具有可操作性,有利于井下施工管理和掘进速度的提高。

（7）在保证巷道支护效果和安全程度以及技术上可行、施工上可操作的条件下,做到经济合理,有利于降低巷道支护综合成本。

二、支护参数确定的原则

（1）由于东部采区 Cu_2 煤工作面巷道的服务年限较短,设计时考虑较小的富裕系数。

（2）在保证可靠性和安全性的前提下,尽可能在巷道服务期间减少维修次数或只进行局部维修。

（3）支护参数和支护材料规格具有较好的适应性和施工可行性,由于井下巷道围岩条件变化很大,从支护合理性考虑,可能出现多种支护参数和支护材料规格,但这将不利于巷道施工和管理。所以,尽可能采用统一的支护参数和材料规格。

（4）在满足前两项原则的前提下,做到经济合理。

三、支护参数确定的依据

（1）11212Cu_2煤工作面巷道掘进作业规程。

（2）11212Cu_2煤工作面详细地质掘进说明书。

（3）东部采区 Cu_2 煤层综合柱状和采掘工程平面图。

（4）现有科技成果和工程实践经验。

四、巷道支护方案

（1）断面设计

东部采区 Cu_2 煤工作面采用综掘工艺,考虑到工作面巷道掘进过程中设备尺寸、通风要求和巷道围岩变形预留量,设计掘进工作面巷道尺寸如下:断面为矩形,巷道宽 3 600 mm,高 2 500 mm,掘进断面为 9.00 m^2。

（2）支护方案

经工程对比分析及数值模拟结果比较,确定东部采区掘进巷道锚杆支护初始设计如下:巷道采用树脂加长锚固锚杆组合支护系统,并进行锚索补强。

① 顶板支护

锚杆形式和规格:杆体为 ϕ20 左旋无纵筋螺纹钢筋,长度 2.0 m,杆尾螺纹为 M22。

锚固方式:树脂加长锚固,采用两支锚固剂,一支规格为 K2335,另一支规格为 Z2360。钻孔直径为 28 mm,锚固长度为 1 300 mm。

W 钢带规格:采用厚 3 mm 的钢板滚压而成,宽度 280 mm,长度 3.2 m。

托盘：采用拱形高强度托盘，托盘规格为 150 mm×150 mm×10 mm。

网片规格：采用 12# 铁丝编织的菱形网护顶，网格为 50 mm×50 mm，规格为 3.8 m×1.0 m。

锚杆布置：锚杆排距 900 mm，每排 4 根锚杆，间距 900 mm。

锚索：单根钢绞线，ϕ17.8 mm，长度 6.3 m，加长锚固，采用三支锚固剂，一支规格为 K2335，两支规格为 Z2360。锚索每排 1 根，间距为 1.8 m。托盘规格为 300 mm×300 mm×16 mm。

② 巷帮支护

巷道两侧支护方式相同，说明如下：

锚杆形式和规格：杆体为 ϕ20 左旋无纵筋螺纹钢筋，长度 2.0 m，杆尾螺纹为 M22。

锚固方式：树脂加长锚固，采用两支锚固剂，一支规格为 K2335，另一支规格为 Z2360。钻孔直径为 28 mm，锚固长度为 1 300 mm。

W 型护板：长 400 mm，宽 280 mm。

托盘：采用拱形高强度托盘，托板规格为 150 mm×150 mm×10 mm。

网片规格：采用 12# 铁丝编织的菱形网护帮，网格为 50 mm×50 mm，规格为 2.0 m×1.0 m。

锚杆布置：锚杆排距 900 mm，每排 3 根锚杆，间距 800 mm。

东部采区工作面巷道锚杆支护布置如图 6-1 所示。

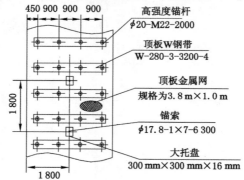

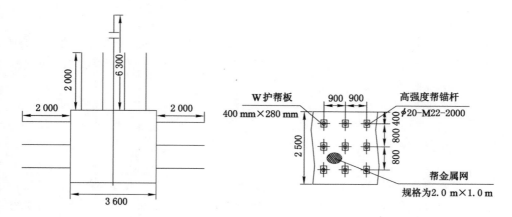

图 6-1　东部采区工作面巷道锚杆支护初始设计

五、锚杆支护材料及费用

（1）支护材料

东部采区工作面巷道锚杆支护材料如表 6-1～表 6-3 所列。

表 6-1　　　　　　　　　　东部采区工作面巷道支护材料清单

序号	名称	型号	每排数	每米数	100 m 巷道数	10%富余量
1	螺纹钢锚杆	φ20-M22-2000	10	11	1 100	1 210
2	树脂药卷	Z2360	14	11.2	1 120	1 232
3	树脂药卷	K2335	12	11.1	1 110	1 221
4	W 钢带	BHW-280-3-3200-4	1	1.1	110	121
5	金属网	50 mm×50 mm,3.8 m×1.0 m	1	1.1	110	121
6	金属网	50 mm×50 mm,2.0 m×1.0 m	2	2.2	220	242
7	锚索	MSS-17.8-1×7-6300	1	0.6	60	66
8	锚索托盘	300 mm×300 mm×16 mm	1	0.6	60	66
9	W 护板	400 mm×280 mm	6	6.6	660	726

表 6-2　　　　　　　　　　东部采区工作面巷道支护材料费用

序号	名称	型号	每排数	每米数	单价/元	金额/元
1	螺纹钢锚杆	φ20-M22-2000	10	11	40	440
2	树脂药卷	Z2360	14	11.2	5.0	56
3	树脂药卷	K2335	12	11.1	4.8	53
4	W 钢带	BHW-280-3-3200-4	1	1.1	56	197
5	金属网	50 mm×50 mm,3.8 m×1.0 m	1	1.1	21.6	168
6	金属网	50 mm×50 mm,2.0 m×1.0 m	2	2.2	21.6	
7	锚索	MSS-17.8-1×7-6300	1	0.6	150	150
8	锚索托盘	300 mm×300 mm×16 mm	1	0.6		
9	W 护板	400 mm×280 mm	6	6.6	56	134
总计						1 200

表 6-3　　　　　　　　　　支护主要设备一览表

名称	型号	数量
顶锚杆钻机	MYT140/C	3 台
钻杆	B19,1.2 m	各 20 套
接长钻杆	B19,1×10 m	20 套
钻头	φ30 mm,双翼	100 个
钻头	φ28 mm,双翼	200 个
帮锚杆机	ZYS50/400	3 台
帮锚杆机钻杆	1.2 m	30 套
帮锚杆机钻杆	2.4 m	30 套
煤钻头	φ30 mm	200 个
锚索张拉设备	YDC	2 台

（2）高强度锚杆杆体

锚杆杆体为左旋无纵筋螺纹钢筋，专用锚杆钢材。杆体直径 20 mm，长度 2.0 m，极限拉断力为 154 kN，屈服力为 105 kN，延伸率 17％。杆尾螺纹规格为 M22，采用滚压加工工艺成型。

（3）树脂药卷

树脂锚固剂型号分别为：Z2360，即直径 23 mm，长度 600 mm，固化时间为中速；K2335，即直径 23 mm，长度 350 mm，固化时间为快速。

（4）托盘

拱形高强度托盘，尺寸为 150 mm×150 mm×10 mm，力学性能与锚杆杆体配套。

（5）W 钢带

W 钢带规格：采用厚度 3 mm 的钢板滚压而成，宽度 280 mm。在安装锚杆的位置开宽 40 mm、长 100 mm 的槽，间距 900 mm，以便安装锚杆。

（6）金属网

金属网材料用 12# 铁丝编织的菱形网，网格为 50 mm×50 mm，网片间相互搭接 100 mm，用 14# 铁丝捆扎。

（7）锚索

锚索索体材料为高强度低松弛钢绞线，直径为 17.8 mm，极限拉断力为 350 kN，延伸率为 4％。锚索长度为 6.3 m，头部设有树脂锚固剂搅拌头，锚索尾部配有高强度锚具。锚索托板为 300 mm×300 mm×16 mm 的钢板。

第四节　井下锚网支护施工工艺和安全措施

一、施工前的准备工作

（1）准备好试验所需的一切材料、机具和矿压观测仪器，并保证质量。

（2）对施工队伍进行技术培训，使其了解试验目的、施工工艺和要求，掌握有关机具的操作，以便在井下施工中保证质量。

二、施工工艺和技术要求

（1）施工工艺过程

施工工序包括掘进和支护两大部分。巷道顶板支护的施工工艺流程为：掘进出煤→敲帮问顶、找掉危岩→铺金属网→上 W 钢带→临时支护→用锚杆钻机钻进顶板中部锚杆钻孔→清孔→往钻孔内放入树脂药卷→用锚杆头部顶住树脂药卷并送入孔底→升起锚杆钻机并用搅拌器连接锚杆钻机和锚杆尾部→转动锚杆钻机搅拌树脂药卷至规定时间（根据树脂药卷使用说明书，一般为 15～30 s）→停止搅拌并等待规定时间（根据树脂药卷使用说明书，一般为 1 min）→用安装器连接锚杆钻机和锚杆尾部→转动锚杆钻机拧紧螺母→安装其他顶板锚杆。

锚索施工工艺流程为：定锚索孔位→用锚索钻机钻进锚索钻孔→清孔→往钻孔内放入树脂药卷→用锚索头部顶住树脂药卷并送入孔底→升起锚索钻机并用搅拌器连接锚索钻机和锚索尾部→转动锚索钻机搅拌树脂药卷至规定时间（根据树脂药卷使用说明书，一般为 15～30 s）→停止搅拌等待规定时间（根据树脂药卷使用说明书，一般为 1 min）后收缩锚杆机卸下搅拌器→等待 15 min→套上托板安装锚具→用张拉设备张拉锚索直到预紧力为 150 kN。

两帮锚杆施工工艺流程为:接金属网→上 W 护板→用钻机钻进两帮锚杆钻孔→清孔→往钻孔内放入树脂药卷→用锚杆头部顶住树脂药卷并送入孔底→用搅拌器连接煤电钻和锚杆尾部→转动煤电钻搅拌树脂药卷至规定时间(根据树脂药卷使用说明书,一般为 15~30 s)→停止搅拌并等待规定时间(根据树脂药卷使用说明书,一般为 1 min)→用扳手拧紧螺母→安装其他两帮锚杆。

(2) 技术要求

① 掘进

采用掘进机掘进,要求按设计尺寸施工,保证成形质量,不得超挖或欠挖。巷道掘进尺寸与设计尺寸相差不得超过 200 mm。

② 临时支护

采用前探梁配合板梁进行临时支护。

③ 安装顶板锚杆

a. 锚杆应紧跟掘进头及时支护,最大空顶距不得超过 1.2 m。

b. 锚杆钻孔采用单体锚杆钻机完成。先用 1.2 m 的短钻杆,后换 2.0 m 的长钻杆,采用 $\phi28$ mm 岩石钻头。钻孔时锚杆机升起,使钻头插入相应的 W 钢带孔中,然后开动锚杆机进行钻孔。孔深要求为 1 920±30 mm,并保证钻孔角度。钻头钻到预定孔深后下缩锚杆钻机,同时清孔,清除煤粉和泥浆。

c. 放入树脂药卷:先放入 K2335 快速树脂药卷,然后放入 Z2360 中速树脂药卷。锚杆杆体套上托板并带上螺母,杆尾通过安装器与锚杆机机头连接,杆端插入已装好树脂药卷的钻孔中,升起锚杆机,将孔口处的药卷送入孔底。

d. 利用锚杆钻机搅拌树脂药卷:树脂药卷搅拌是锚杆安装中的关键工序,搅拌时间按厂家要求严格控制(根据树脂药卷使用说明书,一般为 15~30 s)。同时要求搅拌过程连续进行,中途不得间断。停止搅拌后等待规定时间(根据树脂药卷使用说明书,一般为 1 min)。

e. 利用锚杆钻机拧紧螺母,使锚杆具有一定的预紧力。预紧力矩应达到 300 N·m。

f. 锚杆间排距误差不得超过设计值±50 mm。

④ 安装两帮锚杆

孔深要求 1 920±30 mm,并保证钻孔角度。采用钻机搅拌,预紧力矩应达到 300 N·m。其他技术要求同顶板锚杆。

⑤ 锚索安装

a. 锚索应紧跟掘进工作面安装。

b. 孔深控制在 5 950~6 050 mm 内。

c. 安装树脂药卷,先放入 1 个 K2335 快速树脂药卷,然后放入 2 个 Z2360 中速树脂药卷。插入锚索将树脂药卷推至孔底。

d. 锚索下端用专用搅拌器与锚索钻机相连,开机搅拌。先慢后快,待锚索全部插入钻孔后,采用全速旋转搅拌规定时间(根据树脂药卷使用说明书,一般为 15~30 s)。停止搅拌后等待至规定时间(根据树脂药卷使用说明书,一般为 1 min),收缩锚杆机,卸下搅拌器。

搅拌后锚索外露长度应控制在 300 mm 以内。

e. 张拉锚索：等待 15 min 后装上托板、锚具，用张拉千斤顶张拉锚索至设计预紧力（150 kN），之后卸下千斤顶。

f. 锚索间距误差不得超过设计值±50 mm。

三、安全技术措施

（1）须定期进行井下锚杆锚固力拉拔试验，每次数量不少于 3 根。如果发现锚杆实际锚固力与设计值相差较大，必须对锚固参数进行调整和修改。

（2）为了保证施工质量，须对锚杆锚固力进行抽检（不小于 10％的比例），抽检指标为螺纹钢锚杆锚固力不得低于 70 kN。发现不合格锚杆，应在其周围 200 mm 的范围内补打合格锚杆。

（3）掘进时形成的巷帮超宽或片帮超宽时，应及时处理，可采用加长 W 钢带补打锚杆的方法进行补强。

（4）巷道地质条件发生变化时，应根据变化程度，调整支护参数或采取应急措施及时处理，如采用锚索加固或缩小排距等。

（5）试验过程中，每隔 50 m 在顶板安装一个离层指示仪，观测围岩移动情况。一旦发现异常现象，观测人员应立即报告有关领导，以便采取相应措施。

（6）顶板铺网时，要求采用勾接的方式连接。

（7）张拉锚索时，每次使用要两人协作，张拉油缸应与钢绞线保持在同一轴线上，加压后，工具锚卡住钢绞线方能松手，并用 8# 铁丝将千斤顶绑在顶网上。操作人员要避开张拉缸轴线方向，以保证安全。

（8）张拉时，发现不合格锚索，必须在其附近 300 mm 范围内补打合格锚索。

第五节　巷道矿压监测信息反馈和设计修正

一、矿压监测

矿压监测是动态信息设计方法的核心内容之一。通过测试锚杆受力和巷道围岩位移分布，就可比较全面地了解锚杆支护的工作状态，进而验证或修改锚杆支护初始设计，并保证巷道的安全状态。

1. 矿压监测前的准备工作

井下实施矿压监测之前，需做好以下工作：

（1）组建矿压监测队伍。

矿压监测队伍成员由矿方安排，要求对监测工作认真负责，并具有一定巷道支护经验。

（2）准备监测仪器和测点安设物品。

按照设计要求的规格和数量购置所需监测仪器，准备测点，安设所需物品。

（3）准备监测记录表格。

矿压监测所需记录表格应提前准备好，以供井下测试时使用。

（4）技术培训。

在井下测试之前，由试验小组对监测工进行技术培训。

2. 矿压监测内容和方法

矿压监测分为综合监测和日常监测。前者的主要作用是验证或修改初始设计,后者主要是为了保证巷道安全。

二、综合监测

综合监测内容如表 6-4 所列。测站布置如图 6-2 所示。巷道共设两个测站。巷道掘出 100 m 后设置第一个测站,包括两个巷道表面位移监测断面,一个顶板离层监测断面,一个锚杆受力监测断面和一个锚索受力监测站。巷道掘出 300 m 后设置第二测站。

表 6-4   巷道综合监测内容

序号	项目	内容
1	巷道表面位移	巷道顶底板、两帮相对移近量,顶板下沉量
2	顶板离层	锚固区内外顶板岩层位移
3	锚杆受力	锚杆受力分布,两帮锚杆受力
4	锚索受力	顶板锚索受力
5	巷道破坏状况统计	记录巷道围岩破坏位置和程度

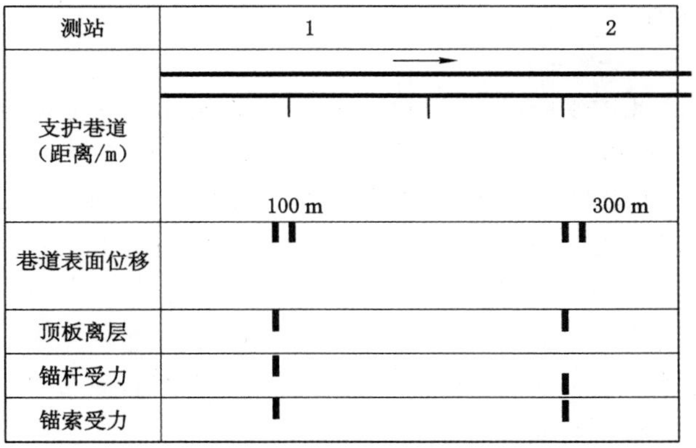

图 6-2　综合监测测站布置

(1)巷道表面位移

采用十字布点法安设表面位移监测断面(图 6-3)。在顶底板中部垂直方向和两帮水平方向钻 $\phi28$ mm、深 400 mm 的孔,将 $\phi29$ mm、长 400 mm 的木桩打入孔中。顶板和上帮木桩端部安设弯形测钉,底板和下帮木桩端部安设平头测钉。两监测断面沿巷道轴向间隔 0.6~1.0 m。观测方法为:在 C、D 之间拉紧测绳,A、B 之间拉紧钢卷尺,测读 AO、AB 值;在 A、B 之间拉紧测绳,C、D 之间拉紧钢卷尺,测读 CO、CD 值;测量精度要求达到 1 mm,并估计出 0.5 mm;采用皮卷尺测量监测断面距掘进工作面的距离。

测量频度为:距掘进工作面和采煤工作面 50 m 之内,每天观测 1 次,其他时间每 2 d 观测 1 次。

(2)顶板离层

采用离层指示仪测试顶板岩层锚固范围内外位移值。

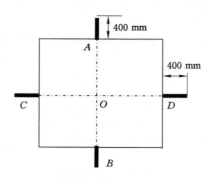

图 6-3　巷道表面位移监测断面布置

离层指示仪的安装方法和步骤如下：

钻孔：采用 B19 中空六方接长式钻杆、ϕ28 mm 钻头用锚杆机在巷道中线处打垂直钻孔，深度 7 m。

深部基点：用安装杆将深部基点锚固器推入孔中，直至孔底，抽出安装杆后，用手拉一下钢绳，确认锚固器已固定住。

浅部基点：用安装杆推入浅部基点锚固器至 1.9 m 处，抽出安装杆后，用手拉一下钢绳，确认锚固器已固定住。

安装注意事项：

① 离层指示仪安装位置距迎头不得超过 1.5 m，否则无法捕捉顶板离层的全过程；

② 钢绳应事先盘好，推入锚固器时逐圈展开，以防纠缠打结；

③ 推入锚固器时，安装杆不能回拉，否则锚固器双爪会从安装杆上端的槽中脱出；

④ 浅部基点锚固器一定要准确定位，为此可提前在安装杆上做好标记。

观测频度：观测频度与表面位移相同。

（3）锚杆受力

采用 CM-200 型测力锚杆测试顶板锚杆受力。每一观测断面布置 4 根或者 5 根测力锚杆（图 6-4）。在施工时，将正常安装的锚杆换成测力锚杆。

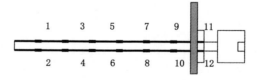

图 6-4　测力锚杆示意图

测力锚杆的安装方法和步骤如下：

① 安装前，在井下测完初读数。

② 安装时，先将安装搅拌接头旋入保护套内，由上端套上托盘，将树脂药卷放入孔中，用杆体将其推至孔底，然后，将安装搅拌接头插入锚杆机输出轴上，开机搅拌药卷。安装时必须保证杆体上的应变片朝向两帮。

③ 搅拌结束待树脂固化后，拧紧螺母，用两把扳手分别卡住保护套和搅拌接头卸下搅拌接头，立即测读并记录第一次读数。

④ 测读时,将测力锚杆与 KBJ 型静态电阻应变仪相连,依次读出 1～12 个位置的读数。观测频度:观测频度要求与表面位移观测相同。

(4) 锚索受力

采用 GYS-300 型锚索测力计进行锚索受力监测。仪器安装在锚索孔口,通过接收仪器获得锚索受力值。

三、日常监测

日常监测包括三部分内容,即:锚杆锚固力抽检、顶板离层观测和锚杆预紧力矩抽检。应安排专人负责日常监测,记录数据要求准确可靠。

(1) 锚杆锚固力抽检

巷道掘进施工过程中安排专人,按不小于 10% 的比例和不大于 2 d 的时间间隔对永久支护锚杆的锚固力进行抽检。抽检时只做非破坏性拉拔,锚杆达到 70 kN 为合格。一旦发现不合格锚杆,必须在其托板上注明"补打"字样,要求施工单位重新安装合格锚杆。

(2) 顶板离层

顶板离层指示仪除作综合监测外,还用作日常监测。巷道每隔 30 m 安设一个顶板指示仪。在距掘进工作面 50 m 内,每天观测记录离层显示数值。50 m 以外,除非离层松动仍有明显增长的趋势,一般可改为一周记录 2～3 次。由当班班长和跟班技术员负责记录数值,其他人员也应随时注意观察数字显示值的变化,以便及早发现异常现象,确保安全。一旦发现异常现象,必须立即向有关领导报告,以便采取相应措施。

(3) 锚杆预紧力矩抽检

巷道掘进施工过程中,安排专人按不小于 30% 的比例和不大于 2 d 的时间间隔用力矩示值扳手对锚杆螺母预紧力矩进行抽检,达到 300 N·m 即为合格。一旦发现不合格锚杆,必须在其托板上注明"预紧"字样,要求施工单位重新拧紧螺母。

四、矿压观测仪器

矿压观测仪器明细如表 6-5 所列。

表 6-5 　　　　　　　　　　　　　　试验巷道所需仪器列表

名称	型号	数量	厂家
顶板离层指示仪	LBY-3	30	北京开采所
测力锚杆	CM-200	20	北京开采所
锚索测力计	GYS-300	5	北京开采所
扭矩扳手	NB-800	2	北京开采所
离层仪安装杆	AN-8	1	北京开采所
数字应变仪	KBJ	1	北京开采所
锚杆拉拔计	MLJ-300	1	北京开采所

五、信息反馈和修正设计

(一) 信息反馈指标确定

如前所述,井下监测数据很多,必须从众多数据中选取修改、调整初始设计的反馈信息指标。指标应简单、易于测取,而且是影响支护参数的关键数据。为此,根据阿刀亥煤矿

Cu_2煤层的地质与生产条件,选用顶板离层值、两帮相对移近量、锚杆受力三个方面的 5 个指标。

顶板离层值包括锚固区内外顶板离层值两个指标。

顶板离层值只能反映顶板的稳定情况,两帮的稳定状况需要另外的指标来控制。当前比较通用的是围岩移近量。从科学性考虑,分别采用上帮、下帮移近量更为合理,但在现场难以取得,因此采用两帮相对移近量一个指标。

巷道围岩的稳定状况与锚杆的受力大小和是否受到损坏关系很大。锚杆支护参数设计的合理性在一定程度上也表现在锚杆的受力状况上。在巷道掘进影响期内锚杆受力选用两个指标,全长锚固一个,端锚一个。

对于全长锚固锚杆,由于整个杆体受到黏结剂与围岩的约束,围岩稍有变形,锚杆杆体上的力量增加很大,中部产生屈服。在巷道其他条件一定时,锚杆杆体强度高则屈服的范围小;杆体强度低则屈服范围大。因此,用测力锚杆杆体测点屈服数与杆体测点总数的比值作为全长锚固锚杆的受力指标。

对于端锚,锚杆的受力控制指标选用设计锚固力,实测指标选用锚杆测力计量测掘进影响期内锚杆工作时承受拉力的数值。

总之,共确定 5 个指标,量测和确定时间为掘巷期。5 个指标分别用 A、B、C、D、E 表示。

A——锚固区内顶板离层设计值,mm;

B——锚固区外顶板离层设计值,mm;

C——两帮相对移近量的设计值,mm;

D——全长锚固测力锚杆杆体测点屈服数与杆体测点总数的比值,定为 1/3;

E——端锚锚杆的设计锚固力,kN。

(二)反馈信息指标数值的确定与设计修改准则

1. 反馈信息指标数值的确定

反馈信息指标数值必须要确定准确,参照锚杆支护行业规范。

2. 设计判断和修改准则

设巷道掘进影响期间的实测值分别为 A'、B'、C'、D'、E',与反馈信息指标数据 A、B、C、D、E 相比较,可确定修改初始设计的准则如下:

(1)设计不修改

如果 $A'<A,B'<B,C'<C,D'<D,E'<0.8E$,则设计不需要修改。

当上述 5 个条件有一个或一个以上条件得不到满足,就需要修改设计。

(2)顶板锚杆

① 如果 $A'>A$,则每排增加一根锚杆,或缩小排距 100 mm

② 如果 $A'<A,D'>D$ 或 $E'>0.8E$(顶板锚杆),则将锚杆直径加大 2 mm。如果直径超过 22 mm,改用强度更大的材质。

③ 如果 $A'>A,D'>D$ 或 $E'>0.8E$(顶板锚杆),则将锚杆直径加大 2 mm,如果直径超过 22 mm,改用强度更大的材质,每排增加一根锚杆或缩小排距 100 mm。

④ 如果 $B'>B$,则加大顶板锚杆长度,增加 200 mm。若 $l>2.4$ m,则加大锚索密度,锚索排距降低一排锚杆排距。

（3）两帮锚杆

① 如果 $C'>C$,则加大帮锚杆长度,增加 200 mm。若 $l>2\,000$ mm,则每排增加 1 根锚杆,或缩小排距 100 mm。

② 如果 $D'>D$、$E'>0.8E$(两帮锚杆),则加大锚杆直径,增加 2 mm。若 $l>2.2$ m,改用强度更高的材质。

③ 如果 $C'>C$、$D'>D$、$E'>0.8E$,则将锚杆直径加大 2 mm,如果直径超过 2.2 mm,改用强度更大的材质,每排增加 1 根锚杆或缩小排距 100 mm。

上述各项目中的修改支护设计可以采用一种或同时采用数种。修改后的支护设计方案实施后,还应继续进行现场监测,评价支护效果和巷道的安全程度。对于局部特殊条件,如断层、破碎带,需采取特殊的方法处理。

矿压监测分为综合监测和日常监测。前者的主要作用是验证或修改初始设计,后者主要是为了保证巷道安全。

第七章 阿刀亥煤矿急倾斜特厚煤层水平分段综放采煤工艺关键技术

第一节 采煤方法的选择

一、急倾斜特厚煤层开采历史沿革

国外开采急倾斜特厚煤层的历史可追溯到 20 世纪 50 年代南斯拉夫 RLV 矿,该矿单一煤层厚度 140 m,采用分层放顶煤开采,初期采用爆破开采长壁工作面、冒落法开采顶煤的方法;20 世纪 70 年代设计配套采用采煤机开采的放顶煤工作面,采高 2.8 m,工作面长度 60～120 m,走向长度 200～600 m,分层高度 7.5～12 m,日进尺 1.5 m,日产 1 600 t,在当时生产水平处于较高水平。

我国急倾斜特厚煤层(大于 40 m)主要分布在吐哈煤田、准东煤田、内蒙古华亭砚峡井田、彬长矿区、胜利煤田、辽宁抚顺煤田、阿刀亥矿区等。井工开采的典型煤矿有华亭煤矿和老虎台煤矿。

华亭煤矿地处我国甘肃省东部,华亭煤田向斜东翼,开采煤层为侏罗纪华亭组煤 5 层,煤层倾角平均 45°,煤层厚度为 33.86～68.72 m,平均厚度 51.51 m,属急倾斜特厚煤层。煤 5 层靠顶板 15 m 左右以亮煤为主,具有明显条带状结构,$f=1～2$,易冒落。中部及下部由半亮煤、暗煤及丝炭组成,光泽弱,强度较大,$f=2～3$。距底板大约 15 m 处有一层平均厚度为 1.01 m 的油页岩夹矸层。煤 5 层直接顶为炭质泥岩或粉砂岩,赋存不稳定,基本顶为粉砂岩及细砂岩,致密坚硬,厚度为 48.8 m,煤层底板为泥质胶结中-粗砂岩。采用水平分层综合机械化综采放顶煤开采方法,工作面长度为 45～53 m,工作面走向长度为 1 200 m,每个分层高度为 15 m,其中割煤高度 3 m,放煤高度 12 m。

老虎台矿井田位于抚顺煤田中部,属新生代第三纪煤层,不完整向斜构造。井田内断裂构造较发育,落差大于 30 m 断层有 13 条。地表标高＋80 m 左右,煤层埋藏最大深度为 1 250 m,平均厚度 58 m,倾角 0°～90°,硬度 $f=1.5～3.0$,现生产水平为－830 m。属高瓦斯和煤与瓦斯突出矿井,相对瓦斯涌出量 57.69 m³/t,绝对瓦斯涌出量 295.03 m³/min,1978 年至今共发生煤与瓦斯突出 19 次,最大突出煤量 1 067 t,瓦斯量 10 万 m³。每年发生大于里氏 1.0 级冲击地压 1 300 次以上,其中大于 2.0 级 150 次以上,大于 3.0 级 12 次以上,最大震级为 3.7 级。煤层自然发火期为 1～3 月,最短 13 d,煤尘爆炸指数 46.84%。矿井 1995 年前为炮采 V 形水砂充填采煤法,1995 年开始采用综合机械化放顶煤开采。采用倾斜或水平分层下行综放开采,分为 2～3 个开采层。倾斜分层因一分层矿压大,煤的硬度较低,层节理较发育,易冒落,一般采高为 18～25 m,二、三分层因煤层硬度变大,矿压减小,采高相对要降低,二分层采高 15～20 m,三分层采高一般 10～15 m。工作面长度一般为

150 m,走向长度 600～1 500 m,单面年最高产量在 200 万 t 以上。

二、阿刀亥煤矿急倾斜特厚煤层开采方法选择

(一)煤层

本矿所采的 Cu_2 煤层赋存于 A_2 背斜北翼的单斜构造中,为特厚煤层,平均厚 32 m,而且全区发育稳定。本区含煤地层属石炭二迭系栓马桩群,其中 Cu_2 为主要含煤组,据地质资料及多年来开采收集的资料,经统计 Cu_2 煤层的最大厚度为 43 m,最小厚度为 21 m,平均厚度为 32 m,本煤层结构复杂,夹石 3～42 层,夹石层最大厚度 3.4 m,最小厚度 0.02 m,夹石岩性多为炭质泥岩、高岭土岩及粉砂岩,局部为砂岩。

Cu_2 煤层在本区内属较稳定煤层,根据地质勘探资料证明,本煤层在 39 号与 26 号探槽之间为厚度变薄区,该区内煤层总厚度为 5～10 m,此区内有夹石层,在童神茂村南夹石厚度达 10 m,岩性为含砾砂岩层,从第四勘探线向东北夹石尖灭,煤层变厚,到第六勘探线煤层厚度达 38.61 m,变薄区向西煤层也逐渐加厚。

井田东部石匠窑附近 A_2 背斜轴从 Cu_2 煤组中通过,受倒转背斜的影响,煤组发生重复,8 号孔内煤层全厚达 89 m,井下 +1 352 m 东一石门揭露煤层厚度为 104.53 m。以上所述均为煤层走向上的变化,煤层倾向上的变化在 +1 000 m 水平以上不明显。

阿刀亥煤矿地处纬向挤压带中,煤层倾角 67°～84°,属高瓦斯矿井,背向斜及大中型断层延贯全区,但煤层厚,全井田可采,变异系数仅 12%,全井均为稳定煤层储量。1989 年内蒙古自治区批准矿井地质条件为Ⅱ类矿井。煤层柱状图如图 7-1 所示。

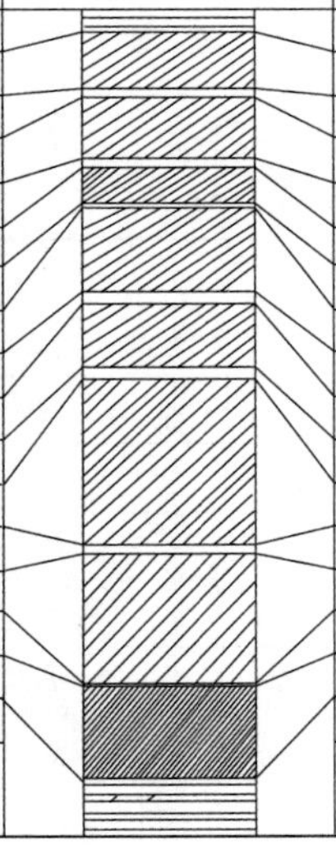

煤岩层名称	柱状剖面	厚度/m		岩性描述	产状
		层厚	累计		
高岭岩				灰黑色,致密块状	N0° ∠75°
煤层		3.0		黑色致密坚硬比重大	
高岭岩夹矸		0.3	3.3	灰黑色致密坚硬	
煤层		5.3	8.6	黑色暗煤光泽暗淡	
高岭岩夹矸		0.2	8.8	灰黑色坚硬	
煤层		4.8	13.6	黑色暗煤内含亮煤弱层	
夹矸		0.1	13.7	灰黑色坚硬	N1° ∠76°
煤层		7.6	21.3	黑色暗煤裂隙发育	
高岭岩夹矸		0.4	21.7	灰黑色致密坚硬	
煤层		6.4	28.1	黑色暗煤光泽暗淡	
夹矸		0.2	28.3	灰黑色致密坚硬	
煤层		12.2	40.5	黑色暗煤内含亮煤裂隙发育	N0° ∠75°
高岭岩夹矸		0.5	41.0	灰黑色致密坚硬比重大	
煤层		9.8	50.8	黑色暗煤内含亮煤裂隙发育	
夹矸		0.3	51.1	灰黑色坚硬	
煤岩互层		2.7	53.8	灰黑色煤泥岩互层,层理发育	N1° ∠76°
泥岩高岭岩				灰黑色高岭岩泥岩互层,泥岩层理发育	
		备注:上部为煤门揭露煤层全厚柱状图			

图 7-1　煤层柱状图

(二)采煤方法

Cu_2 煤层一直以来都采用放顶煤采煤法,从工作面顶板管理、防灭火、资源回收率来说,工艺都非常成熟,所以本工作面继续采用综采放顶煤采煤法。

1. 采煤方法的选择及其依据

本井田煤层为倾斜特厚煤层，倾角为 $76°\sim86°$，共有 Cu_2 南翼、Cu_2 北翼两层，主采 Cu_2 北翼，Cu_2 煤组最大厚度为 43 m，最小厚度为 21 m，平均厚度为 32 m，根据井巷揭露 Cu_2 北翼平均厚度在 30 m 左右。

Cu_2 煤组直接顶板以泥岩、砂质泥岩为主（多为高岭土岩）；煤层直接底板以砂质泥岩（高岭土岩）、中砂岩为主，局部含有细砂岩。

故根据本井属急倾斜厚煤层，且顶底板岩性均以中硬岩石及软弱岩石为主，普氏系数应在 $3\sim4$，总体稳固性较差。针对本矿煤层赋存条件，选择适合本厚煤层的采煤方法来设计综放分层采煤方法。

2. 工作面采煤、装煤、运煤方式及设备选型

采区布置两个综放工作面，即初期投产采煤工作面布置在 Cu_2 南翼煤层，为 Cu_2 1212 工作面和 Cu_2 1203 工作面。

综采放顶煤工作面回采工艺过程为：割煤→推移前部输送机→挂网、移架→推移后部刮板输送机→打临时支柱→回柱放顶。

采煤机割煤为单向割煤方式，单向割煤往返一次进一刀，即采煤机上行（或下行）割煤，机后 $2\sim3$ 架支架位置处移架直至端头。采煤机下行（或上行）清理浮煤，滞后 $10\sim15$ m 推移刮板输送机。采煤机往返一次工作面推进一个截深。单向割煤由工作面端部进刀。

进刀方式由工作面上、下行斜切进刀。

工作面采出的煤经过工作面前部刮板输送机（SGB-630/75）和后部刮板输送机（SGB-630/150）、运输巷刮板输送机（SGB-630/150）、分层石门运输巷刮板输送机（SGB-630/150）运至采区溜煤眼。

3. 工作面机械配备（表 7-1）

表 7-1　　　　　　　　　　　　　　回采工作面(2 个)机械配备表

序号	设备名称	型号	单位	数量
1	采煤机	MGD150	台	2
2	可弯曲刮板输送机（工作面）	SGB-630/75,$L=50$ m	台	2
3	可弯曲刮板输送机（工作面）	SGB-630/150,$L=150$ m	台	2
4	可弯曲刮板输送机（工作面）	SGB-630/150,$L=150$ m	台	10
5	破碎机	PEM1000×650	台	2
6	煤电钻	MSZ-12S	台	4
7	轻型液压支架	ZF1810(15)23ZB	架	72
8	单体液压支柱	DZ25-25/100	个	250
9	乳化液泵站	MBK-125-3BC	台	2
10	发爆器	MFB-50	台	4
11	回柱绞车	JH2-14	台	4
12	小水泵	WQ15-60-9.2	台	4
13	铰接顶梁	HDJA-1000	个	250

序号	设备名称	型号	单位	数量
14	喷雾泵站	WPZ125/5.5	台	2
15	注液枪	DZ-Q1	把	4
16	探水钻	TXU-75	台	2

4. 工作面支架及顶板管理

工作面支护选用 ZF1810(15) 23ZB 轻型放顶煤支架 25 架,端部支架采用两架轻型放顶煤支架,工作面轻型放顶煤支架两循环移一次架。

ZF1810(15) 23ZB 轻型放顶煤支架高度为 1 500~2 300 mm,支架宽度为 1 180~1 350 mm,支架中心距为 1 250 mm,支架长度为 4 880 mm,支架初撑力为 1 724.8 kN,工作阻力为 1 800 kN,支护强度为 0.4 MPa。

回采工作面最大控顶距为 5.68 m,最小控顶距为 4.88 m。

使用乳化液泵站 MKB-125-3BC 及配套泵箱供液,两泵一箱配置。上下巷道超前加强支护,采用沿巷道上下帮布置双排抬棚,长度 20 m,即选用 DZ18-25/100 单体液压支柱配合 HDJA-1000 型铰接顶梁使用。

综合放顶煤工作面放顶高度的确定:

根据《煤矿安全规程》规定,倾斜厚煤层的采放比大于 1∶3,且未经行业专家论证的,严禁采用放顶煤开采。工作面采高为 2.2 m,按上述规定要求,采煤工作面放顶煤厚度最大不得超过 8.8 m。

采用全部垮落法管理顶板,回撤支架为液压机械牵移支架,回撤前,向采空区喷洒阻化剂。

5. 工作面回采方向与超前关系

回采工作面回采方向为走向长壁后退式,采区两翼交替开采。

6. 采煤工作面的循环数、月进度、年进度及工作面产量

采煤机截深为 0.6 m,采煤高度为 2.2 m,放顶煤高度为 13.8 m,工作面一日推进 6 个循环,年推进度 693 m。Cu_2 煤层厚度为 32 m。

回采工作面产量为:

$$Q_{Cu_2} = L \cdot M \cdot N \cdot P \cdot R \cdot C \cdot T$$
$$= 32 \times 8 \times 6 \times 0.6 \times 1.54 \times 0.93 \times 330 = 0.436 \text{ Mt/a}$$

式中　Q_{Cu_2}——工作面年生产能力,Mt;

　　　L——工作面长度,m;

　　　M——放顶煤高度 8.8 m,取值 8 m;

　　　N——工作面日循环数,6 个/d;

　　　P——循环进度,0.6 m/循环;

　　　R——煤的密度,1.54 t/m³;

　　　C——工作面回采率,93%;

　　　T——年工作天数,330/a。

$$Q_采 = 2Q_{Cu_2} = 2 \times 0.436 = 0.872 \text{ Mt}$$

$$Q_矿 = Q_采 + Q_掘 = Q_采(1 + 5\%) = 0.872 \times 1.05 = 0.92 \text{ Mt/a}$$

7. 采区及工作面回采率

Cu_2煤层为厚煤层,采区回采率为75%,采煤工作面回采率为93%。

8. 生产时主要材料消耗指标

炸药消耗:220 kg/10 kt;

雷管消耗:800 发/10 kt;

坑木消耗:5 m³/10 kt。

第二节 采区巷道布置

矿井采区布置以井筒分为东、西部两个采区,以石门分东、西两翼布置工作面。工作面沿煤层走向布置,工作面巷道沿煤层顶板和底板布置。

采煤方法为急倾斜特厚煤层水平分层走向长臂综采放顶煤采煤法。水平分层厚度16 m,其中采高为2.2 m,放顶煤高度为13.8 m,采放比为1:6.3(2007年国家煤矿安全监察局批复采放比最大不超1:8)。

矿井煤巷全部为综掘面(使用 EBZ-100E 型综掘机),采用锚网、锚索联合支护,开拓岩巷工作面采用钻眼爆破,支护采用喷浆或锚网喷浆支护。

一、工作面布置

目前我国综放开采工作面一般应用低位双输送机放顶煤支架。由于综放工作面较普通综放工作面增加一部后部输送机,使工作面两端输送机机头及转载机的布置更加复杂。目前综放工作面支架前、后部输送机机头有平行布置和垂直布置两种形式。

二、平行布置

平行布置方式(图 7-2)有以下特点:

(1)过渡支架由于其体积大,与基本支架的结构差异较大,放煤机构不完善,因而造成综放工作面两端各有2～3架过渡支架不能放煤或放煤不充分,致使综放工作面的顶煤损失量增加。

(2)过渡支架结构较复杂,价格比基本支架高,增加工作面设备投入。

(3)过渡支架放煤效果差,顶煤回收率低。

但这种布置方式不会因电机位于工作面巷道中而额外增大巷道断面,且端头设备较少,有利于巷道管理、端头维护及工作面快速推进。同时,过渡支架尾梁与后部刮板输送机机头间距大,不易造成后部刮板输送机机头堵煤现象。目前这种布置方式在国内综放工作面应用最为普遍,技术成熟。

三、垂直布置

垂直布置方式(图 7-3)有以下特点:

(1)工作面全长皆为放顶煤基本支架,工作面实现了全长放煤,可提高回收率。

(2)垂直布置消除了由于基本支架与过渡支架有长度差值而造成采空区的矸石涌入后部输送机、影响煤质这种问题,工作面管理也简单易行。但这种布置方式,由于受巷道宽度限制,必须控制工作面设备上窜下滑,要求工作面巷道宽度不小于4.2 m且有较高的工作

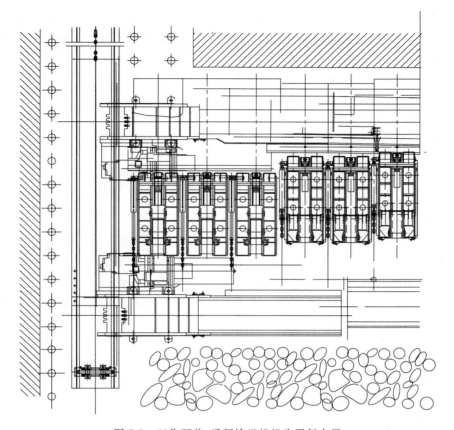

图 7-2 工作面前、后部输送机机头平行布置

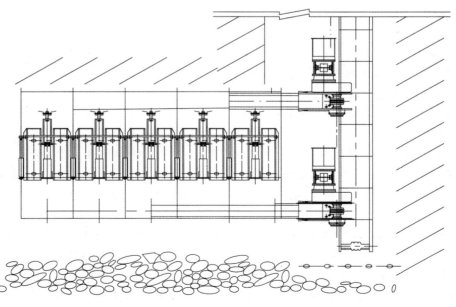

图 7-3 工作面前、后部输送机机头垂直布置

面管理水平。工作面巷道宽度加大给巷道支护增加了额外困难,因此应优先在煤层条件好的工作面采用。另外当工作面采用端头支架时,为满足转载机与刮板输送机机头布置及前移要求,端头支架一般较大且移架困难。因没有过渡支架,基本架尾梁与后部刮板输送机机头间距小,易造成后部刮板输送机机头堵煤现象,影响工作面的生产。目前这种垂直布置方式仅有部分矿井的综放工作面应用。

分析平行和垂直布置方式的优缺点,并根据本矿巷道的断面尺寸(宽 3.6 m)确定工作面前、后部输送机采用平行布置方式。

第三节 采 煤 工 艺

一、工作面采煤工艺

厚煤层综放开采采煤工艺包括采煤机割煤、移架、放顶煤、推移前后输送机和端头支护。工作面采用水平分段综采放顶煤采煤法,分段高度为 16 m,其中机采高度为 2.2 m,放顶煤高度为 13.8 m,截深为 0.6 m,割煤循环进度为 0.6 m,设计放煤方法采用多轮、间隔、顺序、等量放煤,放煤步距为 0.6 m,即"一采一放"。工作面进刀方式常用的有中部进刀和端部进刀,本设计采用端部进刀方式。

二、采煤工艺流程

（一）工艺流程

工作面交接班→生产检修→生产前准备工作→移转载机→移端头支架→拉后部刮板输送机→移架→推移前部刮板输送机→进刀割煤→放顶煤。

（二）工艺说明

（1）工作面交接班

进入工作面进行现场验收及岗前危险源辨识。

（2）生产检修

对工作面设备进行日检,针对上一班组反映有故障的设备进行维修并且将工作面的所有设备进行检查。按期对每台设备进行润滑,做好每项记录。

（3）生产前准备工作

根据每班安排进刀数目,增加超前支护段的距离。

（4）移转载机

移转载机前先将转载机机身部分升起,利用转载机自移千斤顶移动转载机。

（5）移端头支架

端头支架一套三架,移架前观察支架周围支护情况,再进行移架作业,移架时必须有人员监护。

降前架前、后立柱,将中架的前、后立柱与顶部接实,以利于支架推移千斤顶推移前架,监护人员要观察好支架在巷道的位置,移架完成后,保证支架不歪斜并保证安全出口畅通,将前架与巷道顶部接实。

收中架前、后立柱,利用前架拉中架,中架移到位后,将中架与顶部接实。

收尾架前、后立柱,利用前、中架拉尾架,尾架拉到位后,将尾架与顶部接实。

（6）拉后部刮板输送机

采煤机割煤前,先将刮板输送机拉移,拉移距离为 0.6 m。一般上一循环先机头后机尾顺序拉移,下一循环先机尾后机头顺序拉移。如机头和转载机搭接过多则持续先机头后机尾顺序拉移,如机头和转载机搭接过少,则持续先机尾后机头顺序拉移。

（7）推移前部刮板输送机

进刀前将采煤机行至前部刮板输送机机尾处,然后向前推移前部刮板输送机机头,采煤机斜切进刀后向前推移前部刮板输送机机尾。推移前部刮板输送机,一般采用先机头后机尾的顺序,推移步距为采煤机截深 0.6 m,推移前后部刮板输送机前要清理机头、机尾底部余煤和杂物。

（8）进刀割煤

采用端部斜切进刀,双向割煤往返一次进一刀（如有特殊情况可根据现场实际情况调整进刀方式）。

操作过程为:

① 进刀前先将预割段（0.6 m）处的进回风巷道支护锚网提前进行剪网并回收至进风巷指定位置,对预割段的锚杆进行回收、拉直码放到进风巷回收点。

② 推移前部刮板输送机机头和中部位置,创造采煤机从端部斜切进刀的线路。

③ 采煤机从端部沿输送机弯曲段斜切进刀,直至采煤机滚筒全部切入煤壁。

④ 推移前部刮板输送机机尾和中部,移直输送机;采煤机反向割煤至前部刮板输送机机尾,摇臂上升至顶刀位置,向机头方向推进割顶刀,割到机头位置停。

⑤ 将采煤机滚筒反向摇至底刀位置,开动采煤机,从刮板输送机机头向机尾割底刀,恢复到初始状态。

（9）移架

采煤机在割顶刀时按顺序追机拉移支架并及时推移支架护帮板支护煤壁,移架滞后采煤机不允许超过 2.5 m（两副支架）,保证端面距不大于 0.3 m,移架步距为 0.6 m。

（10）放顶煤

工作面采用"一采一放"的生产工艺,放煤方法采用多轮、间隔、顺序、等量放煤,即先按 1、3、5、7……号支架顺序放煤,再按 2、4、6、8……号支架放煤,反复多次放煤,每次放煤量不宜过大,时间不宜超过 5 min,放煤口出现矸石时应停止放煤。

三、采煤机割煤

（一）采煤机割煤运行顺序

其工序如下:将前部刮板输送机推移至煤壁[图 7-4（a）];推移前部刮板输送机机头和中部位置,创造采煤机从端部斜切进刀的线路,采煤机从端部沿输送机弯曲段斜切进刀,直至采煤机滚筒全部切入煤壁[图 7-4（b）];推移前部刮板输送机机尾和中部,移直输送机;采煤机反向割煤至前部刮板输送机机尾,摇臂上升至顶刀位置,向机头方向推进割顶刀,割到机头位置停[图 7-4（c）];将采煤机滚筒反向摇至底刀位置,开动采煤机,从刮板输送机机头向机尾割底刀[图 7-4（d）];恢复至初始状态[图 7-4（e）]。

（二）采煤机割煤质量要求

（1）严格控制割煤高度,最高不能超过 2.6 m 最低不能低于 2.4 m。

（2）控制机组牵引速度,防止压输送机、涌煤事故发生,保持割煤过程中的顶底平整。

（3）只能在放尽顶煤的条件下,采煤机才能进行割煤。采煤机割过后,必须及时移架,

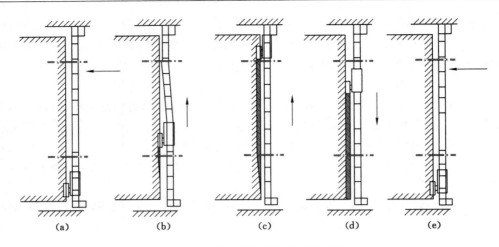

图 7-4　采煤机端部斜切进刀示意图

其作用除防止架前冒顶、片帮外，由于支架的卸压前移和再支撑作用，将会造成顶煤的压裂、压碎，为后部放顶煤创造条件。

（4）为保证实现工作面"一刀一放"并完成日循环进刀数，当采放工序不平衡时，可通过及时调整采煤机的割煤速度或采取增加放煤口数等措施，实现采放平行作业。

（5）在采煤机割煤时，必须严格按照采煤机安全操作规程的要求进行操作。

四、移架

（一）移架工艺

工作面实行追机移架，随着采煤机的割煤，要按顺序移架，移架步距为 0.6 m。为了及时支护顶板，当采煤机割煤完毕，在保持 2.5 m 的安全距离后，随机移架。移架的动作如下：收护帮板→降柱（保持一定压力）→移架（擦顶移架）→升柱（保持初撑力）。

（二）移架质量要求

（1）移架时必须进行检查，在确认顶煤全部放尽后方可随机移架，否则就打乱了放煤顺序，丢失顶煤，影响了回收率。

（2）必须严格按移架安全操作规程进行移架，其移架的程序是：收缩支架后部尾梁→伸出支架后部插板→降支架立柱→以前输送机为支点，用移架千斤顶移架 0.6 m 的距离→升起支架立柱，并在升柱手把位置保持几秒钟使支架达到额定的初撑力。

（3）为保证拉架时不致将前部输送机后拉，在移架时，应将邻架的推移千斤顶手把打在推移输送机位置。

（4）在移架时，必须使工作面支架保持成一条直线，其直线误差在±5 mm 以内。

（5）当煤壁片帮较深或顶板破碎时，应超前移架支护。当煤壁片帮较深或顶板碎破时，应在采煤机前滚筒割煤后及时移架或挑起护帮板。

五、推移前部输送机

（一）推移前部输送机工序

进刀前将采煤机行至前部刮板输送机机尾处，然后向前推移前部刮板输送机机头，采煤机斜切进刀后向前推移前部刮板输送机机尾。推移前部刮板机，一般采用先机头后机尾的顺序，推移步距为采煤机截深 0.6 m，推移前后部刮板输送机前要清理机头、机尾底部余煤和杂物。

（二）推移前部输送机质量要求

（1）每次推进应保持 0.6 m 的推进度，并与煤壁平行成一条直线，其直线误差应在 ±30 mm 以内。

（2）为了减少输送机在弯曲段的磨损，延长其寿命，在推移输送机时，必须要保持采煤机之后的弯曲段长度不得小于 15 m。

（3）推移输送机必须单方向进行，严禁从两头向中间进行。

（4）为了保证在推移输送机时操作顺利，不致发生飘刀、啃底现象，在推移输送机时，应同时使用 3 个千斤顶一起推。

（5）在推移输送机完成后，必须及时清扫散落在电缆槽内、输送机与液压支架间等处的浮煤，并且把浮煤和矸石一起装入输送机内。

六、放顶煤

综采放顶煤工艺包括放煤程序、放煤步距、放煤时间与放煤量的控制等。合理的放顶煤工艺的实现是与支架的工作性能及其在采场的实际工作状态紧密联系在一起的。合理的放煤工艺应保持放煤过程中顶煤运动的连续性和规律性，保持直接顶板有规律地暴露，即顶煤有规律地放空和及时冒落。

（一）放顶煤工艺

工作面运转正常后，即可进行放煤作业。利用超前支承压力、基本顶回转、支架反复支撑等综合作用松动顶煤，通过摆动尾梁和伸缩插板机构实现控制放煤块度和挡矸。

目前，我国放顶煤工艺有单轮顺序放煤、单轮间隔放煤、双轮（多轮）顺序放煤、双轮（多轮）间隔放煤。

根据急倾斜分层厚煤层综放开采实践经验，采用多轮放煤，即不要一次将冒落的顶煤全部放出，而是分多次将冒落的顶煤放完。多轮放煤的作用主要用有：① 可以保证冒落的顶煤和冒落的直接顶的煤岩分界线平缓地下降，以减少混矸；② 多轮放煤可以给上位冒落破碎不充分的顶煤一段二次冒落破碎的时间，以保证较高的顶煤回收率。

根据兖州和平朔安家岭特厚煤层开采经验，间隔放煤回收率较顺序放煤高，但间隔放煤存在管理困难，出现工作面漏放的可能（即部分支架容易出现忘记放煤的现象），需要矿井具有较高的管理水平和操作队伍。

放煤原则：施行"多轮循环、均匀连续、大块破碎、见矸关门"的放煤原则。

放煤顺序：采用多轮、间隔、顺序、等量顺序的放煤工艺。

（二）初次放煤方法

在初次放顶煤时，矿压未明显显现，顶板尚未开始活动，顶煤破碎不充分，因此，可以在初次放顶煤时采用以下方法：

（1）放慢割煤速度和移架速度，增加空顶时间。

（2）连续升降支架的顶梁和尾梁，使顶煤松动、离层、破碎和垮落，但升降幅度不宜过大，一般在 200～300 mm 之间。

（3）要监测支架工作阻力，从而分析顶板来压情况。

（三）初次放煤工艺要求

（1）放煤工作是在采煤机割煤并移架后进行，滞后距离为 3～5 架，采放平行作业，放煤步距要保持 0.6 m。

（2）放煤时，先收回放煤插板，并操作尾梁千斤顶，使尾梁摆到适当位置，以便能使顶煤直接流入后部刮板输送机。放煤时，可多次反复地摆尾梁使大块煤破碎，便于放尽。放煤过程中如遇见大块煤，应用尾梁将大块煤挤碎或用插板将大块煤捣碎。见矸停止放煤，并伸出插板封住矸石，使矸石不能滑入后部输送机，最后完成放顶煤工作。

（3）放煤时，必须注意后部输送机中运煤量的情况，可以从放煤量和放煤时间上进行控制，使输送机不至于超负荷输送，达到能均匀放煤并均匀输送的目的。

（4）放煤时，必须同时进行喷雾防尘，以利于工人身体健康。

七、阿刀亥煤矿矿井主要技术经济指标

阿刀亥煤矿矿井主要技术经济指标归纳总结如表 7-2 所列。

表 7-2 阿刀亥煤矿矿井主要经济技术指标

序号	名称	单位	指标	备注
1	矿井设计生产能力			
	（1）年产量	Mt	0.90	
	（2）日产量	t	2 727	
2	矿井服务年限	a	21.3	
3	矿井设计工作制度			
	（1）年工作天数	d	330	
	（2）日工作班数	班	4	
4	煤质			
	（1）牌号		JM	
	（2）灰分 A_d	%	25.80	
	（3）挥发分 V_{daf}	%	19.44	
	（4）硫分 $S_{t,d}$	%	0.69	
	（5）水分 M_{ad}	%	0.74	
	（6）发热量 $Q_{b,d}$	MJ/kg	36.23	
5	储量			
	（1）资源储量	Mt	54.81	
	（2）可采储量	Mt	26.85	
6	煤层情况			
	（1）可采煤层数	层	1	
	（2）可采煤层总厚度	m	32	
	（3）煤层倾角	°	76~86	
	（4）煤的视密度	t/m³	1.54	
7	井田范围			
	（1）走向长度	km	7.5	
	（2）倾斜宽度	km	2.0	

序号	名称	单位	指标	备注
	(3) 井田面积	km²	6.709 9	
8	开拓方式		斜井多水平	
9	水平数目	个	3	
	(1) 第一水平标高	m	+1 155	
	(2) 第二水平标高	m	+1 000	
	(3) 第三水平标高	m	+920	
10	井筒类型及长度			
	(1) 主斜井	m	320	
	(2) 副斜井	m	470	
	(3) 提矸副斜井	m	290	
	(4) 一、二回风斜井	m	116/108	
11	采区个数	个	3	
12	采煤工作面个数及长度	个/m	2/30	
13	采煤工作面年进度	m	683	
14	采煤方法		综合机械化放顶煤	
15	顶板管理方法		全部垮落法	
16	采煤机械化装备			
	(1) 工作面支架形式	型号/架	ZF1810(15)23ZB/25	
	(2) 工作面运煤机械	型号/台	SGB-630(75)/1 SGB-630(150)/1	刮板输送机
17	掘进工作面个数	个	4	
18	井巷工程总量			
	(1) 巷道总长度	m	733	
	(2) 巷道掘进总体积	m³	4 677	
	(3) 万吨指标	m/万 t	8.1	
19	井下大巷运输			
	运输方式		带式输送机	
20	提升			
	(1) 主井提升设备	型号/台	ST-1000/250/1	带式输送机
	(2) 副井提升设备	型号/台	JT-2×1.5/1	单钩串车
	(3) 提矸副井提升设备	型号/台	JT2.5×2.0/1	单钩串车
21	通风			
	(1) 瓦斯等级		低	
	(2) 通风方式		中央分列式	
	(3) 一采区通风机型号及数量	型号/台	BDK6-No18/2	
	(4) 二采区通风机型号及数量	型号/台	BDK6-No18/2	

序号	名称	单位	指标	备注
22	排水			
	(1)涌水量			
	正常	m³/h	21	
	最大	m³/h	42	
	(2)+1155水泵型号及数量	型号/台	100D-45×6/3	
	(3)+1260水泵型号及数量	型号/台	100D-45×4/3	
	(4)空气压缩	型号/台	FHOG-210A/2	
23	供电			
	(1)设备总容量	kW	7 059	
	(2)变压器总容量	kVA	10	
	(3)矿井年耗电量	kW·h	$1\,491.6×10^4$	
	(4)吨煤耗电量	kW·h/t	16.57	
24	供水			
	(1)水源		自备水源井	
	(2)日用水量	m³/d	207.08	
25	建筑面积	m²	42 781	
26	矿井总占地面积	m²	90 789	
27	职工在籍总人数	人	328	
28	劳动生产率			
	全员效率	t/工	8.55	
29	建设总投资	万元	17 311.99	
	其中:矿建工程	万元	308.75	
	土建工程	万元	2 165.39	
	设备购置	万元	6 514.41	
	安装工程	万元	2 053.46	
	铺底流动资金	万元	232.20	
	其他费用	万元	4 920.41	
	工程预备费	万元	1 117.37	
	吨煤投资	元	192.36	
	原煤成本	元/t	103.37	
	投资回收期	a	3.37	
	投资利润率	%	36.61	
	投资利税率	%	52.59	
	财务内部收益率	%	41.38	

第四节　循环作业及劳动组织

工作面年工作日数按 330 d 计算,实行"四六"工作制度,每天 3 班生产 1 班检修,每班工作 6 h。工作面采用正规循环作业,整个循环包括:割煤、移架、放煤、推移前部输送机、拉后部输送机等主要工序,每天完成 6 个正规循环,进尺 3.6 m。

劳动组织以正规循环作业为基础,以采煤机的工作为中心,采用割煤与放煤平行作业,采煤机割煤时移架、放煤、拉输送机追机作业,设固定专人包机组检修方式组织生产。人员安排如表 7-3 所列。

表 7-3　　　　　　　　　　　工作面劳动组织安排

序号	工种	生产班 1	生产班 2	生产班 3	检修班	合计
1	班长	2	2	2	2	8
2	安全员	1	1	1	0	3
3	采煤机司机	1	1	1	1	4
4	支架工	1	1	1	1	4
5	放煤工	1	1	1	0	3
6	泵站工	1	1	1	1	4
7	机电维修	2	2	2	9	15
8	端头支护	4	4	4	3	15
9	刮板输送机司机	2	2	2	2	8
10	带式输送机司机	1	1	1	1	4
11	转载机司机	2	2	2	2	8
12	泵站司机	1	1	1	1	4
13	辅助工	1	1	1	1	4
14	合计	20	20	20	24	84

第八章　阿刀亥煤矿急倾斜特厚煤层井下
综采设备选型及"三机"配套

随着矿井工作面设备配套向着大功率、大采高、长壁开采等方向的发展,在国内矿井产能不断提高的同时,也面临着煤炭资源将会逐渐枯竭这一不争事实。目前已有大批煤炭企业逐步转向新疆、内蒙古等地区进行煤矿生产建设;同时煤矿企业、煤矿设计院所、高校研究院所等机构也将目光投向地质条件差、开采条件复杂的井下采矿工程,如残煤复采、薄煤层高产高效开采、急倾斜煤层开采等。而位于新疆、内蒙古等地区很大一部分煤炭资源地质状况复杂,多处煤层倾角在 50°以上,煤层厚度 20 m 以上,属大倾角特厚煤层。我国传统开采急倾斜特厚煤层多用高落式采煤法、水平分层或斜切分层采煤法以及伪倾斜柔性掩护支架采煤法。在实际开采中设备、工艺落后,设备配套不合理,导致开采效率低,矿井存在安全隐患,最主要是目前此类矿井煤炭回收率低,资源浪费严重。因此找出一种合理的开采方式,给出科学合理的设备选型和设备配套,提高此类复杂煤矿的煤炭回收率显得至关重要。

近年随着开采工艺的发展和变革,急倾斜煤层水平分段综采放顶煤取得了良好的效果。但是目前的急倾斜煤层分层放顶煤开采,配套设备还是采用传统的放顶煤技术,在工作面的两头布置过渡支架,过渡支架的数量一般为 3～4 架,在工作面中长度为 4.5～6 m,这部分长度是不能放煤的,对于 20 m 左右长度的工作面来说,丢煤较严重。

急倾斜特厚煤层水平分层综放开采充分利用了煤层倾角大、煤层易垮落、顶板稳固性相对较好等特点,结合常规综采放顶煤的优势,形成了较为完善的矿压控制及回采工艺的理论体系,实现了急倾斜煤层开采的高产高效和水平分层综放开采要求煤层厚度 20 m 以上,煤层倾角大于 50°,在采区走向长度范围内厚度基本无变化,无落差较大的断层,煤层基本稳定。

根据阿刀亥煤矿开采现状和钻孔情况可知,本井田煤层为倾斜特厚煤层,共有 Cu_2 南翼、Cu_2 北翼两层,Cu_2 煤层北翼倾角在 76°～84°之间,南翼倾角在 56°～64°之间,主采 Cu_2 北翼,煤层最大厚度为 49.67 m,最小厚度为 0.90 m,平均厚度为 19.23 m。现在开采的范围内煤组厚度为 25～44 m。顶底板岩性为泥岩、中砂岩、砂岩类,属半坚硬～坚硬岩类,工程地质条件中等。

本矿井为生产矿井,主采 Cu_2 北翼煤层,现采用悬移顶梁液压支架放顶煤,生产实践证明,顶煤可放性较好,顶板易冒落。阿刀亥煤矿南部为土默特右旗高源矿业有限责任公司高源煤矿,西北部为包头市杨圪塄矿业有限公司长悦煤矿,且平顶山露天煤矿与本矿井地质构造相同,也采用了分层放顶煤。鉴于周边矿井放顶煤情况,结合本矿井顶煤冒放性较好,采用水平分层综放开采是可行的,且回收率、安全性、回采工效将会得到极大提高。

针对本矿煤层赋存条件,适合该厚煤层的采煤方法为急倾斜特厚煤层水平分层走向短壁综合机械化放顶煤开采方法。本章提出分层综放开采设备的选型原则和技术要求,并给出工作面总体布置和设备配套,实现短壁工作面全程放煤,提高了急倾斜特厚煤层工作面煤炭回收率。

第一节　采煤机选型

一、短壁工作面采煤机概述

（一）"三下一上"采煤

在建筑物、铁路、水体下和承压水体上采煤时,既要尽量多出煤炭,又要保证地面建（构）筑物及地表水体不遭到破坏。

我国的"三下一上"采煤已经取得了很大的成就,有百余个煤矿、两千多个采煤工作面开采了"三下"压煤。条带式开采是常用的"三下一上"采煤方法。短壁采煤机及其配套设备是目前最实用的"三下一上"采煤设备。

（二）煤柱和边角煤回收

一些中老矿区或矿井,有大量的煤柱和边角煤急需回收;一些矿区或矿井受小煤窑影响,有大量的边角煤。这些煤柱或边角煤一般宽几十米,长几百米,矿压比较集中,过去大多采用炮采或丢弃。现在可以使用短壁采煤机,配上与该矿长壁面通用的液压支架和基本通用的输送机,进行回收。如果沿空送巷维护困难,也可以中间送巷布置对拉工作面。

（三）短壁工作面单巷开采

短壁工作面一般双巷开采。在工作面较短或巷道维护困难的条件下,如果把短壁工作面当做掘进头,解决好通风安全,也可以实行短壁工作面单巷开采。

（四）煤巷掘进

短壁采煤机配刮板输送机和巷道支护设备,可用于巷道掘进,采煤机用斜切方式进刀,用于巷道掘进时摇臂从上边回转。

由于短壁开采的特殊性,对短臂采煤机提出以下要求:

（1）机身要短,一般 3 m 左右。为了减小巷道尺寸,一般采用斜切进刀。

（2）采煤机采用多电机横向布置形式,截割机构与牵引机构之间无动力传递。每个主要部件可以从采空区侧拆装,而不影响其他部件,维修和更换方便。

（3）采用单个直摇臂结构。在机身中央设置一个装在摇臂上的滚筒,摇臂可从上部或下部翻转,摆角 $270°\sim320°$。

（4）通过换电机实现截割功率更好地适应煤层变化。

（5）通过改变摇臂长度、机面高度和滚筒直径,适应不同的采高范围。

二、阿刀亥煤矿急倾斜特厚煤层采煤机选型

（1）采煤机小时生产能力核算

短壁工作面采煤机的平均落煤能力可采用以下公式计算:

$$Q_{m} \geqslant \frac{60 \cdot Q_{r}}{K \cdot T_{1}\left(1+\dfrac{H_{f} \cdot C_{f} \cdot L_{f}}{H \cdot C \cdot L}\right)}$$

式中　Q_{m}——采煤机平均落煤能力,t/h;

　　　Q_{r}——工作面平均日产量,按 2 964 t/d 计算;

H——平均采高,2.2 m;

C——工作面采煤机割煤回采率,90%;

L——工作面长度,63 m;

L_f——工作面放煤长度,58 m;

H_f——综放工作面平均顶煤厚度,取 13.8 m;

C_f——顶煤回收率,70%;

K——采煤机平均开机率,0.4;

T_1——综放工作面日生产时间,960 min。

则:

$$Q_m \geqslant \frac{60 \times 2\,964}{0.4 \times 960 \times \left(1 + \frac{13.4 \times 0.70 \times 58}{2.6 \times 0.90 \times 63}\right)} = 98.74 \text{ t/h}$$

(2)采煤机平均割煤速度

对于长 63 m 综放工作面,其割煤机速度 v_c 为:

$$v_c = \frac{Q_m}{60 \cdot B \cdot H \cdot \gamma} = \frac{98.74}{63 \times 0.6 \times 2.6 \times 1.3} = 0.77 \text{ m/min}$$

式中 B——截深,m;

H——采高,m;

γ——煤的密度,t/m³。

(3)采煤机最大割煤速度和最大生产能力

考虑采煤机割煤不均衡性,采煤机最大割煤速度为:

$$v_{max} = K_c \cdot v_c$$

采煤机最大生产能力为:

$$Q_{max} = K_c \cdot Q_m$$

式中 v_{max}——考虑采煤机割煤不均衡性,采煤机最大割煤速度,m/min;

Q_{max}——考虑采煤机割煤不均衡性,采煤机最大落煤量,t/h;

K_c——采煤机割煤不均衡系数,取 1.5。

则:

$v_{max} = 1.5 \times 0.77 = 1.16$ m/min

$Q_{max} = 1.5 \times 98.74 = 148.11$ t/h

(4)采煤机装机功率

按采煤机单位能耗计算采煤机功率为:

$$N = 60 \cdot B \cdot H \cdot v_{max} \cdot H_w$$

式中 N——采煤机装机功率,kW;

H_w——采煤机割煤单位能耗,按实测,$H_w = 0.55 \sim 0.85$ kWh/m³,这里取 $H_w = 0.85$ kWh/m³。

采煤机最大割煤速度 $v_{max} = 1.16$ m/min,高产高效工作面一般割煤速度不少于 2.0 m/min,为保证设备的高可靠性,再考虑 1.2 的备用系数,则:

$N = 60 \times 0.6 \times 2.6 \times 2.0 \times 0.85 \times 1.2 = 190.9$ kW

(5)采煤机机型选择

　　我国西北、华北有大量急倾斜特厚煤层水平分层放顶煤开采,工作面长度较短,部分工作面只有 20～30 m。双滚筒采煤机由于机身较长,斜切进刀段也较长。尤其是对于工作面长度小于 90 m 的短工作面而言,采用双滚筒采煤机时,采煤机斜切进刀工艺占用时间多,正常割煤时间少,影响工作面采煤效率。而单滚筒采煤机由于仅有一个滚筒,对于短工作面更具有优势。在整机功率相同情况下,单滚筒采煤机比双滚筒采煤机更适宜于工作面长度小于 90 m 的短长壁工作面开采需要。由于只有单个滚筒,滚筒的截割功率更高,生产效率更高。

　　结合我国目前类似条件煤层的采煤现状,短壁综采(综放)工作面设备产能可以满足 0.45～0.90 Mt/a(0.60～1.20 Mt/a)的矿井生产需求。我国窑街、乌鲁木齐、包头、靖远、普百、辽源等地采用短壁采煤机均成功实现急倾斜特厚煤层水平分层放顶煤开采。

　　根据计算,工作面采煤机截割功率需大于 190.9 kW,根据国内类似煤层开采及设备应用情况调研,建议选用天地公司上海分公司生产的 MG250/300-NWD 电牵引短壁单滚筒采煤机(图 8-1、图 8-2)。该采煤机首创单个截割电机横向布置于机身、短壁采煤机机载电牵引,采用紧凑型矿用机载交流变频系统,满足了机身短(3 m)、功率大(300 kW)的要求,结构紧凑。其主要技术特征如下:

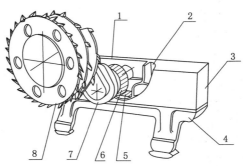

图 8-1　MG250/300-NWD 电牵引短壁单滚筒采煤机示意图
1——截煤部齿轮箱；2——液压泵箱；3——机箱；4——底托架；5——调高齿索；
6——调高齿轮；7——摇臂；8——滚筒

图 8-2　MG250/300-NWD 电牵引短壁单滚筒采煤机实物图

采高　　　　　　　　　　　　　1 800～3 600 mm
适应硬度系数　　　　　　　　　$f \leqslant 4$

截深	630 mm
适应煤层倾角	≤35°
装机总功率	300 kW
截割电机功率	250 kW
牵引电机功率	50 kW
滚筒直径	1 800 mm
卧底量	414～514 mm（上摆）
	499～599 mm（上摆）
供电电压	1 140 V
整机质量	24 t

第二节　液压支架选型

阿刀亥煤矿设计开采方法为急倾斜特厚煤层分水平分层走向长壁综放放顶煤方法，合理地选择放顶煤液压支架，在该煤矿生产中是十分重要的。

一、放顶煤液压支架的分类

（1）按照其结构形式和用途，一般可分为：

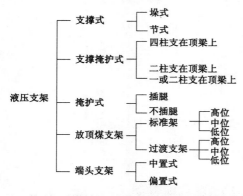

（2）按放顶煤液压支架的结构形式可分为四种类型：

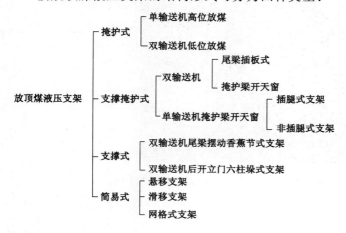

二、对放顶煤工作面支架选型的基本要求

（1）放顶煤支架是液压控制的放煤机构。放顶煤工作面生产的煤炭大多数由放煤口放出，为提高效益，要求放煤机构的液压控制性能好，开闭迅速、可靠、放煤口大、不易堵塞，并具有良好的喷雾降尘装置。

（2）工作面放煤时，不可避免地会有大块煤冒落，放煤机构必须有强力的、可靠的二次破煤性能。一般都采用在支架上爆破落煤和爆破大块煤的方法。

（3）多数放煤支架采用两部输送机，后部输送机专门运送放出的顶煤，因而支架应有推移后部输送机和清理后部浮煤的性能和机械装置。并应考虑支架后部留有通道，以备维修输送机和排矸使用。

（4）由于邻近支架放煤时顶煤的运动，不可避免地会使未放煤的支架受到侧向力，因此，支架结构必须有较强的抗扭和抗侧向力的能力。

（5）由于放顶煤工作面多数有两部输送机，并希望后部输送机位置有足够大的工作空间，因此支架的控顶距较大，顶梁也较长。

（6）放顶煤工作面工作空间的顶板为煤，一般情况下煤的稳定性比岩层差，在多次反复支撑作用下，下部煤易破碎，因此支架必须全封闭顶板，有更好的控制端面冒顶和防止架间漏矸的性能。为减少架间漏出的煤尘随风流扩散，支架应具备专用的架间喷雾降尘装置。

（7）放顶煤工作面采煤机的采高是根据最佳工作条件人为确定的，采高大体在 2.5～3.2 m 之间，不需要使用双伸缩立柱或带加长段的立柱。

（8）由于放顶煤支架质量较大，工作面浮煤较多，支架必须有较大的拉架力，拉架速度要快，能够带压擦顶移架。因此，设计支架时应力求结构简单、可靠、质量轻，近年已设计出了几种轻型支架。当然，为了适应浅埋深的地质条件，对支架往往有一些特殊的要求。

三、液压支架的选型方法

（一）工作面液压支架的选型原则

液压支架选型应考虑煤层厚度、煤层倾角、底板强度、瓦斯含量、地质构造、设备成本等因素。

（1）煤层厚度

根据我国煤层赋存的特点，厚度超过 2.5 m、顶板有侧向推力或水平推力时，应选用抗扭能力强的支架，一般不宜用支撑式支架。根据煤层的不同硬度，厚度达到 2.5～2.8 m 以上时，需要选择带有护帮装置的掩护式和支撑掩护式支架。煤层厚度变化大时，应选择调高范围较大的掩护式或双伸缩支柱的支架。

（2）煤层倾角

煤层倾角在 10°～15°（支撑式支架取下限，掩护式和支撑掩护式支架取上限）以上时，应选择自带防滑装置的支架；倾角在 18°以上时，应同时带防滑防倒装置 。

（3）底板强度

应使支架对底板的载荷集度不超过底板的允许抗压入强度。在底板较软的条件下，选用前应作底板比压测定和验算。

（4）瓦斯含量

对瓦斯涌出量大的工作面，应符合《煤矿安全规程》的要求，优先选用通风断面较大的支撑式和掩护式支架。

（5）地质构造

断层十分发育,煤层厚度变化很大,顶板的允许暴露面积和时间在 $5\sim8$ m²、20 min 以下时,暂不宜使用综采液压支架。

（6）设备成本

在同时选用几种架型时,应优先选用价格低的支架。

（二）工作面液压支架的选型顺序

（1）根据顶板岩石力学性质、厚度及岩层结构及弱面发育程度确定直接顶类型。

（2）根据基本顶岩石力学特性及矿压显现特征确定基本顶级别。

（3）根据底板岩性及底板抗压强度及刚度测定结果,确定底板类型。

（4）根据矿压实测数据计算额定工作阻力或根据采高、控顶宽度及周期来压步距,估算支架必需的支护强度和每平方米支护阻力。

（5）根据顶底板类型、级别及采高,初选必需的额定支护强度,初选支架架型。

（6）考虑工作面风量、行人断面、煤层倾角,修正架型及参数。

（7）考虑采高、煤壁片帮（煤层硬度和节理）的倾向性及顶板端面冒落度,确定顶梁及护帮结构。

（8）考虑煤层倾角及工作面推进方向,确定侧推结构及参数。

（9）根据底板抗压入强度,确定支架底座结构参数及对架型参数的要求。

（10）利用支架参数优化程序（考虑结构受力最小）,使支架结构优化。巷道及运输等有时对选架型有较大影响。其中最主要的是初选额定强度及初选架型。

（三）工作面液压支架的选型系统分析比较法

系统分析比较法就是对要选择的多种方案的各个属性、部分、方面分别研究比较决定的方法,根据矿山地质条件来分析、比较及决定支架各部分的类型及参数。

（1）主要根据直接顶、基本顶的厚度、物理性质、层理和裂隙发育情况及类级,结合采高、开采方法等因素确定支架的额定工作阻力、初撑力、几何形状、立柱数量及位置、移架方式、顶板覆盖率。下位顶板的稳定性对液压支架选型尤为重要。例如经分析认为,目前适用最广的架型为两柱支顶式掩护支架及支撑掩护式支架,而前者可适用于基本顶Ⅰ～Ⅱ级、动压系数为 $1.2\sim1.5$,直接顶较稳定,采高小于 5 m 的煤层;后者主要适用于Ⅱ以上基本顶,动压系数约 1.5 以上,直接顶中等稳定以上的煤层。

（2）对于"三软"煤层,目前采取的架型有两种两柱掩护支架。一种是短顶梁的支掩式托梁掩护支架,为了缩小控顶距可采用插底式支架;另一种是选取对顶板全封闭方式的支顶式掩护支架,可采用长侧护板的整体顶梁加伸缩梁,加大立柱的倾斜以增大支架的指向煤壁的水平支撑能力。

（3）根据煤厚、变化范围及其规则程度,确定支架最大和最小高度、活柱伸缩段数、加高装置。结合煤层的强度和节理发育程度确定是否采用护帮装置以及装置的尺寸。煤层厚度小于 2.7 m 时,一般不使用护帮装置。

（4）煤层倾角数据主要用于确定支架稳定性,防倒、防滑装置、锚固站及调架装置。

（5）底板抗压强度及平整程度用于确定底座类型是整体刚性底座或弹性连接的分体底座;根据底板载荷集度分布确定底座面积以及在软底时采用减少底座端部载荷集度峰值的架型或采用插底式还是设置抬底座装置。

（6）依据煤层的瓦斯含量及释放方式确定支架的最小过风断面是否能满足通风要求。

（7）全矿井内地质构造情况，特别是断层的落差、影响范围，陷落柱的范围和规律。这一方面应使综采工作面避开地质构造复杂区域，用于断层落差小于 1 m，最大不超过煤厚 1/2 的稳定煤层时影响较小。此外应选对地质构造变化适应能力强的架型。

四、阿刀亥煤矿液压支架选型

（一）架型选择

根据综放支架选型原则与当今我国综放开采液压支架发展现状，结合 Cu_2 煤层具体条件，建议采用双输送机插板式四柱低位单伸缩放顶煤支架。

以四连杆来分，放顶煤液压支架又可以分为正四连杆和反四连杆放顶煤支架。反四连杆支架后部放煤空间大，有利于上部顶煤的回收；正四连杆支架行人空间和通风断面大，与反四连杆支架同等支护强度时正四连杆支架质量较小，节省投资。该矿宜采用正四连杆双输送机插板式低位放顶煤支架。

以顶梁来分，又分为整体顶梁和铰接顶梁。整体顶梁特点：结构简单，可靠性好；顶梁对顶板载荷的平衡能力较强；前端支撑力较大；可设置全长侧护板，有利于提高顶煤覆盖率，改善支护效果，减少架间漏矸。铰接式顶梁特点：铰接式顶梁在前梁千斤顶的推拉下，前梁可以上下摆动，对不平顶板的适应性强。运输时可以将前梁放下与顶梁垂直，以减小运输尺寸。前梁千斤顶必须有足够的支撑力和连接强度，前梁上不宜设置护板。为顺利移架，前梁间一般要留有 100～150 mm 间隙，从而增加了破碎顶板漏矸的可能性。考虑到已有支架的使用情况，本设计采用整体顶梁，配伸缩梁。

考虑到工作面长度较短，支架中心距确定为 1.25 m。

（二）支护强度确定

本次设计支架工作支护强度主要采用两种方法来分析，即：① 建立在支架工作阻力构成分析基础之上的估算法；② 建立在支架与围岩相互作用关系基础之上的数值模拟方法。

（1）建立在支架工作阻力构成分析基础之上的估算法

工作面支护强度采用经验公式计算：

$$P_t = 9.81 \times h \cdot \gamma \cdot k$$

式中　　P_t——工作面合理的支护强度，kN/m^2；

　　　　h——放顶高度，m；

　　　　γ——顶板岩石密度，t/m^3，取 1.54 t/m^3；

　　　　k——工作面上覆岩层厚度与采高之比，一般为 2～8，对于急倾斜短壁综采放顶煤工作面视具体情况合理选取 2～3。

$$P_t = 9.81 \times h \cdot \gamma \cdot k = (9.81 \times 13.4 \times 1.54 \times 3) \, kPa = 0.61 \, MPa$$

（2）建立在支架与围岩相互作用关系基础上的数值模拟法

针对阿刀亥煤矿 Cu_2 煤层的赋存条件及模拟的上覆围岩的应力分布规律，运用 $FLAC^{3D}$ 对其 Cu_2 煤层开采构建数值模拟模型，如图 8-3 所示。

模拟不同支护强度条件下上方顶板下沉位移情况，得出数值模拟结果。图 8-4 给出了不同支架支护强度条件下支架上方顶煤下沉位移曲线。为了确定合理的支架支护强度，一共考虑了 8 种方案，分别为 $P=0.3$、0.4、0.5、0.6、0.7、0.8、0.9 和 1.0 MPa，分别监测距离工作面煤壁 1、2、3、4、5 m 处顶煤的下沉量，通过比较分析这 8 种方案，进而确定顶煤下沉位移与工作面支架支护强度之间存在的规律。

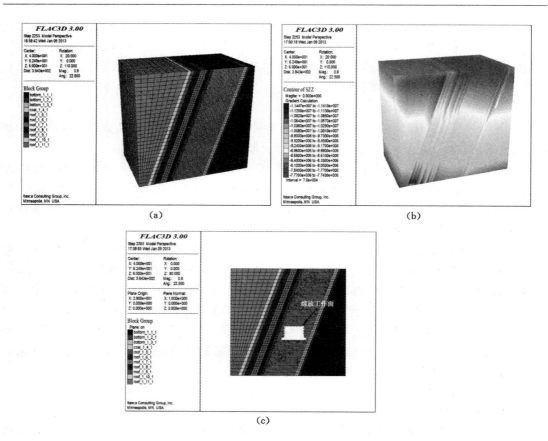

图 8-3　阿刀亥煤矿 Cu_2 煤层综放工作面开采模拟

(a) 数值模型；(b) 模型应力；(c) 模型开挖

分析图 8-4 可以得知,当支架支护强度不同时,支架上方顶煤在不同控顶时间不同位置的下沉量也明显不同。当支架支护强度为 0.3 MPa 时,顶煤下沉位移明显要大,而随着支架支护强度的逐渐增大,则其下沉位移也逐渐减小,但顶煤下沉位移随时间变化规律基本没有因位置不同和支架支护强度不同而有所变化。

在下沉初期,顶煤下沉位移量较大,下沉速度也较大。这一阶段顶煤的下沉主要是由于顶煤原岩应力失去平衡所致。在顶煤应力失衡状态下,顶煤需要变形以达到新的应力平衡。由于是岩体自身应力调整,所以变形时间较短,变形速度较大,不过平衡时间也较短。

随着内部应力的逐渐平衡,顶煤下沉进入第二阶段。在这一阶段,顶煤下沉属于一个过渡阶段,自身应力平衡变形要求已消失,而上方顶煤对其作用还没有显现出来,此阶段所发生的下沉主要是由于自重引起的,位移量较小,下沉速度也较小。

当控顶时间超过第二阶段后,上覆顶煤对其的作用逐渐显现出来。顶煤下沉位移进一步增大,而且下沉速度也有所增大。根据煤层开采实践经验分析,可以得知,工作面支架所需要平衡的主要是第三阶段的顶煤下沉。因此,根据数值分析结果,得到了在第三阶段支架支护强度对顶煤下沉影响。

虽然位置不同,但均是随着支架支护强度的增大而下沉位移减小。当支架支护强度小于 0.7 MPa,支架支护强度的增大对控制顶煤下沉作用极为明显;而当支架支护强度大于

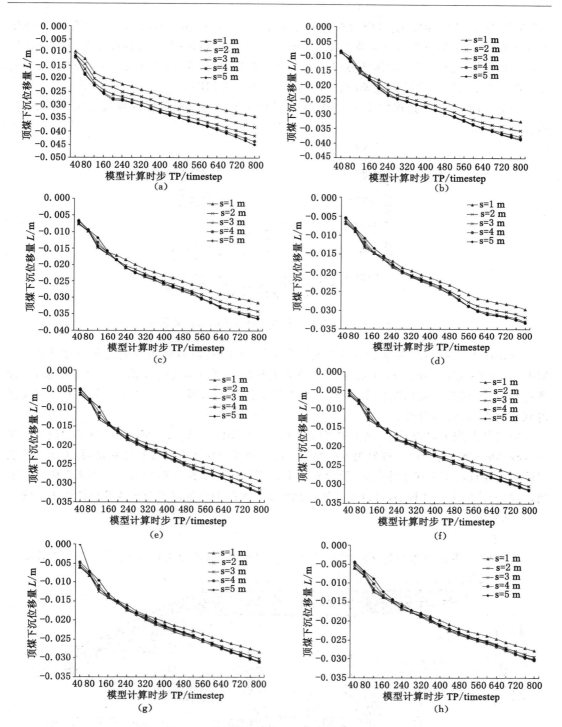

图 8-4 不同支护强度下的顶煤下沉阶段图

(a) 0.3 MPa；(b) 0.4 MPa；(c) 0.5 MPa；(d) 0.6 MPa；(e) 0.7 MPa；

(f) 0.8 MPa；(g) 0.9 MPa；(h) 1.0 MPa

0.7 MPa 时,支架支护强度的增大对控制顶煤下沉作用逐渐减弱,可以看出支架支护强度为 0.7 MPa 是支架支护强度对顶煤下沉影响的一个拐点,同时可以看到在支架支护强度达到 0.7 MPa 时,顶煤下沉位移已被控制在一个较小范围内。综合上述分析,可以判断出,阿刀亥煤矿 Cu_2 煤层开采综放支架的合理支护强度为 0.7 MPa。

为更全面、更科学地确定支架支护强度,下面分析不同顶板位置的顶板下沉位移曲线,如图 8-5 所示。

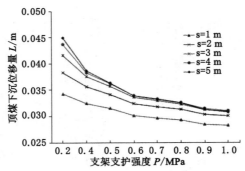

图 8-5　支护强度与控顶区顶板下沉位移关系

分析图 8-5,比照距煤壁 1 m 位置的顶煤下沉位移,可以看到当支架支护强度达到 0.7 MPa 时,在距煤壁 2 m、3 m、4 m 和 5 m 位置的顶煤下沉位移也已经达到一个较小值,并逐渐趋于稳定,相对变化幅度很小。所以,当支架支护强度达到 0.7 MPa 时,支架上方顶煤能得到有效控制,较为合理。

同时从曲线上可以看出,当支护强度增大到 0.9 MPa 乃至 1.0 MPa 后,顶板的位移呈进一步减小的趋势,分析这一现象出现的原因可能是顶煤位移在得到有效控制以后,由于上覆岩层的运动导致顶煤出现塑性破坏,导致支架上方岩体出现塑性变形所致。从图 8-5 中可以看出,这部分位移量已经较小,可以在支架达到额定工作阻力后通过安全阀的开启让压来实现。

（三）支架选型

1. 中部支架

工作面中部支架选型为 ZF3800/17/28 支撑掩护式放顶煤液压支架（图 8-6）,工作阻力

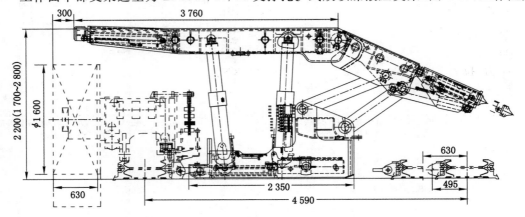

图 8-6　ZF3800/17/28 放顶煤液压支架示意图（中部）

为 3 800 kN,最低高度为 1.7 m,最大高度为 2.8 m,采高为 1.9～2.6 m。

(1) 主要技术参数

高度	1 700～2 800 mm
中心距	1 250 mm
宽度	1 180～1 350 mm
初撑力($P=31.5$ MPa)	3 217 kN
工作阻力($P=37.3$ MPa)	3 800 kN
支护强度	0.74 MPa
底板比压(前端)	0.94～1.33 MPa
推溜力/拉架力($P=31.5$ MPa)	272/360 kN
移架步距	700 mm
泵站压力	31.5 MPa
操作方式	手动本架操作
支架质量	约 12 t

(2) 立柱、千斤顶主要技术参数

① 立柱(4 个):

形式	单伸缩
缸径/柱径	180/170 mm
行程	1 100 mm
初撑力 ($P=31.5$ MPa)	801 kN
工作阻力 ($P=37.3$ MPa)	950 kN

② 推移千斤顶(1 个):

形式	差动
缸径/柱径	160/105 mm
行程	700 mm
推力/拉力 ($P=31.5$ MPa)	272/360 kN

③ 伸缩梁千斤顶(2 个):

形式	普通双作用
缸径/柱径	80/60 mm
行程	700 mm
推力/拉力	158/69 kN

④ 尾梁千斤顶(2 个):

形式	普通双作用
缸径/柱径	140/105 mm
行程	415 mm
初撑力($P=31.5$ MPa)	485 kN
工作阻力($P=37.3$ MPa)	573 kN

⑤ 后部输送机千斤顶(1 个):

形式	普通双作用

缸径/柱径	125/85 mm
行程	800 mm
推力/拉力($P=31.5$ MPa)	386/208 kN

⑥ 插板千斤顶(2个):

形式	普通双作用
缸径/柱径	80/45 mm
行程	400 mm
推力/拉力($P=31.5$ MPa)	158/108 kN

⑦ 侧推千斤顶(3个):

形式	活塞杆内供液
缸径/柱径	63/45 mm
行程	170 mm
推力/拉力($P=31.5$ MPa)	98/49 kN

(3) 支架主要结构特点

① 架型稳定性好,具有足够的抗扭能力,安全可靠。该架型为正四连杆支撑掩护式低位放顶煤液压支架,支护、推移、移架机构完善,性能好,人行通道大,前连杆为双连杆,抗扭能力强,稳定性好。

② 支架顶梁前端带有伸缩梁,行程为 700 mm,可及时支护新暴露的顶板,解决顶煤破碎架前冒顶问题。

③ 放煤机构靠尾梁回转、插板伸缩实现放煤。尾梁可向上回转,保证后部输送机修理作业空间,正常运煤空间高约 750 mm。

④ 通过优化设计,减小底座前端比压。支架底座为整体式刚性底座,底座前部用厚钢板过桥连接,后部用箱形结构连接,底座中后部底板敞开,便于浮煤及碎石排出。

⑤ 推移为短推杆机构,千斤顶正装,结构可靠、拆装方便,可实现快速移架。

⑥ 顶梁和掩护梁均带有单侧活动侧护板。

⑦ 支架配置先进可靠的 200 L/min 的大流量控制系统,以保证快速移架。液压系统中用阀的流量均与系统流量匹配,安全可靠。

⑧ 支架前、后均配置喷雾降尘系统。为改善放顶煤支架架后放煤的喷雾降尘效果,尾梁喷雾采用随动控制方式,在插板和尾梁动作时,喷雾系统进行自动喷雾。

2. 过渡支架

过渡支架选型为 ZFG3800/17/28H 放顶煤过渡支架(图8-7),支架最低高度为 1.7 m,最大高度为 2.8 m,工作阻力为 3 800 kN。

(1) 支架主要技术参数

高度	1 700~2 800 mm
中心距	1 250 mm
宽度	1 180~1 350 mm
初撑力($P=31.5$ MPa)	3 204 kN
工作阻力($P=37.3$ MPa)	3 800 kN
支护强度	0.63~0.65 MPa

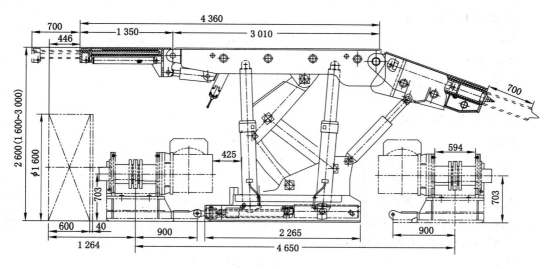

图 8-7　ZFG3800/17/28H 放顶煤过渡液压支架

底板比压（前端）	0.22 MPa
推溜力/拉架力	178/454 kN
移架步距	600 mm
泵站压力	31.5 MPa
操作方式	本架操作
支架质量	约 14 t

（2）立柱、千斤顶主要技术参数

① 立柱（4 根）：

形式	单伸缩立柱
缸径	180 mm
柱径	170 mm
行程	1 100 mm
初撑力（$P=31.5$ MPa）	801 kN
工作阻力（$P=37.7$ MPa）	950 kN

② 推移千斤顶（1 个）：

形式	普通双作用
缸径/柱径	160/85 mm
行程	700 mm
推溜力/拉架力	178/454 kN

③ 伸缩梁千斤顶（2 根）：

形式	普通双作用
缸径/柱径	80/60 mm
行程	700 mm
推力/拉力	158/69 kN

④ 侧推千斤顶(3 根):

形式　　　　　　　　　　普通双作用

缸径/柱径　　　　　　　　63/45 mm

行程　　　　　　　　　　170 mm

推力/拉力　　　　　　　　98/49 kN

⑤ 尾梁千斤顶(2 根):

形式　　　　　　　　　　普通双作用

缸径/柱径　　　　　　　　160/105 mm

行程　　　　　　　　　　525 mm

初撑力($P=31.5$ MPa)　　633 kN

工作阻力($P=37.3$ MPa)　750 kN

⑥ 后部输送机千斤顶(1 根):

形式　　　　　　　　　　普通双作用

缸径/柱径　　　　　　　　125/85 mm

行程　　　　　　　　　　700 mm

推力/拉力　　　　　　　　386/208 kN

⑦ 插板千斤顶(2 个):

形式　　　　　　　　　　普通双作用

缸径/柱径　　　　　　　　80/60 mm

行程　　　　　　　　　　700 mm

推力/拉力($P=31.5$ MPa)　158/69 kN

⑧ 前梁千斤顶(2 根):

形式　　　　　　　　　　普通双作用

缸径/柱径　　　　　　　　140/85 mm

行程　　　　　　　　　　175 mm

初撑力($P=31.5$ MPa)　　485 kN

工作阻力($P=37.3$ MPa)　574 kN

(3) 该支架的结构特点

① 该支架为反四连杆四柱支撑掩护式放顶煤排头支架。结构紧凑,可满足前、后部输送机及采煤机配套要求,使前、后部输送机有合理的布局空间。立柱升缩比大,降低支架的运输高度。

② 支架尾梁用两根 160 mm 千斤顶支撑,支撑能力大,调节范围高,为后部输送机机头的布置和维护创造了有利条件。

③ 顶梁为带有伸缩前梁的铰接式结构,对顶板适应性好。采用伸缩前梁机构,可实现及时支护,能上挑 3°～5°,可及时支护新暴露的顶板,解决顶煤破碎、架前冒顶问题。

3. 液压支架材料

① 支架结构件材料:Q460 钢板约占组焊件质量的 70%,其他约占 30%。

② 各铰接点销轴采用高强度合金钢 30CrMnTi,ϕ30 以下采用 40Cr。

③ 立柱、千斤顶用材:油缸 27SiMn、活柱 27SiMn,千斤顶活塞杆 27SiMn 或 40Cr。

第三节　刮板输送机选型

一、短壁刮板输送机选型原则和技术要求

对于急倾斜特厚煤层，为了要适应短壁开采，刮板输送机不是简单的缩短，要针对短壁开采作适应性设计，尤其对于短壁分层放顶煤开采，通过刮板输送机与支架和采煤机的合理配套，实现机头、机尾的放煤，提高煤炭回收率。因此对短壁分层开采输送机提出以下特别要求：

（1）采用端卸。在保证机头、机尾一定卸载高度前提下，实现机头、机尾放煤，机头、机尾不要太高，防止支架与刮板输送机干涉。同时考虑不让单摇臂采煤机滚筒在机头或机尾割底太多，卸载高度一般在 700 mm 左右。

（2）采用单电机驱动，驱动电机、减速器垂直布置在煤帮侧，保证工作面使用一种支架，这样布置有利于实现机头、机尾放煤；同时驱动电机放在机尾处，防止了电机与转载机干涉。

（3）行走齿轨铺到机头、机尾，便于采煤机进刀、割三角煤、装煤，同时减小了巷道尺寸。

（4）机头、机尾与中部槽间设调节槽，用于调节设置机头、机尾推移点。

（5）机头、机尾挡煤板尽量做低，防止与支架尾梁干涉。

二、阿刀亥煤矿急倾斜特厚煤层刮板输送机选型

（一）后部输送机能力核算

要实现综放工作面高产高效，工作面采煤机割煤和放顶煤工序应最大限度地平行作业，在选择综放工作面参数和设备能力时，应使采煤机平均循环割煤时间 T_c 与放顶煤平行循环时间 T_f 匹配，以减少两个工序的相互影响时间，提高工作面单产。

当综放工作面长 $L = 63$ m 时，取 $v = 2.0$ m/min，采煤机平均循环割煤时间为：

$$T_c = \frac{2L}{v_c} = 63 \text{ min}$$

由于

$$T_f = \frac{L_f}{v_c}$$

则：

$$v_f = \frac{L_f}{T_c}$$

式中　T_f——工作面平均放顶煤循环时间，min；

　　　v_f——沿工作面平均放煤速度，m/min；

　　　L_f——工作面放顶煤的长度，58 m。

$$v_f = \frac{L_f}{T_c} = 0.92 \text{ m/min}$$

因此与采煤机落煤能力相配套的工作面平均放煤能力为：

$$Q_f = 60 H_f B m \gamma C_f (1 + C_g) v_f = 444.3 \text{ t/h}$$

式中　Q_f——工作面平均放顶煤能力，t/h；

　　　m——放煤步距与采煤机截深之比，一采一放时 $m = 1$；

　　　C_g——放出顶煤的含矸率，取 10%；

　　　H_f——顶煤厚度，取 13.4 m；

B——截深,m;

γ——煤的密度,t/m³;

C_f——顶煤回收率,$C_f = 75\%$。

满足工作面最大放煤流量的要求的后部刮板输送机能力为:

$$Q \geqslant K_f K_y Q_f = 577.6 \text{ t/h}$$

式中 K_f——放煤流量不均匀系数,考虑到顶煤厚瞬间煤流量大,取 1.3;

K_y——考虑运输方向及倾角系数,取 1.0。

(二)前部输送机能力核算

选择工作面刮板输送机的运输能力应满足采煤机最大落煤能力的要求,即:

$$Q \geqslant K_y K_v K_c Q_m = 1.0 \times 1.04 \times 1.3 \times 98.74 = 133.5 \text{ t/h}$$

式中 Q——刮板输送机运输能力,t/h;

K_c——采煤机割煤速度不均匀系数,可取 1.3;

K_v——考虑采煤机与刮板输送机同向运动时的修正系数,取 1.04;

Q_m——采煤机最大落煤能力,t/h。

(三)前、后部输送机选型

根据运量计算结果,考虑到产量水平、设备的统一和顶煤厚度对后部输送机的影响,前、后部刮板输送机均选用 SGZ730/200 型刮板输送机,单机驱动,输送能力为 700 t/h。其基本参数如下:

设计长度	60 m
运量	700 t/h
刮板链形式	中双链
电机功率	200 kW
中部槽规格	1 250 mm(长)
额定电压	1 140 V

SGZ730/200 型刮板输送机整机结构如图 8-8 所示。

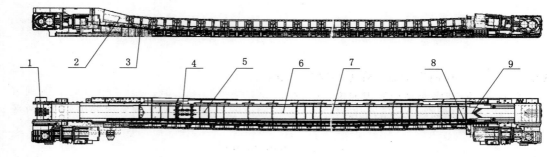

图 8-8　SGZ730/200 型刮板输送机整机结构图

1——机头传动部;2——机头马达液压控制系统;3——电缆槽;4——刮板链;5——变线槽;
6——中部槽;7——调节槽;8——伸缩机尾液压控制系统;9——机尾传动部

第四节　工作面"三机"配套及设备选型

大采高综放工作面的"三机"设备是指采煤机、液压支架、刮板输送机,其中综放工作面刮板输送机包括前部刮板输送机和后部刮板输送机,是工作面的主要设备。其选型首先要考虑相互之间的尺寸连接和能力匹配等配套关系;其次设备配套的质量,直接影响大采高综放工作面的生产能力和各设备效能的发挥。合理的设备总体配套、正确的设备选型,在单个设备性能优良、运行正常、外部系统合理的前提下,能保证工作面的开机率最高、各设备之间相互适应,不发生相互干涉影响,最大限度发挥工作面的生产效能,提高大采高综放工作面生产能力,实现安全高产高效。

一、"三机"配套的总体原则

大采高综放工作面各主要设备选型阶段的首要任务是各单机之间能力的相互匹配、成套设备性能与采煤工艺间的相互适应等。大采高综放工作面设备配套必须遵循的原则如下:

① 设备配套要适应工作面的地质条件;

② 设备配套满足生产能力的需要;

③ 设备的结构尺寸应该相互协调,满足配套需要;

④ 设备的主要技术参数应该相互匹配,满足生产能力的需要;

⑤ 设备配套满足安全生产的需要;

⑥ 配套设备的寿命一致性。

(一)满足工作面地质条件要求

为了实现大采高综放工作面安全高产高效的目标,工作面配套的设备需要满足以下地质方面的要求:

(1)煤层倾角:依据国内部分矿区千万吨综放工作面设备使用情况,年产千万吨级大采高综放工作面煤层倾角在16°以下为宜,倾角小于12°可以采用倾斜长壁俯斜开采,以减少和控制煤壁片帮。

(2)煤层厚度:国内部分矿区的千万吨综放工作面煤层,平均厚度最小7.3 m、最大16 m,建议年产达到千万吨级的综放工作面,其煤层厚度不宜小于9 m。

(3)顶煤冒放性:当工作面煤的坚固性系数$1 < f \leqslant 3$时可采用放顶煤开采工艺。对于$f < 1$的软煤层,需使用全封闭、高防护性、能及时前移的液压支架,防止煤壁片帮及架前冒顶;对于$f > 3$、节理裂隙发育的煤层,通过采取相应的技术措施(如人工预爆破顶煤)放落顶煤。

(4)煤层底板:综放工作面煤层底板岩性差、底板易鼓起,将不利于液压支架发挥最佳支护效果。松软的底板会给液压支架的前移带来困难。煤层底板岩性较硬,有利于及时移架。

(5)顶板压力:综放工作面煤层基本顶岩性越好,传递支承压力的能力越强,对顶煤破碎越有利,但来压步距相对要加大,来压强度加剧。要综合考虑基本顶破煤作用及来压强度,合理选择液压支架形式和工作面推进速度等。

(6)采煤机适用于煤的硬度$f < 4$、环境温度不宜大于40 ℃、倾角不宜大于16°、低瓦斯

的综放工作面。

（7）工作面液压支架结构的横向稳定性能，能够满足大采高综放工艺的要求，液压支架的工作阻力、支护强度和底座比压应满足工作面煤层结构和顶底板地质条件，支架顶梁的结构形式宜与顶板地质岩性一致。液压支架应具有防倒防滑结构，能够适用于具有一定倾角的工作面，同时应具有防煤壁偏帮的结构。端头液压支架能够满足超前支护的需要。

（8）大采高综放工作面宜采用前、后部刮板输送机，前、后部刮板输送机运输能力能够满足工作面倾斜长度的需要，设备的使用寿命满足工作面走向长度推进的要求。

（9）采煤机最大截割高度能够满足大采高的需要，其卧底量能够清理前部刮板输送机前方机道的浮煤和割透三角煤的能力。

针对阿刀亥煤矿急倾斜特厚煤层综放工作面这一特殊的地质条件，支架在工作面受到的重力法向及切向分量随倾角的变化而变化。倾角增大，支架所受的切向分力增大，法向分力减小，从而使工作面支护系统所受的有效载荷变小，而引起支护系统失稳的外载荷增大，工作面支架下滑、倾倒及架间挤、咬现象加剧；同时煤层倾角增大，工作面支架载荷变化也很大。随着倾角的增大，煤层顶、底板移近量逐渐变小，上覆岩层重力沿层面法向力减小，向下滑力增大，从而加大了支架侧向载荷。根据阿刀亥煤矿北翼工作面模拟实验表明：一是工作面压力显现最大主应力在两个区域出现较高集中，一个在本工作面上端，一个沿煤层倾向在工作面下端煤层和附近底板岩层中，而且工作面下位煤体均处于拉应力状态，使顶煤出现自然拉破裂；二是工作面煤壁具有向下山侧移动的趋势，工作面两端明显朝向采空区内侧移动和冒落；三是工作面前方煤壁剪切应变率较大，易造成架前漏顶和片帮。为确保支护稳定，从巷道布置和采煤工艺上采取如下措施：

（1）为了改善下端头三角煤的支护及工作面支架的受力状态，工作面运输平巷沿煤层顶板布置，回风平巷沿煤层底板破三角岩布置，使下段运输平巷与沿煤层倾斜或伪倾斜布置的工作面过渡段，设计成圆弧状，以缓解倾斜面支架对下段支架的侧向挤压，增加支架的稳定性，便于端头支护和设备布置。

（2）为了提高顶煤的回收率，减少顶煤初采损失，加大了初采的放煤强度，即采取支架从开切眼起沿煤壁推移 5～6 m，进行强制性放顶和开始放煤。放煤强度的加大，必然引起工作面初次来压及周期来压强度的增加。防止工作面初次来压压垮工作面支架的技术措施是工作面临近初次来压时控制放煤量。

鉴于上述矿压特点及预采取的技术措施，决定该套支架的研究重点是增加支架稳定性和整体封闭性；在满足支架基本工作阻力的前提下，提高支架整体初撑力和抗扭性，减轻支架质量，以降低支架重力的倾斜分力，保持支架稳定性和便于及时调架。

（二）满足生产能力要求

（1）采煤机应采用电牵引技术，其生产能力满足工作面回采能力的要求，其能力应大于综放工作面割煤任务的设计能力。

（2）采用双部刮板输送机，前部刮板输送机的输送能力要大于采煤机的生产能力，后部刮板输送机的输送能力要与顶煤的放煤能力相适应。

（3）液压支架的移架速度，应与采煤机的牵引速度、顶煤的放煤速度相适应。

（4）运输巷中的转载刮板输送机的运输能力要与工作面前、后部刮板输送机的能力相配套，运输巷中带式输送机的运输能力要大于转载刮板输送机的能力。

（5）乳化液泵站输出压力与流量应能满足液压支架初撑力及动作速度要求。

煤层地质构造包括断层、顶底板岩性、火成岩侵入体在煤岩中的宽度、煤层中坚硬夹杂物（矸石和硫化铁等）、煤岩的磨蚀性、煤层的层理和节理、煤的脆性和韧性等。针对阿刀亥煤矿地质特点，对采煤机选型影响较大的是断层，大功率采煤机能强行通过落差小于 1 m 的砂页岩、页岩断层等。

（1）采煤机设备的理论生产率也就是最大生产率，是指在额定工况和最大参数条件下工作的生产率。设备理论生产率为：

$$Q=60Hbv\gamma C$$

式中　Q——设备理论生产率，t/h；

　　　H——采高，m；

　　　b——截深，m；

　　　v——采煤机截煤时的最大牵引速度，m/min；

　　　γ——煤的密度，1.3～1.4 t/m³，一般取 1.35 t/m³；

　　　C——工作面采出率。

采煤机的实际生产率比理论生产率低得多，特别是机器可靠性对生产率影响更为突出。采煤机的生产率主要取决于采煤机的牵引速度，生产率与牵引速度成正比。牵引速度的快慢，受到很多方面的影响，如液压支架移架速度、输送机的生产率等，同时还受瓦斯涌出量和通风条件的制约。

针对本煤矿选用的 MG250/300-NWD 型电牵引短壁采煤机，符合该煤矿地质条件，及生产能力要求。

（2）工作面刮板输送机生产能力的选择原则是保证采煤机采落的煤能够被全部运出，并留有一定备用能力。刮板输送机与采煤机是串联设备，采煤机具有落煤、装煤功能，刮板输送机具有装、运煤的功能，其间衔接关系是软连接，往往煤壁片帮、冒落的煤炭是突发的、随机的，要及时运出；而放顶煤开采时，放煤量也不均衡，所以刮板输送机的运输能力应比采煤机生产能力大些，具体视工作面开采条件和顶板压力而定，不均衡系数可取为 1.1～1.2 或更大一些为好。工作面刮板输送机的运输能力 Q_c 应满足：

$$Q_c=K_cK_hK_mK_yQ_m$$

式中　Q_c——刮板输送机运输能力，t/h；

　　　K_c——采煤机截割速度不均衡系数；

　　　K_h——采高修正系数；

　　　K_m——采煤机与刮板输送机同向运动时的修正系数，$K_m=v_e/(v_e-v_c)$，其中 v_e 为刮板输送机链速，m/min；v_c 为采煤机牵引速度，m/mim；

　　　K_y——运输方向及倾角系数，向上运输时，倾角大于 10°时取 1.5，倾角 5°～10°时取 1.3，向下运输时，倾角大于 10°时取 0.7，倾角 5°～10°时取 0.9；

　　　Q_m——采煤机平均落煤能力，t/h。

通常考虑到工作面输送条件差，工作面输送机实际运输能力应为工作面最大需运出煤流量的 1.2 倍。针对阿刀亥煤矿生产实际要求，及与采煤机生产配套情况，选用 SGZ730/100 型刮板输送机，符合该煤矿生产运输要求。

（3）液压支架应达到的移架速度和液压系统流量。为了保证高产高效工作面采煤机连续割煤,整个工作面移架速度应不小于采煤机连续割煤的平均割煤牵引速度。实践证明,移架速度高于采煤机牵引速度有利于高产高效。

针对该煤矿选用的 MG250/300-NWD 型电牵引短壁采煤机,计算出的平均截割牵引速度为:

$$v_c = Q_h / (60bH\gamma C)$$

工作面移架速度 v_y 为:

$$v_y > K_c v_c$$

式中　K_c——不均衡系数,$K_c = 1.17 \sim 1.22$。

单位时间(每分钟)的移架数目为:

$$N = v_y / J$$

式中　N——单位时间移架数目,架/min;

　　　J——支架中心距,m。

支架的移架速度主要取决于支架液压系统的流量 Q_L,当所需移架速度确定后,则支架供液系统应具有的流量为:

$$Q_L = 1\,000 v_y K_f (n_1 s_1 F_1 + n_2 s_2 F_2 + n_2 s_2 F_3) / J$$

式中　K_f——考虑到漏液、窜液、调架的同时用液的工况富裕系数;

　　　n_1——推移千斤顶个数;

　　　s_1——支架移动步距,m;

　　　F_1——推移千斤顶拉架时活塞作用面积,m^2;

　　　n_2——立柱根数;

　　　s_2——升柱降柱行程,m;

　　　F_2——降柱时活塞作用面积,m^2;

　　　F_3——升柱时活塞作用面积,m^2。

年产 90 万 t 的工作面,在采高 2.2 m 的条件下,采煤机牵引速度应达 4.5 m/min。依上式计算,支架供液系统最低流量应为 168 L/min,因而应配备流量为 200 L/min 以上的包括乳化液泵、操作阀、泵箱、管路及连接件等的供液系统。液压支架移架时间应达 4～6 s/架,液压泵流量 400 L/min。

(三)满足"三机"配套空间尺寸条件

工作面"三机"的相互联系尺寸与空间位置配套关系,设备性能的协调性与适应性,各设备之间的生产能力配套是"三机"配套的重点问题,其中核心设备是液压支架。从具体配套程序来看,首先是将上述依条件及生产能力初步确定的采煤机和刮板输送机的机型进行配套,而后再据此配套横、纵断面与支架配套。

(1)确定"三机"配套最低支架结构高度

依采高要求确定"三机"配套的最低支架结构高度 h_z 为:

$$h_z = a + c + t$$

式中　a——采煤机机身高度、输送机高度和采煤机底托架高度之和,mm,其中采煤机底托架高度应保证机身下部空间大于过煤高度 E,一般 E 取 250～300 mm;

　　　c——采煤机机身上部空间高度,mm,不仅要考虑便于采煤机司机观测和操作,而且要考虑顶板下沉后不影响采煤机顺利通过;

t——支架顶梁厚度,mm。

（2）确定采煤机自开切口的"三机"纵向配套尺寸

依采煤参数及巷道尺寸和采煤工艺要求,确定采煤机自开切口的"三机"纵向配套尺寸。目前综采高产高效工作面刮板输送机一般采用交侧卸叉式布置,为了采煤机能够自开切口,必须使输送机的机头、机尾延伸至平巷中,割煤滚筒在长摇臂的支撑下,可以实现自开缺口,"三机"尺寸要匹配,保证不丢底煤,且能割透上下煤壁,上下平巷顶底板符合设计要求,保证"三机"运行推移正常。

二、设备选型

（一）转载机

按照转载机的运输能力的计算,考虑到产量的增加,选用 SZZ730/132 型转载机,输送能力为 1 000 t/h,其主要技术参数:

转载机设计长度	42 m
装机功率	132 kW
输送能力	1 000 t/h
中部槽宽度	730 mm
刮板链速度	1.3 m/s
圆环链规格	$2 \times \phi 26 \times 92$ mm 中双链
额定电压	1 140 V

（二）破碎机

破碎机选用与 SZZ730/132 型整体焊接箱式结构桥式转载机相配套的 PLM1000 型轮式破碎机,其主要技术参数:

功率	110 kW
破碎能力	1 000 t/h
破碎形式	轮式
破碎传动方式	电机＋偶合器＋减速器
最大入料尺寸	700 mm×700 mm
最大出料粒度	300 mm

（三）带式输送机

带式输送机的能力应与转载机的能力相匹配。由于带式输送机输送能力与运输距离密切相关。工作面推进长度不同,带式输送机在工作面生产能力相同的情况下,其装机功率需随运输距离的加长而加大。根据工作面生产能力和走向长度（300～500 m）,选用 DSJ80/40/2×90 型可伸缩带式输送机 1 部,并配套自移机尾,其主要技术参数:

输送带宽度	800 mm
输送量	400 t/h
输送长度	600 m
带速	2 m/s
功率	180 kW

（四）乳化液泵站

乳化液泵站由 2 台国产 BRW250/31.5 型乳化液泵与 1 个 RX2000 乳化液箱组成,其主要技术参数如下：

公称压力	31.5 MPa
公称流量	250 L/min
电动机功率	160 kW
泵箱容量	2 000 L
供电电压	1 140 V

（五）喷雾泵站

根据工作面喷雾降尘及设备冷却的需要，综放工作面喷雾泵站选用 2 台 BPW250/16 型喷雾泵及 1 台水箱组成，设备主要技术特征为：

公称压力	16 MPa
公称流量	250 L/min
电动机功率	37 kW
电动机电压	1 140 V

（六）工作面设备选型结果

经过上述，综放工作面设备选型结果如表 8-1 所列。

表 8-1   **工作面主要设备选型表**

序号	名称	型号	数量	备注
1	基本支架	ZF3800/17/28	45架	宽度 1 250 mm
2	过渡支架	ZFG3800/17/28H	3架	宽度 1 250 mm
3	采煤机	MG250/300-NWD	1台	
4	前部输送机	SGZ730/200	1部	
5	后部输送机	SGZ730/200	1部	
6	转载机	SZZ730/132	1部	
7	破碎机	PLM1000	1部	
8	带式输送机	DSJ80/40/2×90	1部	
9	乳化液泵站	BRW250/31.5	2泵1箱	
10	喷雾泵站	BPW250/16	2泵1箱	

第九章　阿刀亥煤矿急倾斜特厚煤层井下
安全避险"六大系统"

　　井下安全避险"六大系统"建设是提高煤矿应急救援能力和灾害处置能力、保障井下人员生命安全的重要手段。井下安全避险"六大系统"是全面提升煤矿安全保障能力的技术保障体系。建设与完善"六大系统"是落实科学发展观,坚持以人为本的安全发展理念,是煤矿安全生产工作的重要体现。

　　阿刀亥煤矿井下安全避险"六大系统"主要技术特征及指标如下:井下避险系统建设位置:初期在 +1 155 m 水平东翼建设一个永久避难硐室,后期根据矿井接续情况在 +1 000 m 水平东翼和 +1 000 m 水平西翼分别建设一个永久避难硐室;设计井下永久避难硐室避难人数为 100 人,硐室采用半圆拱断面,生存硐室面积 127 m^2,过渡室面积为 30 m^2。

第一节　监测监控系统

　　在井下开采过程中,监测监控系统可实现对瓦斯浓度、冲击地压、中毒窒息、火源等安全隐患的监测监控,通过控制风压、风速等,实现预防事故的目的。比如,当巷道内温度超过规定值或风速不符合标准时,系统会自动切断相关区域的电源并对其闭锁,同时发出报警,从而提高矿山自身预防事故的能力。

　　一、监测监控系统现状

　　阿刀亥煤矿现使用安全监控系统为 KJ-90 型,该套系统为煤炭科学研究总院重庆研究院生产,于 2010 年 2 月安装完成,现该系统装备符合《煤矿安全监控系统通用技术要求》(AQ 6201—2006),使用维护符合《煤矿安全监控系统及检测仪器使用管理规范》(AQ 1029—2007)。该套系统全部安装了红外瓦斯传感器,所有配套的传感器全部由煤科总院重庆研究院生产并进行了联检。现监控系统配套井下 10 个分站,安装 95 个传感器,包括红外瓦斯传感器、CO 传感器、温度传感器、烟雾传感器、风速传感器、风门状态传感器、馈电状态传感器、设备开停传感器、风筒状态传感器、风速传感器、气压传感器、瓦斯抽采参数传感器以及粉尘浓度传感器等。所有传感器都按要求定期进行标校和试验。

　　二、监测监控系统与避难硐室(舱)的保障性分析

　　监测监控系统应在避难硐室(舱)位置设置监测监控点,对接入避难硐室(舱)的线路采取穿管或埋地保护,保护长度不小于 20 m,通过加强监测监控系统的可靠性,保证避难硐室(舱)的环境参数能够得到有效收集并传输到地面生产调度中心,确保掌控矿井井下避险设施是否安全可靠。

　　三、管理与维护

　　(1)凡应安设监测装置的地点,必须在作业规程或安全技术措施中对传感器的种类、数量、位置、主机、分站、动力开关的安设地点,控制电缆和电源线的敷设,控制区域,明确规定,并绘制系统图,建立维护人员的责任制。

(2)监控设备之间必须使用专用阻燃电缆或光缆连接。

(3)安全监控设备必须具备故障闭锁功能。

(4)安全监控系统必须具备甲烷断电仪和甲烷电闭锁装置的全部功能。

(5)安装断电控制系统时,必须根据断电范围要求,提供断电条件,并接通井下电源及控制线。

(6)监测监控系统必须具有防雷电保护。

(7)安全监控设备必须定期进行调试、校正,每月至少一次。

(8)必须每天检查安全监控设备及电缆是否正确。

第二节　人员定位系统

为了对煤矿入井人员进行实时跟踪监测和定位,随时清楚掌握每个人员在井下的位置及活动轨迹,提高抢险救灾、安全救护效率。人员定位系统可实现对井下人员的集中调度和实时监控。该系统包括井下作业人员管理和大屏幕显示系统两部分。其中,前者可以对井下人员进行实时跟踪和定位监测,使管理员随时掌握员工在井下的位置及活动轨迹;后者可以使调度人员对全矿井下的运行情况进行集中监视,及时做出判断、处理、发布调度指令,进一步提高矿山对安全生产的控制力。

一、人员定位系统现状

阿刀亥煤矿安装的井下人员定位系统是由重庆煤科院研发的 KJ-251 型人员跟踪定位系统。系统采用先进的远距离无线射频识别技术和远程通信技术,由地面管理计算机及软件、人员定位分站、人员标识卡及读卡器等组成。可实现对矿井入井人员的实时监测、跟踪定位、轨迹回放、考勤统计、报表查询等功能。该套系统由矿信息中心管理,有专人进行日常维护,随时根据井下作业场所变化进行跟踪探头的变更,保证了对井下所有作业地点人员能够进行实时跟踪定位。该系统完全达到现行六大系统建设规范的要求。

二、人员定位系统与避难硐室(舱)的保障性分析

在避难硐室(舱)位置设置人员定位跟踪设施,对接入避难硐室(舱)的线路采取穿管并埋地保护,保护长度不小于 20 m,埋设深度不小于 300 mm。通过加强人员定位系统的可靠性,保证井下人员所处位置能够有效收集并传输到地面生产调度中心,确保在矿井灾害发生时,掌握井下人员的位置,判断其所处位置的安全情况。

三、管理与维护

(1)设备管理单位和安检部负责人员定位系统运行情况的监督检查工作。

(2)通风队负责系统日常使用维护管理。

(3)专业维护公司人员定期对人员定位监测装置进行巡视和检查,发现故障及时排查。

第三节　供水施救系统

由于井下环境恶劣,不能保证水源的数量和质量,通过安装供水施救系统,可以为井下

工作人员提供充足水源。该系统除建设完善的防尘供水系统外,还在所有采掘工作面和其他人员集中的地点设置供水阀门,以保证在灾变期间为各采掘地点提供应急供水,为被困人员提供足够的生存水源。

一、供水施救系统现状

阿刀亥煤矿现供水施救系统与井下供水防尘系统为一套系统,现井下所有巷道均布置有供水管路。井下供水管路比较完善,井下供水由地面一座 600 m³ 的净水池和矿水源井的 300 m³ 的静压水池供水,主管路直径 127 mm,工作面管路直径 50 mm,每隔 50 m 安装一个三通,该套系统由矿抽采队进行日常维护管理。水质满足要求。

二、供水施救系统与避难硐室(舱)的保障性分析

对接入避难硐室(舱)的供水管路采取埋地保护,保护长度不小于 20 m,埋设深度不小于 300 mm,通过加强供水管路的可靠性,保证避难硐室(舱)压气喷淋装置正常工作,增加避难硐室(舱)的安全性,确保避险人员的安全。

三、管理与维护

(1)供水施救实行挂牌管理,明确维护人员进行周检。

(2)周检供水管网是否出现跑、冒、滴、漏等现象。

(3)周检阀门开关是否灵活等。

(4)饮用水管需每周排放水一次,保持饮水质量。

(5)可以利用技术等手段定时检查。

(6)做到发现问题及时上报并作相应的处理。

第四节　压风自救系统

井下发生煤与瓦斯突出等事故,自救器失效或者人员来不及使用自救器;采掘面突然停风,瓦斯等有害气体浓度升高,导致缺氧,人员不能安全撤出;发生冒顶事故,堵塞巷道全断面,冒顶区内无风,出现上述情况时,遇险人员可利用压风自救系统进行避灾自救,为遇险人员提供足够的时间等待救援,提高矿山安全生产中的自救力。

一、压风施救系统现状

阿刀亥煤矿在地面建有压风站,井下管路全部铺设到位,且每个工作面均配置有供受困人员使用的供气和饮水装置。安装 3 台 250 kW、供气能力为 46 m³/min 的螺杆式空压机,保证井下所有用风地点的供风和压风自救。

二、压风自救系统与避难硐室(舱)的保障性分析

对接入避难硐室(舱)的压缩空气管路采取埋地保护,保护长度不小于 20 m,埋设深度不小于 300 mm,通过加强供风管路的可靠性,保证避难硐室(舱)内人员的用氧需求,确保避险人员的安全。

三、管理与维护

(1)压风自救装置下井安装前须检查是否具有矿用产品安全标志,安装完毕后,需先进行安装质量检查。首先检查是否按规定要求安装,连接件是否牢固可靠,连接处密封是否严密,然后送气,检查系统有无漏气现象。再逐个检查送气是否畅通,流量是否符合要求。送气不畅通,流量小于规定值的自救装置需取下进行检查,符合要求后再安装使用。经检查、测试完毕,装置才可投入正常使用。

(2)本系统必须每天进班时做好检查、维护工作以确保一旦发生灾变时能可靠使用。每班进班时打开气水分离器排出孔,排除积存在内的积水与杂质。每班要逐个打开自救装置,作通气检查,如发现气不足或无气流出,要当班更换,如有连接不牢和漏气现象,要及时处理,保证装置处于良好的工作状态。压风自救袋上的煤尘要及时清理,经常保持清洁。

(3)矿井应对入井人员进行压风自救系统使用的培训,每年组织一次压风自救系统使用演练,确保每位入井员工都能正确使用压风自救系统。

第五节　通信联络系统

通信联络系统可实现井下人员之间的相互联络,该系统包括矿井移动通信系统、广播电信系统等,是矿山安全生产调度、安全避险及应急救援的重要工具。一旦发现险情,可通过广播电信系统及时通知井下人员撤离至安全地点。同时,还可以使受困人员找到最近的逃生路线,有效地保证井下人员的生命安全。

一、通信系统现状

阿刀亥煤矿现装备的调度通信系统为 KTJ7-8000 版,是 2011 年 6 月底进行了升级改造后完成,可实现监听、呼叫程控转接等功能,主机最大容量 60 门。井下通信目前入井的主通信电缆为 50 对线路。井下主通信线路到井下 +1 310 m 车场后,分东、西两路各支出 20 对线路进入各使用地点,保证了主要工作场所全部安装电话。

二、通信联络系统与避难硐室(舱)的保障性分析

对接入避难硐室(舱)的通信线路采取穿管并埋地保护,保护长度不小于 20 m,埋设深度不小于 300 mm。通过加强通信联络系统的可靠性,保证井下人员能及时与地面调度中心取得联络,掌握全矿井整体安全情况,接收地面调度中心的指示,确保在矿井灾害发生时,能够做出合理的决策,确保避险人员的安全。

三、管理与维护

(1)通信科按职责范围负责通信设施的维护工作。通信故障时,责任单位必须当班排除,特殊情况按调度室指令完成。

(2)电话出现故障时由电话维修工及时进行排查线路、维修确保通信畅通。

(3)生产过程中需要变动电话机位置时,必须经调度室、通信中心批准,任何单位和个人严禁擅自改动通信系统话机。

(4)各单位在变更工作地点时,该地点范围内的所有通信设施,由通信科履行通信设施的安撤、维护的职责。

(5)任何单位不得破坏、私自扣留、存放话机、缆线、接线盒等通信材料和设施。

(6)通信科在安撤调度通信缆线过程中,要严格按照质量标准化标准执行,严禁乱拉、乱扯。处理线路故障时,必须对接头部分加接线盒,严禁出现明线头和绝缘胶布包扎现象。

(7)井下的通信设备必须具有"MA 标志准用证"和"防爆合格证"。

第六节　紧急避险系统

矿山安全重在前期预防,缺少事故发生后的应对措施。一旦发生灾变,只能依据事故应急预案,不能从本质上保障遇险人员的生命安全,而紧急避险系统可很好地解决这一问题。该系统具有安全防护和氧气供给的设施,通过与其他系统的相互连接,提升了系统的安全防护能力,一旦发生事故,可以为受困人员的生命安全增加一层防护。

一、紧急避险设施布置

井下紧急避险系统是指在煤矿井下发生紧急情况时,为遇险人员安全避险提供生命保障设施、设备、措施组成的有机整体。紧急避险系统建设的内容包括为入井人员提供自救器、建设井下紧急避险措施、合理设置避险路线、科学制订应急预案等。

1. 自救器

自救器是一种轻便、体积小、便于携带、作用迅速、作用时间短的个人呼吸保护装备。当井下发生火灾、爆炸、煤和瓦斯突出等事故时,供人员佩戴免于中毒或窒息。根据《煤矿安全规程》的要求,设计为入井人员每人配备额定防护时间不低于 30 min 的隔离式自救器,随身携带。自救器数量应按下井总人数配备,备用量应按总量的 5%~10% 计。

阿刀亥煤矿按不低于规范要求,配备的隔绝式压缩氧自救器,有效防护时间不低于 45 min。配备一定数量的正压氧气呼吸器,有效防护时间不低于 4 h。

2. 井下紧急避险设施

井下紧急避险设施是指在井下发生灾害事故时,为无法及时撤离的遇险人员提供生命保障的密闭空间。该设施对外能够抵御高温烟气,隔绝有毒有害气体,对内提供氧气、食物、水,去除有毒有害气体,创造生存基本条件,为应急救援创造条件、赢得时间。紧急避险设施主要包括永久避难硐室、临时避难硐室和可移动式救生舱。

永久避难硐室是指设置在井底车场、水平大巷、采区(盘区)避灾路线上,具有紧急避险功能的井下专用巷道硐室,服务于整个矿井、水平或采区,服务年限一般不低于 5 a。

临时避难硐室是指设置在采掘区域或采区避灾路线上,具有紧急避险功能的井下专用巷道硐室,主要服务于采掘工作面及其附近区域,服务年限一般不大于 5 a。

可移动式救生舱是指可通过牵引、吊装等方式实现移动,适应井下采掘作业地点变化要求的避险设施。

二、紧急避险设施的机构

1. 永久避难硐室设计

设计井下永久避难硐室避难人数为 100 人,硐室采用半圆拱断面,生存硐室面积 127 m^2,过渡室面积为 30 m^2。硐室内主要配备以下物品:

(1)硐室两端各设向外开启的隔离门,压气喷淋装置,并设有与矿调度室直通的电话。

(2)硐室内有可供人饮用水的供水管路和必要的食物储备。

(3)硐室宽度 4.7 m,高 3.1 m,长度 56.6 m,半圆拱断面,每人使用面积不低于 1.00 m^2,可同时避灾的人数为 100 人。硐室支护采用不燃性材料支护,并将顶底密封,支护方式采用锚网喷支护,过渡硐室采用砌碹。

(4)硐室内设有供给空气的设施,每人供风量不得少于 0.3 m^3/min。采用压缩空气供风,设有减压和过滤装置并带有阀门控制的呼吸管嘴。

(5) 硐室内配备自备氧供氧设施和空气过滤设施。

(6) 硐室根据避灾的人数(100 人),配备隔离式自救器。

(7) 硐室在使用时采用压缩空气正压通风。

(8) 硐室设置有各种气体检测仪。

(9) 食品及饮用水,配备数量满足《煤矿井下紧急避险系统建设管理暂行规定》的设计要求。

(10) 配备有《煤矿井下紧急避险系统建设管理暂行规定》要求的其他设备、设施。

2. 临时避难硐室

临时避难硐室要求和设施布置与永久避难硐室基本一致,设备能力及数量减少,通常在工作面巷道布置。

临时避难硐室也要求接入压风、供水、通信、监控、人员定位、通信联络等各系统。

3. 可移动救生舱

移动救生舱是指煤矿井下发生突发紧急情况时,为遇险矿工提供密闭的应急避险、生存基本条件的装备。可通过牵引、吊装等方式实现移动,以适应矿井采掘作业要求的矿用救生舱。由钢材等硬体材料制成。阿刀亥煤矿为高瓦斯矿井,目前尚未发现煤与瓦斯突出现象。根据矿井开拓部署,不设移动救生舱和临时避难硐室(工作面距永久避难硐室距离均小于1 000 m)。

三、紧急避险设施生存保障系统

根据避险系统的管理规定,紧急避险设施应具备安全防护、氧气供给保障、有害气体去除、环境监测、通信、照明、人员生存保障等基本功能,在无任何外界支持的情况下额定防护时间不得低于 96 h。

四、管理与维护

(1) 避难硐室应专门设计并编制施工措施,报矿井总工程师审批后施工;竣工后由安全副矿长组织通风、安全及生产部门相关人员进行验收,合格后才能投入使用。

(2) 矿井建立避难硐室管理制度,设专人管理,每周检查一次。按相关规定对其配套设施、设备进行维护、保养或调校,发现问题及时处理,确保设施完好可靠。

(3) 避难硐室配备的食品和急救药品,过期或失效的必须及时更换。

(4) 避难硐室保持常开状态,确保灾变时人员可以及时进入。

(5) 矿井应对入井人员进行避难硐室使用的培训,每年组织一次避难硐室使用演练,确保每位入井员工都能正确使用避难硐室及其配套设施。

第十章　阿刀亥煤矿急倾斜特厚煤层瓦斯抽采及综合利用体系

第一节　井下瓦斯抽采系统

矿井瓦斯抽采泵站全部建于井下,东部采区建有 2 座泵站(1 座采抽、1 座预抽)、西部采区建有 1 座泵站,共安装 8 台瓦斯抽采泵,其中 4 台用于采空区瓦斯抽采,4 台用于煤层瓦斯预抽。

一、采煤工作面存在的问题及采取的措施

2001 年矿井改扩建以来,矿井生产能力有了很大的提高,回采工效也明显提高,矿井开采深度也逐步加大,因此随着采面的开采深度及开采强度的增加采面的瓦斯涌出量也逐步增大,2004 年瓦斯浓度鉴定为 6.56 m³/min,相对量为 5.7 m³/t。采面瓦斯局部超限的现象经常存在。具体表现为以下几个方面:

1. 上、下隅角局部瓦斯浓度超限

在生产过程中采面上隅角、下隅角瓦斯浓度一直在 2%～3%,特别是上隅角瓦斯浓度经常超限,严重影响了生产,采取的措施有:

(1) 采面放顶线要放齐,不得留有任何悬顶或凹凸不平的空间,上隅角要保证切顶线成圆弧状,否则用塑料袋砌齐。

(2) 在回风巷设一台局部通风机,用以吹散或冲淡上隅角处积存的瓦斯。

(3) 工作面设挡风帘。

2. 放顶煤刮板输送机上方,支架小尾梁下方放煤口处的瓦斯超限

由于放顶煤支架尾梁高度低、空间小,在出煤过程中加上刮板输送机上堆煤的影响,所以放顶煤刮板输送机道处于微风状态,正常的风流无法配入,致使放顶煤输送机上部及支架后插板处的瓦斯超限,并且一直处于 0.8%～3.0%,采取的措施有设挡风帘、调整采面风量、清理刮板输送机道浮煤等。

3. 综放工作面采用均压通风

采煤工作面所采的煤层平均厚度为 32 m,工作面最大长度 54 m,最小 23 m,分层厚度 16 m,采高 2.2 m,放顶煤 13.8 m。煤层倾角为 76°～86°,顶板管理为全部垮落法,采面布置水平分层从地表露头一直分层到深部,在放顶煤过程中经常有地表的砂岩或地表土被放回采面,表明采空区与上分层或地表存在大量的裂隙。这样采空区漏风主要为地表裂隙漏风、上层和本层采空区漏风。由于采煤方法是放顶煤开采,采面产量大部分是由放顶煤来完成,所以采空区的瓦斯涌出量占工作面总量的 70% 以上。经过认真的讨论研究决定对采面实行"均压通风"方案来解决采面瓦斯超限的问题。即在原有通风方法不变的情况下,在采面

用局部通风机和调节风门来进行采面均压,从而减小采空区瓦斯涌出。采取均压通风后存在以下问题:

(1)采面的进风量、回风量、采空区漏风量、工作面和采空区内风流压力等参数的相互关系需进一步掌握,只有弄清了这些通风参数的关系,才能在理论上更加完善这种增压通风方式。

(2)局部通风机停转、调节风门损坏等意外情况都会造成采面负压增大,瓦斯不规律性地大量涌出造成瓦斯浓度超限。

工作面进、回风巷局部区域煤尘大。

均压通风管理难度大,存在许多安全隐患。

二、瓦斯治理方案

开采期间的瓦斯绝对涌出量为 $8\sim10$ m³/min,工作面瓦斯涌出量为 $2\sim3$ m³/min,采空区瓦斯涌出量 $6\sim7$ m³/min,瓦斯主要来源于采空区,占到采面瓦斯涌出量的 70% 以上,鉴于目前采取的措施存在的安全隐患,依据《煤矿安全规程》规定,解决瓦斯问题的有效办法是采取采空区瓦斯抽采。

(1)钻场及钻孔布置

在回风巷每隔 50 m 布置一个钻场,钻孔长 80 m,分上、下两个钻场布置,向工作面方向施工钻孔。上钻场布置 5 个钻孔,终孔点高出工作面 18 m。下钻场布置 5 个钻孔,终孔点高出工作面 10 m。上下钻孔交错布置,终孔点间距 5 m。钻孔直径为 114 mm,封孔采用聚氨酯,抽采管支管采用 $\phi108$ mm,通过分离器与干管连接。

(2)抽采方案

① 方案一:井下移动泵抽采系统

a. 抽采管路及抽采泵的选型

采面配风量为 600 m³/min,风排瓦斯 $3\sim5$ m³/min,抽采泵选用水环式真空泵,采面抽出量按 5 m³/min,抽出浓度 5%~10%,抽采混合气体量为 $50\sim75$ m³/min,每个采面需选用两台流量为 $30\sim60$ m³/min 的移动式抽采泵。

b. 抽采管路的选型

按最大抽出量计算;主管直径计算如下:

$$d=[0.145\ 7\times(Q/V)]/2=[0.145\ 7\times(75\div15)]\div2=0.364\ 25\ m$$

式中　d——瓦斯管内径,m;

　　　Q——瓦斯管内流量,m³/min;

　　　V——瓦斯流动速度,m/s,选 15 m/s。

由上面计算,选用内径为 380 mm 的钢管作为主抽采管路。抽采泵出口外的排气管采用 $\phi600$ mm 的钢管。

管壁厚度计算如下:

$$\delta=P\times d_外/(2\sigma)=8\times38\div(2\times600)=0.253\ cm<0.26\ cm$$

式中　δ——瓦斯管壁厚度,cm;

　　　P——管路中最大工作压力,8 kg/cm²;

　　　$d_外$——瓦斯管外径,cm;

　　　σ——容许应力,选用焊接钢管,取 600 kg/cm²。

由上面计算所得,抽采管选用 $\phi380$ mm,壁厚为 3 mm 的焊接钢管。

c. 管道阻力计算

抽采管路布置比较简单,而且弯曲少,直接计算直管阻力,管道布置后期长度可达 1 340 m,则管道阻力为:

$$H = LQ^2\lambda/kd^5 = 1\,340 \times (100 \times 60)^2 \times 0.955/0.71 \times 38^5 \approx 819 \text{ mmHg}$$

式中　H——管道阻力,mmHg;

　　　L——管道长度,m;

　　　λ——阻力系数;

　　　k——管内壁的绝对粗糙度;

　　　d——内径,cm。

d. 井下移动抽采泵及管路安设

阿刀亥煤矿现开采东二采区和西二采区,井下移动抽采系统需安设两套,即东二采区抽采系统和西二采区抽采系统。东二采区瓦斯抽采泵安设在副井车场东侧绕道内,该处为进风巷,并且距离风井较近,抽采管路从东二采区采面沿回风巷连接到抽采泵,排气管路沿白家尧风井送出地面;西二采区瓦斯抽采泵安设在+1 352 m 绕道内进风侧,抽采负压管路沿回风上山连接到抽采泵上,排气管路直接从西二风井排出地面。井下瓦斯抽采管道统计表如表 10-1 所列。

表 10-1　　　　　　　　　　井下瓦斯抽采管道统计表

巷道名称	长度/m	管道直径/mm	备注
东二采面巷道	500	380	
东二石门、煤门	160	380	
东二下山	180	380	
+1 310 m 回风大巷	500	380	
回风上山及风井	300	600	排气管路
东二小计	1 640		
西二采面巷道	300	380	
西二煤门及石门	160	380	
西二回风上山及绕道	370	380	
+1 352 m 石门	220	380	
+1 352 m 石门及绕道	200	600	排气管路
西二风井	250	600	排气管路
西二小计	1 500		
总计	3 140		

② 方案二:地面瓦斯抽采系统

a. 抽采泵的选型

采面配风量为 600 m³/min,风排瓦斯为 3~5 m³/min,抽采泵选用水环式真空泵,采面抽出量按 5 m³/min,抽出浓度 5%~10%,抽采混合气体量为 50~75 m³/min,则选用两台

2BE410 型固定水环式真空抽采泵,抽速为 $50\sim120$ m³/min,其中一台备用。

b. 抽采管路的选型

按最大抽出量计算,主管直径计算如下:

$$d = [0.1457 \times (Q/V)]/2 = 0.145\,7(75/15)/2 = 0.364\,25 \text{ m}$$

由上面计算,选用内径为 $\phi380$ mm 的钢管作为主抽采管路。

管壁厚度计算:

$$\delta = P \times d_外/(2 \times \sigma) = 8 \times 38 \div (2 \times 600) \approx 0.25 \text{ cm} < 0.26 \text{ cm}$$

由上面计算所得,抽采管选用 $\phi380$ mm、壁厚为 3 mm 的焊接钢管。

c. 管道阻力计算

抽采管路布置比较简单,而且弯曲少,直接计算直管阻力,管道布置后期长度可达 2 480 m,则管道阻力为:

$$H = LQ^2\lambda/kd^5 = 2\,480 \times (100 \times 60)^2 \times 0.955/0.71 \times 38^5 \approx = 1\,515.6 \text{ mmHg}$$

d. 地面抽采泵站及管路布置

地面设抽采泵站一座,东二采区和西二采区全部通过风井将瓦斯抽采管路和抽采泵连接,东二采区需抽采管路 1 640 m,西二采区需抽采管路 2 480 m,并建瓦斯抽采泵站一座。详细数据如表 10-2 所列。

表 10-2　　　瓦斯抽采管道一览表

巷道名称	长度/m	管道直径/mm	备注
东二采面巷道	500	380	
东二石门、煤门	160	380	
东二下山	180	380	
+1 310 m 回风大巷	500	380	
回风上山及风井	300	380	
东二小计	1 640		
西二采面巷道	300	380	
西二煤门及石门	160	380	
西二回风上山及绕道	370	380	
+1 352 m 石门及绕道	200	380	
西二风井	250	380	
地面管路	1 200	380	
西二小计	2 480		
总计	4 120		

（3）资金概算

方案一和方案二的资金概算表如表 10-3 和表 10-4 所列。

表 10-3　　　　　　　　　　　　方案一资金概算表

项目	型号	数量	单位	单价/元	金额/万元	备注
瓦斯抽采泵	30～60 m³	4	台	400 000	160	
东部抽采管路	φ380 mm	1 700	m	420	71.4	
东部排放管路	φ600 mm	300	m	660	19.8	
西部抽采管路	φ380 mm	1 600	m	420	67.2	
西部排放管路	φ600 mm	560	m	660	36.96	
管路配件					19.5	法兰闸门等
钻机	ZY-200	2	台	30	60	
钻机	ZY-150	2	台	20	40	
钻机配件					50	
钻杆、钻具					30	
孔板流量计		80	台	1 000	8	
其他					30	
配电系统		2	套	40	80	
安装费用					100	
合计					772.86	

表 10-4　　　　　　　　　　　　方案二资金概算表

项目	型号	数量	单位	单价/元	金额/万元	备注
瓦斯抽采泵	30～60 m³	2	台	400 000	80	
东部抽采管路	φ380 mm	2 000	m	420	84	
西部抽采管路	φ380 mm	3 200		420	134.4	
管路配件					21.8	法兰闸门等
钻机	ZY-200	2	台	30	60	
钻机	ZY-150	2	台	20	40	
钻机配件					50	
钻杆、钻具					30	
孔板流量计		80	台	1 000	8	
其他					30	
配电系统		2	套	40	80	
泵站土建工程		1	座	600 000	60	
地面供暖系统		1	套	100 000	10	
管路地沟		1 200	m	300	36	
软化水系统		1	套	100 000	10	
安装费用					110	
合计					844.2	

方案一与方案二比较结果如表 10-5 所列。

表 10-5　　　　　　　　　　　方案比较结果

	方案一	方案二
优点	安装方便； 初期投资少,安装速度快	泵站设在地面管理方便； 日常用工少； 容易检修
缺点	检修困难； 泵站用工多	初期安装时间长； 投资大； 管路长

经过以上两种方案比较,阿刀亥煤矿拟采用井下移动泵抽采,资金概算 772.86 万元。西二采区移动式瓦斯抽采系统图如图 10-1 所示。

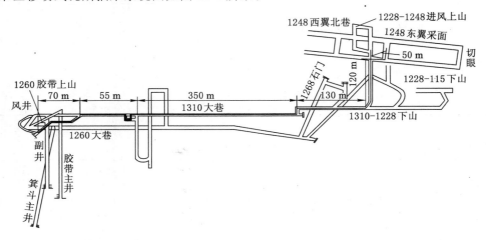

图 10-1　西二采区移动式瓦斯抽采系统图

第二节　二氧化碳爆破致裂增加煤层透气性新技术

目前,世界各主要产煤国均把抽采煤层气作为防止瓦斯事故及开发新能源的有效技术措施。尤其是在开采高瓦斯低透气性煤层和突出危险煤层的矿井,各国都在研究与开发强化抽采煤层气技术和与之相配套的抽采装备,通过各种技术手段强制沟通煤层内的原有裂隙网络或产生新的裂隙网络,使煤层透气性增加,以此提高低透气性煤层的煤层气的抽采量,同时也可防止煤矿瓦斯事故的发生。早在 20 世纪 50 年代二氧化碳爆破致裂技术就开始被重视和开发,是专门为高瓦斯矿井的采煤工作面而研发的。二氧化碳爆破器属于矿用物理爆破设备,是利用液态二氧化碳受热气化膨胀,快速释放高压气体破断岩石或落煤。二氧化碳爆破深孔预裂强化增透技术是利用数根二氧化碳爆破器跟连接器交叉连接串联在一起置入深孔内部,然后触动激发器开关使液态二氧化碳在高温下急剧膨胀产生的压力切割煤体,致裂、扩张煤体裂隙,增加煤层透气性,以达到安全高效抽采瓦斯的目的。

一、二氧化碳爆破致裂技术原理

二氧化碳爆破致裂技术增加煤层透气性的原理是,用专用的高压泵等设备预先往增透管中注入液态二氧化碳,在作业工作面钻取增透孔后,逐一在增透孔中插入增透管,并连接增透管与低压起爆器间的接线。增透管一端的起爆头接通引爆电流后,活化器(加热器)内的药管引发快速反应而瞬时升温,使增透管内的二氧化碳瞬间从液态转化为气态,在 30 ms 之内,体积瞬间膨胀达到 600 多倍,管内压力最高可剧增至 400 MPa。二氧化碳爆破致裂技术增加煤层透气性原理图如图 10-2 所示。

图 10-2　二氧化碳爆破致裂技术工作原理

待达到预定压力时,释放头内的破裂盘被高压打开,二氧化碳气体从排放头迅速向外爆发,二氧化碳气体气化瞬间产生的强大推力作用在钻孔壁上,破碎钻孔壁煤体,增加煤体透气性,如图 10-3 所示。一方面由于冲击波对煤体状态的改变,破坏了煤体中瓦斯解吸吸附平衡,使得瓦斯被大量释放出来,另一方面是由于二氧化碳的吸附能力比 CH_4 强,使得瓦斯被二氧化碳置换出来,从而增加钻孔瓦斯涌出量、提高钻孔瓦斯浓度、缩短抽采周期、达到消突的目的。

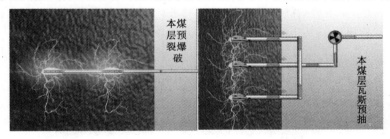

图 10-3　二氧化碳爆破致裂技术增透效果示意图

二、二氧化碳致裂增透整体试验

(一)试验钻孔布置

本次试验拟选取在 11212 采煤工作面进行,该工作面尚未完全形成,因此在已掘进的 11212 回风巷道内进行试验,试验钻孔施工前要确认试验地点周边无大的褶曲、断层、破碎带等地质构造,应避免在地质构造带附近实施。试验时,选择 11212 采煤工作面回风巷道内合适的位置,在煤壁上布置试验钻孔,试验钻孔布置如图 10-4 所示,孔径选取 75 mm,所有钻孔深度为 100 m,钻孔距离巷道底板的距离为 1.2 m,试验钻孔的参数如表 10-6 所列。试验时在煤壁上首先平行布置两个观测孔,编号为 G1、G2,G1 与 G2 间距 10 m,钻孔布置完成后测定瓦斯涌出量随时间的变化规律,随后将观测孔连接到抽采主管路上进行瓦斯抽采。待 G1、G2 两个观测孔瓦斯抽采变化稳定后,在 G1、G2 两个观测孔中间位置平行布置一个致裂增透孔,编号为 Z1,Z1 孔左侧距离 G1 孔 5 m,Z_1 孔右侧距离 G2 孔 5 m。进行致裂增透后测定瓦斯抽采效果,与之前的瓦斯抽采效果比对。

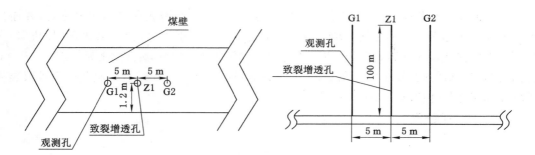

图 10-4　试验钻孔布置示意图

表 10-6　　　　　　　　　　致裂增透试验钻孔情况表

钻孔名称	钻孔编号	孔径/mm	孔深/m
致裂增透孔	Z1	75	100
观测孔	G1	75	100
观测孔	G2	75	100

（二）爆破器串接设计方案

单孔内配置二氧化碳爆破器的数量是根据致裂孔的深度决定的,本次深孔爆破器布置方案(由钻孔深部至浅部)采用均匀布置。串接方案如下:钻孔深度 100 m,外部的 20 m 为卸压区,不再进行强化增透,深部 80 m 为强化增透区域,由深部至浅部,二氧化碳爆破器布置采用均匀布置的原则。共布置 18 根二氧化碳爆破器,即 18 根爆破器与接长器采用 1∶2 的比例,布置长度共 82.08 m,后端连接管总长 17.92 m。即:二氧化碳爆破器 18 根,接长管 48 根,二氧化碳爆破器串接设计如图 10-5 所示。

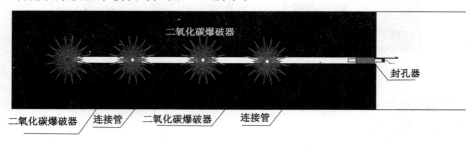

图 10-5　二氧化碳爆破器串接设计示意图

三、SF_6 示踪气体法测定瓦斯抽采有效半径

为了考察二氧化碳爆破器深孔预裂强化增透煤层后瓦斯抽采有效影响半径的大小,并与没有进行致裂前的瓦斯抽采半径比对,确定其预裂效果。经研究讨论,本次试验决定采用 SF_6 示踪气体法来测试瓦斯抽采有效半径,本次试验地点选择阿刀亥煤矿 11212 采煤工作面的回风巷道。

（1）SF_6 示踪气体简介

1974 年美国首次将 SF_6 作为示踪气体用于矿井。SF_6 作为煤矿井下应用最为理想的示踪气体的原因有：

① SF_6 在 25 ℃ 的水中的溶解度只有 0.001 cm^3/cm^3，极难溶于水，矿井内的物料对它无明显的吸附作用；

② 具有很强的热稳定性和化学惰性；

③ 环境中的自然含量低，对检测精度几乎没有影响。

（2）实验原理

本次试验通过注气孔（致裂增透孔）注入 SF_6 气体，在观测孔用 SF_6 气体检测仪实时监测，如果 SF_6 气体检测仪发出报警声（预设 SF_6 气体浓度报警值为 0.1‰），证明二氧化碳爆破致裂后的瓦斯抽采有效半径范围提高到 5 m 以上；反之，有效半径在 5 m 以下。

（3）试验器材

① 防爆电源 1 个；

② 数字式压力表 3 块；

③ KSE 气体浓度记录仪 2 个；

④ SF_6 检测仪 2 台（报警式）；

⑤ SF_6 气瓶 1 个（充装 SF_6 气体不小于 4 kg）；

⑥ 聚氨酯 50 kg；

⑦ 水泥砂浆封孔设施一套、封孔材料若干（如：水泥、沙子、干海带等）；

⑧ 直径 20 mm 的钢管、接头、阀门若干。

（4）试验步骤

① 在现场观测过程中，共在 11212 采煤工作面回风巷道内布置 1 个试验测区，测区内施工 1 个注气孔（致裂增透孔）、2 个观测孔，孔径 75 mm，孔深 100 m，倾角 0°。

② 3 个孔施工完后，要尽快将 SF_6 变送器送入观测孔内，并把观测孔封好，封孔深度 8～12 m；与此同时，把数字式压力表、KSE 气体浓度记录仪和 SF_6 检测仪安装完毕后，接入瓦斯抽采管路进行抽采，观测一周，并做好瓦斯浓度、瓦斯含量、瓦斯压力、抽采负压、抽采时间等相关参数的记录。

③ 待观测孔的观测数据相对稳定时，在致裂增透孔进行预裂爆破试验，爆破完成后，在注气孔（致裂增透孔）放入 1 根 6 m 长、直径为 20 mm 的钢管，然后用聚氨酯对钻孔进行封孔，封孔长度为 5 m。

④ 注气孔（致裂增透孔）封孔完成后在钢管端头接上数字压力表，并给 SF_6 变送器和 KSE 气体浓度记录仪供电。在变送器供电预热 24 h 后，给注气孔注入 SF_6 气体并做好相关记录；KSE 气体浓度记录仪和 SF_6 气体变送器供电后，由后者自动记录并存储 SF_6 气体变送器的电压读数，采集数据的时间间隔可以由 KSE 气体浓度记录仪来设定，本次试验采集时间间隔设为 5 min，每天或隔天用 KSE 钢铉采集仪采集数据，并导入计算机，而后由处理软件处理数据。

⑤ 记录好注气孔（致裂增透孔）注入 SF_6 气体跟观测孔检测到 SF_6 气体报警的时间，并对钻孔抽采负压、瓦斯浓度、瓦斯含量等相关参数进行详细的记录备案，以备研究分析使用。

（5）现场试验效果检验

试验主要用于考察二氧化碳爆破深孔预裂强化增透前后的煤层瓦斯抽采效果，主要考察指标增透后邻近两个抽采钻孔瓦斯抽采浓度、纯流量变化，增透效果持续时间，增透半径的变化等。现场试验测试数据如表 10-7 所列。

表 10-7　　　　　　　　　　　现场试验测试记录表

孔号	方位角 /(°)	倾角 /(°)	孔径 /mm	孔深 /m	封孔长度 /m	抽采负压 /kPa	抽采 时间/d	SF₆气体检出 时间
Z1	200	6	75	100	8	—	—	—
G1	208	6	75	100	12	17	12	11 月 5 日 18 时
G2	208	6	75	100	12	17	14	11 月 7 日 21 时

　　通过表 10-7 可知,经过二氧化碳爆破深孔预裂强化增透技术后,采用 SF₆气体示踪法测得瓦斯的抽采半径大于 5 m,经过差分法分析最终确定有效半径为 5～6 m,抽采时间为 2 周。从图 10-6 中可知,实施致裂强化增透前 G1 抽采孔瓦斯浓度为 4.2%,致裂强化增透后第一天抽采瓦斯浓度变为 39.6%,增大了 9 倍多,第二天抽采浓度增大到 70.7%,增大了 17 倍,且在致裂增透后的 10 d 内,抽采浓度持续保持在 70% 左右,数据浮动小,较为稳定,相比致裂增透前抽采浓度增加特别明显;G2 抽采孔的数据在致裂强化增透前瓦斯浓度为 10.9%,致裂强化增透后抽采瓦斯浓度变为 36.4%,增大了 3.5 倍,在后期持续上升,并基本保持在 50% 左右,抽采浓度增大了 5 倍,效果非常明显。

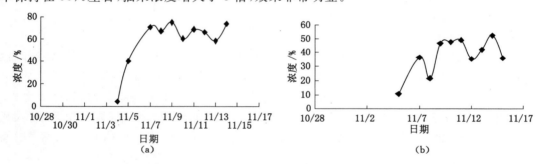

图 10-6　致裂强化增透前后抽采孔瓦斯浓度变化曲线
(a) G1 抽采孔浓度;(b) G2 抽采孔浓度

　　通过图 10-7 可知,在致裂增透前 G1 抽采瓦斯纯流量几乎为零,煤层透气性较差,采取

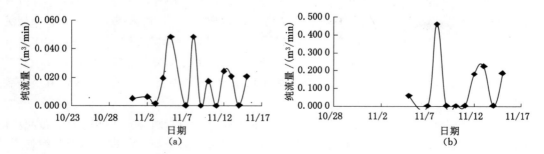

图 10-7　致裂强化增透前后抽采孔瓦斯纯流量变化曲线
(a) G1 抽采孔瓦斯纯流量;(b) G2 抽采孔瓦斯纯流量

致裂增透措施之后,抽采瓦斯纯流量持续增加,持续 8 d 后有所衰减,但基本持续保持在 20 m³/min 左右,相对稳定,说明致裂增加裂隙增多明显,也使大量的吸附态瓦斯转变为游离态瓦斯,有效地提高了抽采效率;G2 抽采孔纯流量出现了明显增加,由开始的 59 m³/min 增大到了 461 m³/min,增大了 8 倍,持续 3 d 后有所衰减,后期基本保持在 200 m³/min 左右,抽采效果明显,致裂强化增透效果较好。

四、总结

(1)通过二氧化碳爆破深孔预裂强化增透技术前后周边抽采孔数据的变化情况,致裂增透后抽采瓦斯浓度相比致裂增透前平均增加了 8 倍左右,效果比较明显,且抽采浓度持续增加,数据较为稳定,说明致裂增透试验破坏了煤层结构,增加了煤层裂隙和煤层透气性,使煤层部分吸附瓦斯转换为游离状态。

(2)通过二氧化碳爆破深孔预裂强化增透技术的实施,阿刀亥煤矿 11212 工作面的抽采半径由原来的 2 m 左右增大到了 5~6 m,明显增大了抽采半径,可以减少抽采钻孔施工数量,在提高抽采效率的同时降低了施工成本,提高了经济效益。

第三节　地面瓦斯抽采及综合利用

一、瓦斯抽采概述

阿刀亥矿区内稳定和较稳定可采煤层有 2 层,从上至下为 Cu_2、Cu_4 煤层,主采的是 Cu_2 煤层,其平均厚度分别为 32 m、16 m,煤质以暗煤、丝炭为主,镜煤、亮煤少量,宏观煤岩类型以暗淡型为主。并且随着煤的变质程度增加,瓦斯含量增大;随开采深度增加,瓦斯含量有增加的趋势;地质构造直接控制瓦斯的赋存,开放性断层附近瓦斯含量较小,在煤层顶板破碎带及封闭性断层附近,瓦斯含量增大。项目实施前,阿刀亥矿区瓦斯基本参数较少,因此,为了进一步掌握煤层瓦斯赋存规律,为矿井瓦斯灾害治理提供可靠依据,本项目引进的 DGC 瓦斯含量直接测定装置,如图 10-8 所示。

图 10-8　瓦斯含量直接测定装置

依托该技术装备,在阿刀亥煤矿井下进行了大量的煤层瓦斯含量的测试,以阿刀亥煤矿 Cu_2 煤层和 Cu_4 煤层为例,其测试结果如图 10-9、图 10-10 所示。

(一)阿刀亥矿区瓦斯赋存规律研究

为切实理清矿区煤层瓦斯赋存规律,项目研究首先对矿区主采煤层的瓦斯成藏机制进行了研究,认为:阿刀亥矿区主采的 Cu_2 煤层所属的石炭系上统拴马桩为重要的含煤与瓦斯成藏系统。煤与瓦斯成藏系统与地质作用过程的时空关系基本匹配,为瓦斯成藏提供了良

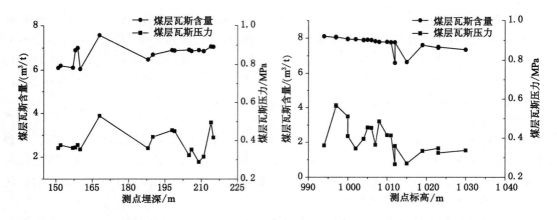

图 10-9　阿刀亥煤矿 Cu_2 煤层测试结果　　　图 10-10　阿刀亥煤矿 Cu_4 煤层测试结果

好的环境条件。此后,分析了阿刀亥矿区地质构造因素对煤层瓦斯赋存的影响,研究表明:阿刀亥矿区处于大青山煤田大地构造单元位于华北地台—内蒙古台隆—阴山断隆(三级),其基底由太古代乌拉山群组成,盖层为中下寒武统,中下奥陶统,上石炭统,二迭系,下三迭统和侏罗系。区内构造复杂,褶皱断层发育,混合岩化强烈,每期构造运动都有表现。大青山煤田呈北东东—南西西向展布,地层走向 $60°\sim80°$,主要构造线循此方向延展,构造线多以近东西为主,形成近东西向褶皱即倒转的背向斜及低角度的逆掩断层,构造应力集中,具有较丰富的煤层气资源储藏能力。阿刀亥矿区处于阿刀亥盆状含煤向斜西南部,盖层封闭性能相对较好,越往深部越靠近阿刀亥向斜轴部,构造应力相对集中,构造煤比较发育,煤层瓦斯压力及瓦斯含量越高。并且其煤层的盖层与隔水层密闭性能较好,对于瓦斯的封存也起着积极的作用。针对煤层瓦斯赋存状态对瓦斯赋存规律的影响,本项目采用 DGC 瓦斯含量直接测定装置结合间接法测压的方法,在煤矿井下进行了大量的对比性测试,分别研究了埋深、煤层厚度对瓦斯赋存的影响,结果如图 10-11、图 10-12 所示。

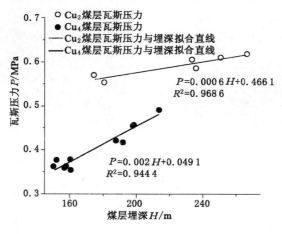

图 10-11　煤层瓦斯压力与埋深关系

　　结合前述研究成果,本项目采用多元线性回归方法,综合分析影响阿刀亥煤矿主采煤层主控因素为煤层底板标高 h、煤层埋深 H,根据多元线性回归分析得出主采煤层的瓦斯含量

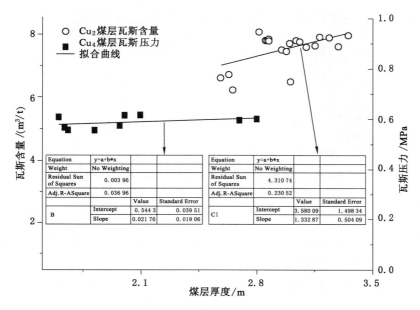

图 10-12　瓦斯含量与煤层厚度关系拟合

预测模型,如表 10-8、表 10-9 所列。

表 10-8　　　　　　　阿刀亥煤矿主采煤层瓦斯含量预测模型表(1)

煤层编号	拟合关系	相关性系数(R^2)	备注
Cu_2	$W=28.041\,89+0.003\,763H-0.020\,83h$	0.990 3	W——瓦斯含量(m^3/t);
Cu_4	$W=6.013\,454+0.018\,961H-0.003\,34h$	0.998 8	h——标高(m);H——埋深(m)

表 10-9　　　　　　　阿刀亥煤矿主采煤层瓦斯含量预测模型表(2)

煤层编号	拟合关系	相关性系数(R^2)	备注
Cu_2	$W=10.552\,72+0.028\,13H-0.007\,31h$	0.892 4	W——瓦斯含量(m^3/t);
Cu_4	$W=22.979\,25+0.021\,505H-0.017\,7h$	0.845 9	h——标高(m);H——埋深(m)

(二)矿井煤层瓦斯地质图动态绘制技术的应用

　　结合获得的主采煤层瓦斯含量预测模型,本项目引进了煤矿瓦斯地质动态分析系统(图 10-13),对矿井煤层瓦斯地质实施了动态管理。该瓦斯地质分析系统以 GIS(地理信息系统)为基础平台,并以 SqlServer 结合 ArcSde 作为空间数据引擎,在 Net 2.0 框架下采用 C 语言开发完成煤矿瓦斯地质动态分析系统。该系统的主要特点:① 瓦斯地质基础数据智能数字化技术;② 瓦斯地质单元智能划分技术;③ 地质构造影响范围智能分析技术;④ 煤与瓦斯突出区域预测指标瓦斯压力、含量等值线的智能绘制技术;⑤ 瓦斯压力、含量及涌出量的动态更新。

二、近距离高瓦斯煤层群开采条件下的瓦斯治理技术研究

　　为解决近距离高瓦斯煤层群开采条件下的瓦斯治理难题,项目研究首先依据《矿井瓦斯

图 10-13　瓦斯地质软件

涌出量预测方法》，对矿井瓦斯涌出来源进行了分析，针对阿刀亥矿区近距离高瓦斯煤层群开采的特点，通过对煤层开采底板破裂规律、工作面应力分布与瓦斯涌出的时空关系以及邻近层卸压机理等的系统分析，通过两年多的摸索和实践，形成了以"采前定向长钻孔区域预抽、邻近层卸压抽采结合采空区瓦斯抽采"的井下立体综合抽采瓦斯技术模式。

（一）松软煤层长距离定向钻孔施工技术

长距离定向钻孔抽采瓦斯技术是在引进国外先进钻进设备的基础上，形成的一种高效瓦斯抽采技术。但目前该种技术仅适用于坚固性系数较大的中硬或硬煤层，对于与阿刀亥矿区煤层地质条件类似的松软破碎煤层，鲜有应用。本项目在引进澳大利亚 VLD 型钻机的基础上，改进了其钻进工艺，并成功应用于阿刀亥矿区，使单孔钻进深度最大达 1 051 m，这为下一步实施大面积区域预抽瓦斯奠定了技术基础。

（二）大面积区域预抽瓦斯技术研究

为解决矿井开采层瓦斯治理的难题，项目研究在松软煤层长距离定向钻孔施工技术的基础上，提出了针对阿刀亥矿区自身特点的大面积区域预抽瓦斯技术。项目研究首先采用数值仿真的方法对阿刀亥矿区千米定向钻孔的瓦斯流场进行了分析，其物理模型如图10-14、图10-15所示。

图 10-14　千米钻孔的物理模型

依据上述参数设定以及有效抽采半径的确定指标，以阿刀亥煤矿为工程背景，分别计算单个钻孔抽采 3、6、9、12、15、18 个月的抽采影响半径，结果表明：通过千米定向钻孔抽采，可以在较短的时间内使得煤层瓦斯压力迅速降低。但在矿井实际的煤层预抽过程中，随着煤层瓦斯含量的减小，煤基质收缩，煤层的渗透性是呈动态的变化的，并且矿井实际钻孔布置累计长度可达 1 000 m 以上，且钻孔轨迹具有一定的曲率，那么在实际抽采过程中，瓦斯流动不仅仅是由煤体向钻孔的径向流动，还有在钻孔中的流动组成。因此，考虑到一定的安全系数，根据不同的抽采时间，阿刀亥煤矿的千米钻孔间距以 9～12 m 为宜。同时，为解决下邻近层瓦斯受采动影响涌出的问题，本项目提出了基于定向钻进技术的低位钻孔抽采瓦斯的方法，对下邻近层实施预抽，并"截抽"卸压瓦斯。针对千米钻孔的密封问题，项目研究通过对巷道卸压圈的计算，确定了相应条件下的合理封孔深度，并改进了传统的封孔工艺，使千米钻孔抽采瓦斯浓度大

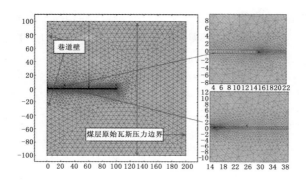

图 10-15　几何模型及边界设置

幅度提高,结果如图 10-16 所示。

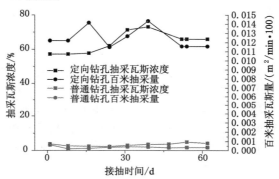

图 10-16　千米钻孔与普通钻孔抽采瓦斯浓度与百米抽采量

截至 2014 年年底,阿刀亥矿区共完成定向钻孔钻进工程量近 68.4 万 m。其中,在阿刀亥煤矿主要实施南翼 Cu_2 煤层 11203、11212、11216、11218 和 11220 五个工作面的区域瓦斯治理,完成工程量 28.39 万 m;在阿刀亥煤矿主要实施北翼 Cu_4 煤层 1205、1207、906、9081、9082 和 910 六个工作面的区域瓦斯治理,完成工程量 40.04 万 m。钻孔工程量如图 10-17 所示。

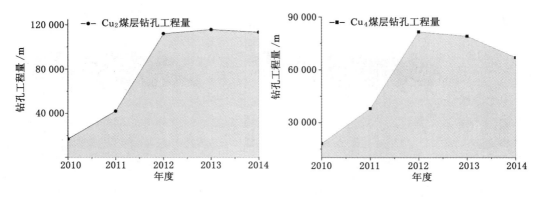

图 10-17　定向钻孔施工工程量

对已施工完成的钻孔,均严格按照标准进行接抽,按照(定向)钻孔瓦斯流量参数监测程序规定的测试方法,定时、连续对钻孔实施瓦斯流量监测。自 2010 年 5 月开始监测以来,阿刀亥 Cu_2 煤层抽采瓦斯 6 426 万 m^3,Cu_4 煤层抽采瓦斯 8 433 万 m^3。抽采瓦斯量如图10-18所示。

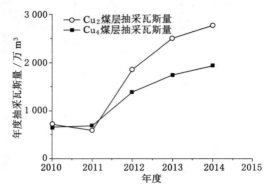

图 10-18　矿井抽采瓦斯量

三、高位钻孔抽采卸压瓦斯技术研究

高位钻孔抽采技术的原理是以回采工作面采动压力形成的顶板采动裂隙作为通道抽采瓦斯,有效地拦截上邻近煤层涌入回采工作面的卸压瓦斯,同时利用钻孔的负压作用改变采空区气体流场分布,减少采空区瓦斯向工作面的涌出量和上隅角瓦斯积聚量。项目研究结合阿刀亥矿区近距离煤层群开采的实际情况,以阿刀亥煤矿开采工作面为研究对象,采用数值模拟及理论分析相结合的手段,研究了试验工作面采动瓦斯的分布规律,从而为顶板高位走向钻孔布置方案提供合理的技术参数,并在现场实际考察的基础上,最终确定具体的布孔参数,从而治理类似工作面及上隅角瓦斯超限问题。

项目研究建立了多源多汇及多组分情况下非均质冒落采空区的瓦斯非稳态渗流扩散的数学模型,通过差分求解,对采空区瓦斯分布规律进行了定性和定量分析。采用有限差分的方法,求解边长为 100 m×100 m 的采空区瓦斯运移问题,结合工作面应力场、裂隙场的分析,研究了工作面采动瓦斯的流场,结果如图 10-19、图 10-20 所示。

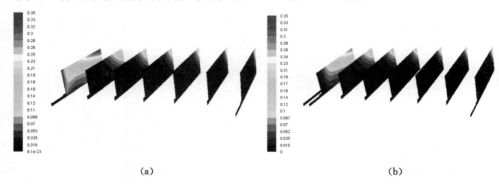

(a)　　　　　　　　　　　　　　　(b)

图 10-19　工作面瓦斯浓度切片图

（a）无尾巷；（b）有尾巷

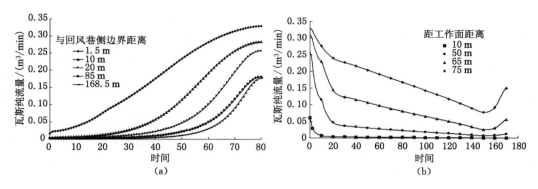

图 10-20　采空区瓦斯浓度变化曲线

(a) 沿倾向；(b) 沿走向

　　项目研究通过对数值模拟结果的分析，进一步采用现场考察的方法，在阿刀亥煤矿
11212 工作面回风巷施工了 9 组试验钻孔，1# 钻场距当时工作面 60 m 处，2# 钻场向后退距
1# 钻场 40 m，3# 钻场与 2# 钻场距离为 40 m，以此类推，并且钻孔参数与 2# 钻场钻孔参数
一样，前后钻场同标号高位钻孔重叠部分为 50 m。每个钻场布置 9 个瓦斯抽采钻孔，在垂
直方向上：1#、2#、3# 钻孔终孔位置布置在 10# 煤层底板（距 Cu_2 煤垂高约 25 m），统一称为
下分层钻孔；4#、5#、6# 钻孔终孔位置布置在 10# 煤层顶板，统一称为中分层钻孔（距 Cu_2 煤
垂高约 28 m）；7#、8#、9# 钻孔终孔位置布置在 9# 煤层顶板不少于 1 m 处（距 Cu_2 煤垂高约
为 32 m），统一称为上分层钻孔；在水平方向上：每个钻场的 1#、4#、7# 钻孔终孔位置水平
投影距回风巷向下 10 m，2#、5#、8# 钻孔终孔位置水平投影距回风巷向下 35 m，3#、6#、9#
钻孔终孔位置水平投影距回风巷向下 60 m。钻孔布置如图 10-21 所示。

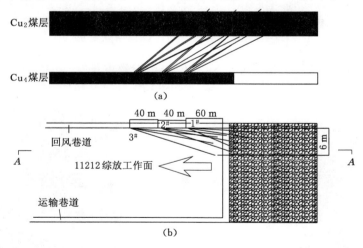

图 10-21　11212 综放工作面顶板走向高位钻孔布置示意图

(a) A—A 剖面布置示意图；(b) 平面布置示意图

　　从现场考察结果可知：试验工作面回风巷内施工的下、中、上分层钻孔与工作面推进均
有一个时空关系，但下分层钻孔整体抽采效果最好；上分层和中分层钻孔均从裂隙不发育的
位置开始抽采，上分层钻孔经过 Cu_2 煤和 Cu_4 煤两段实体煤段，抽采效果次之，中分层钻孔

效果最差。根据现场情况来看,阿刀亥煤矿其他类似工作面可试验采用下、上分层顶板走向高位钻孔来取代目前的下、中、上分层顶板走向高位钻孔。通过应用高位钻孔抽采卸压瓦斯技术,使该工作面月推进进尺增长到约 80 m 的水平,其顶板走向高位钻孔抽采 5 m³/min 左右的纯瓦斯,加上风排纯瓦斯约 3.5 m³/min 后,能够解决该工作面的瓦斯涌出以及上隅角瓦斯超限问题。

四、近距离高瓦斯煤层群开采条件下的抽采瓦斯安全高效利用技术研究

由于受各种因素的影响,输运至地面泵站的瓦斯浓度往往处于爆炸范围内,因此为了保障抽采瓦斯的安全利用,项目研究利用 KJ408 低浓度瓦斯管道输送安全保障系统,对抽采瓦斯实施安全输送,其实物如图 10-22 所示。

图 10-22　发电机房及安全保障系统

同时,项目研究在综合分析瓦斯综合利用的必要性、可行性和需求预测的基础上,确定了采用瓦斯发电技术作为阿刀亥矿区抽采瓦斯利用的主要方案。考虑到阿刀亥煤矿的实际,确定阿刀亥煤矿的瓦斯发电工程总装机容量为 7 000 kW,阿刀亥煤矿的瓦斯发电工程总装机容量为 8 MW。同时,考虑环保节能要求,对瓦斯发电产生的余热待电站附近区域有余热负荷时再进行利用。建成后电站所发电能除用于矿井自用电负荷外,剩余电量上网售电。

此外,项目研究为使抽采瓦斯的计量可靠,采用了新型红外检测技术、流量检测技术和集中控制技术对输运瓦斯实施计量。其实物如图 10-23、图 10-24 所示。

图 10-23　管道红外瓦斯传感器　　　　图 10-24　GLY 型 V 锥流量计实物

五、与当前国内外同类研究、同类技术的综合比较

本项目研究的近距离高瓦斯煤层群开采瓦斯综合治理及利用技术,以阿刀亥矿区瓦斯赋存规律和治理现状为研究基础,以矿区瓦斯抽采利用为研究主线,以瓦斯动态赋存规律和区域瓦斯治理技术为研究重点,以建立一个基本完善的矿区瓦斯抽采利用体系和形成一套系统化、指标化的瓦斯治理措施为目标,通过瓦斯抽采利用新技术和新工艺的应用研究,使包头矿业能源公司区域性瓦斯治理技术步上一个新的台阶。

　　针对阿刀亥矿区,其主采煤层瓦斯基本参数较少,鉴于此,本项目在引进 DGC 瓦斯含量直接测定装置的基础上,通过对煤层瓦斯成藏机制、地质构造等因素的研究,得到了阿刀亥矿区煤层瓦斯赋存规律,并结合瓦斯地质动态分析系统,实现了矿区煤层瓦斯地质的动态管理,这为下一步实施瓦斯治理提供了可靠依据。与国内外同类技术比较,本项目研究煤层瓦斯赋存规律,与国内外同类技术相比,其对矿井瓦斯治理具有更为重要的现实意义。传统意义上的煤层瓦斯赋存规律,大多以静态的形式表征煤层瓦斯地质情况,而本项目的研究成果可随着矿井采掘的延伸,实时调整、更新,通过 DGC 瓦斯含量直接测定装置进行井下煤层瓦斯含量的测试,还可不断对矿井瓦斯地质图进行修订。

　　项目研究提出的松软煤层定向长钻孔施工技术,是实施近距离高瓦斯煤层群开采瓦斯区域性预抽的基础,通过引进了 VLD 型钻机,改进其钻孔施工工艺,并成功应用于阿刀亥矿区的松软煤层,使单孔钻进深度最大达 1 051 m,为国内外松软煤层钻孔施工的千米新纪录。与我国山西晋城、韩城等矿区相比,阿刀亥矿区煤层较为松软破碎,我国引进国外千米钻孔施工技术最早应用于山西晋城矿区亚美大宁煤矿,届时的最大单孔钻进深度为 1 005 m。此后中煤科工集团西安研究院有限公司在改进钻进工艺方面取得突破,于 2014 年在山西晋城矿区寺河煤矿施工了主孔深度 1 881 m 的顺煤层定向超长钻孔。以上两个矿区的最大千米钻孔深度虽大于阿刀亥矿区的最大钻进深度,但其千米定向钻孔的施工难度较阿刀亥矿区小。我国淮南矿区煤层禀赋与阿刀亥矿区相似,其在"十二五"期间,引进了千米定向钻孔施工技术,但其钻孔施工最大孔深也仅为 300~400 m。因此,通过项目的实施,大力提高了阿刀亥矿区千米钻孔施工技术水平,使阿刀亥矿区应用定向钻进技术在松软煤层内施工方面,取得了里程碑式的跨越。

　　通过本项目的研究形成了基于定向钻进技术的高位、低位钻孔联动抽采瓦斯方法,解决了近距离高瓦斯及突出煤层群开采条件下,首采层工作面瓦斯治理的难题,同时也实现了邻近层瓦斯的预抽以及卸压瓦斯的"截抽",很大程度上降低了工作面瓦斯涌出的强度。该方法具有采动地面井抽采煤层群瓦斯所具备的抽采量大、抽采浓度高等优点,又具有稳定性好、施工量小、适应性强等优点,也丰富了我国煤矿瓦斯灾害治理的技术体系。结合大面积区域预抽瓦斯、基于定向钻进的高位、低位钻孔联动抽采瓦斯等技术的井下立体综合抽采瓦斯技术体系,进一步突出了煤炭开采和瓦斯抽采统筹规划,井下瓦斯抽采在时间和空间上必须与煤矿生产相结合,通过抽采为煤炭开采创造出安全开采的条件,真正做到了"以采气保采煤,以采煤促采气",与国内外同类技术比较,本项目提出的井下立体综合抽采瓦斯技术体系可适用于我国与阿刀亥矿区地质构造、煤层赋存、煤层物理性质类似的高瓦斯及突出矿井。作为我国煤矿区煤层气开发先驱的山西晋城煤业集团,其煤层瓦斯地质条件简单,煤层透气性好,且瓦斯含量与硬度均较高,其经过多年实践形成的"三区联动抽采模式",立足于地面瓦斯抽采与井下瓦斯抽采的相互配合、衔接,但这仅限于煤层瓦斯地质条件简单的矿区,对于与阿刀亥矿区类似的近距离高瓦斯或突出煤层群开采条件的矿井,其适用性势必受到限制。而本项目研究提出的井下立体综合抽采瓦斯技术体系,在突破松软煤层定向钻进工艺的基础上,创新性的采用高位、低位钻孔联动抽采瓦斯的方法,不仅解决首采层工作面瓦斯治理的难题,同时也提高了瓦斯抽采量,保障了瓦斯利用的气源。该种技术模式对于解决我国近距离高瓦斯或突出煤层群开采条件下矿井瓦斯灾害治理具有极其重要的现实意义。

第四节　瓦 斯 防 治

一、工作面瓦斯来源分析

根据阿刀亥煤矿东部11212北工作面瓦斯排放量统计,其工作面瓦斯一部分来源于开采层的煤壁和落煤解吸的瓦斯,另一部分来源于采空区,采空区瓦斯涌出包括未采下分层卸压后涌出的瓦斯、邻近层及围岩涌出的瓦斯,为此工作面瓦斯主要来源于开采落煤和采空区(含围岩及邻近层)涌出的瓦斯。

二、工作面瓦斯抽采方式

根据抽采方法的选择原则,结合矿井煤层的赋存、瓦斯来源等特点,考虑到11212工作面布置情况,仍采用矿方提出的以下抽采方法:

(1)掘进工作面采用提前预抽及边掘边抽的抽采方法;

(2)回采工作面采用煤体预抽的抽采方法。

三、掘进工作面边掘边抽

掘进期间瓦斯量较大,因此,在未进行掘进前6个月,对该煤层进行预抽,在煤门中施工2个钻场,每个钻场内4个钻孔,钻孔沿煤层走向长度。

在掘进期间对掘进巷道采用边掘边抽方法解决掘进期间瓦斯问题。在工作面运输巷道掘进期间,从煤门线向内50 m处开始,在巷道煤壁侧每隔4 m施工一组钻孔(包括2个钻孔,高位钻孔和低位钻孔),每隔24 m设置一个分支器,回风巷道(南巷)与运输巷道钻孔布置相同。每个分支器连接6组钻孔。

抽采方法:在运输巷道和回风巷道打与煤壁夹角为45°的钻孔(高位与低位),沿运输巷道和回风巷道从煤门向内50 m处开始到切眼向外50 m处煤壁施工钻孔。运输巷道和回风巷道靠近切眼46 m时,各施工一个初放钻场,每个初放钻场内施工5组钻孔(高位与低位)。最终形成工作面抽采系统。

边掘边抽系统中抽采管路、抽采泵等设施均与此巷道煤体预抽及回采工作面边采边抽系统相同(每组钻孔施工完成后,对其及时封堵)。

四、采空区抽采

管路连接方式是在抽采管路靠近切眼分支器上的负压端连接一个带有分支的分支器,分路器连接 $\phi89$ 抗静电瓦斯抽采胶管,胶管埋入上隅角后呈发散排列。在必要时,需在上隅角附近用沙袋或粉煤灰搭建一堵墙,这样即可以防止瓦斯从上隅角涌出,又可以增加通风阻力,减少采空区漏风量,从而提高抽采瓦斯的浓度。

五、工作面上、下隅角瓦斯管理

防止瓦斯聚积、瓦斯浓度超限,确保矿井有稳定、可靠的通风系统,保证各作业地点有足够的风量和合适的风速。通风是防止瓦斯积聚、瓦斯浓度超限行之有效的方法,矿井通风必须做到有效、稳定和连续不断,使采掘工作面和生产巷道中瓦斯浓度符合《煤矿安全规程》要求。矿井必须建立完善的瓦斯检测制度,所有采掘工作面每班至少应检测3次。采取有效措施及时处理局部积存的瓦斯,特别是采煤工作面上隅角等地点,应加强监测与处理。

（1）若在工作面上隅角出现瓦斯超限,可在上隅角设置导风帘,加大回风隅角的通风量,降低其瓦斯含量。

（2）在回采工作面与回风巷连接处（上隅角）附近设置一道木板隔墙或抗静电帆布风障,迫使一部分风流清洗上隅角,防止瓦斯聚集。

（3）当工作面上隅角未垮落深度超过6 m时,必须设置导风板或导风帘,冲洗积聚瓦斯,必须及时回收上出口处的支护材料,使上隅角处顶板垮落压实,若顶板不能随采随垮时,采取爆破强制放顶。

（4）采煤工作面一定要做到风电、瓦斯电闭锁,采煤机装备瓦斯断电仪。

（5）因停电检修,通风机停止运转,或通风系统遭到破坏时必须有恢复通风、排除瓦斯和送电的安全措施。

（6）健全完善瓦斯安监系统,采掘工作面必须按规程要求设置瓦斯传感器监测风流中的瓦斯动态,并将信息及时传送到地面安全监测系统控制室。当瓦斯浓度超限时,及时自动切断电源。

（7）井下专职人员等配备个体检测设备,便携式瓦斯检测报警仪使用人员为矿长、矿技术负责人、爆破工、采掘区队长、通风区队长、工程技术人员、班长、下井电钳工、瓦斯检测工、安全检测工。

（8）严格控制和加强管理生产中可能引火的热源。

六、工作面瓦斯监测监控

采煤工作面U形通风方式在采煤工作面上隅角、工作面（端尾出口不大于10 m处）和工作面回风（距工作面回风口10～15 m处）分别安设甲烷传感器和一氧化碳传感器;甲烷传感器报警、断电、复电浓度分别为:

① 上隅角甲烷报警浓度≥0.8%、断电浓度≥0.8%、复电浓度<0.8%;

② 工作面甲烷报警浓度≥0.8%、断电浓度≥0.8%、复电浓度<0.8%;

③ 工作面回风流甲烷报警浓度≥0.8%、断电浓度≥0.8%、复电浓度<0.8%。

甲烷传感器每7 d调校一次,一氧化碳传感器每15天调校一次。

监测设备应符合国际、国家及行业的有关规程、规范、标准。遵循先进、成熟、适用、可靠的原则,选用通过国家技术监督局认证、经过有关部门检验,取得"MA标志准用证"的产品。

在采煤机上安装机载式瓦斯断电系统,《煤矿安全规程》规定必须采用机载式监测方式,以便能及时地检测到采掘过程中的瓦斯突出,进而实时断电。采煤机机载式瓦斯断电仪系统由专用智能磁力启动器、机载瓦斯断电仪及机载瓦斯传感器三部分组成。它与采煤机用5芯电缆连接,实现断相、过流、程控、漏电及各种保护,并从控制回路接收甲烷信号实现采煤机机载式甲烷遥控断电。另外,启动器通过专用端子外接甲烷传感器,实施常规甲烷断电。

机载瓦斯断电仪由微机控制,为隔爆兼本安型。一条专用电缆与采煤机连接,一条信号电缆与机载传感器连接。当甲烷达到断电值时,通过采煤机与为其供电的磁力启动器之间的专用动力电缆,在保证采煤机原开停控制,模拟测试以及水温、油压等保护不受影响的情况下,通过启动器的控制回路传递甲烷信号。

第十一章　阿刀亥煤矿急倾斜特厚煤层防灭火系统建设

第一节　阿刀亥煤矿火灾致因及综合防灭火技术应用

一、火区概况

阿刀亥煤矿防灭火系统以注氮防灭火为主、喷洒阻化剂为辅,并安装了束管监测系统,对易发火地点实时监测预报。2014 年鉴定该矿自燃倾向等级鉴定结果为 Cu_2、Cu_4 煤层均为Ⅱ类自燃煤层;最短自然发火期分别为 Cu_2 煤层:59 天,Cu_4 煤层:63 天。阿刀亥煤矿 11212 工作面煤层为高硫煤,硫含量均值超过 2%。

（一）火区燃烧状况

火区详细勘查通过地表调查及物探工作,大致圈定火区 5 处,均为隐伏火区,火区平面面积 3 883 m²,燃烧煤层为 Cu_2 煤层,火区燃烧现状分述如下:

（1）1 号火区

位于矿井边界的西部,燃烧平面面积为 644 m²,燃烧煤层为 Cu_2 号,地表可见塌陷区多处,地表无明显的温度异常。

（2）2 号火区

位于 1 号火区的东部,燃烧面积为 761 m²,燃烧煤层为 Cu_2 号,地表可见塌陷区多个,地表无明显的温度异常。

（3）3 号火区

位于 2 号火区的东部,燃烧面积为 885 m²,燃烧煤层为 Cu_2 号,地表可见塌陷区多处,地表无明显的温度异常。

（4）4 号火区

位于 3 号火区的东部,燃烧面积为 708 m²,燃烧煤层为 Cu_2 号,地表可见塌陷区多处,地表无明显的温度异常。

（5）5 号火区

位于 4 号火区的东部,燃烧面积为 885 m²,燃烧煤层为 Cu_2 号,地表可见塌陷区多处,地表无明显的温度异常。

上述火区氡气浓度异常在 300～600 CPM,异常较明显。推断火区范围内裂隙发育较好,使煤层与氧气能够良好接触,促使煤层处于高温氧化程度。

经详细勘查,查明了火区的范围、面积,并根据物探资料的综合分析,通过火区的验证钻孔资料得出燃烧深度。各火区的燃烧深度如表 11-1 所列。

表 11-1　　　　　　　　　　火区燃烧平面面积及深度一览表

序号	火区名称	燃烧面积/m²	影响面积/km²	燃烧深度/m
1	1 号火区	644	0	0～90
2	2 号火区	761	0	0～90
3	3 号火区	885	0	0～125
4	4 号火区	708	0	0～125
5	5 号火区	885	0	0～150
合计		3 883	0	0～150

（二）着火历史

根据调查,煤田开发较早,早期周边沿煤层露头浅部煤层开办的小煤窑、采掘坑,极大地破坏了煤层的自然赋存状态,煤层接触空气的面积增大且通风供氧条件好,导致采空区周围的煤炭自然发火并向四周扩散,引发火区地表有塌陷、裂缝等现象。由于区内开采煤层为急倾斜煤层,火区随着采空区塌陷下延,煤层自然发火难以治理。由于火区的存在严重威胁到矿井下部煤层安全生产,并造成大量的煤炭资源浪费和自然环境的严重恶化。

二、综合防灭火技术现场应用及效果分析

（一）综合防灭火技术的现场应用

2012 年 4 月 16 日,阿刀亥煤矿井下 11212 工作面发生了火灾,事故发生后,封闭工作面、在井下对采空区注液氮、利用井下移动制氮机和地面制氮机向封闭火区注氮气、在地面填堵采空区上覆地表裂缝等综合防灭火安全技术措施对火区进行了处治。

（1）封闭工作面。为防止火灾事故蔓延,在 11212 运输巷道带式输送机机尾处和 11212 回风防火墙处各施工一道防火密闭（见图 11-1）。为安全起见,又在 11212 回风巷道原密闭前 7 m 处施工第二道防火密闭,发火后 24 h 内完成所有密闭施工及喷浆工作。

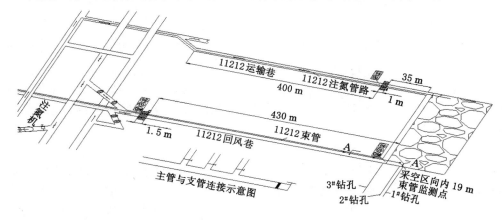

图 11-1　11212 工作面封闭及钻孔注氮示意图

（2）继续利用井下移动制氮机进行注氮防灭火。阿刀亥煤矿平时利用井下制氮机向 11212 采空区注氮气进行防灭火,此时利用井下制氮机从 11212 运输巷道密闭处连续不断向火区注氮气进行惰化火区,截至 5 月 6 日,共注氮气 26.261 6 万 m³。

（3）地面制氮机进行注氮防灭火。在地面工业广场安装注氮机,注氮设备采用地面DM移动式膜分离制氮机,通过注氮管路引入井下向11212采空区及回风巷道施工钻孔注氮气进行防灭火工作。向采空区注氮共施工6个钻孔,共计447 m,其中1#:77 m,2#:78 m,3#:75 m,4#:74 m,5#:70 m,6#:73 m,另外1#、2#、3#孔下套管成功(见图11-1)。截至5月6日为止共注氮气6.667 9万 m³。

（4）注液氮防灭火。经研究决定从11212回风巷道密闭处注液氮。阿刀亥煤矿用卡车从厂家拉来25 t液氮(共一车),交替向两个注液氮罐中注液氮(每个液氮罐能够装1 t液氮),然后利用16#进风斜井向11212回风巷道运送液氮,最后注液氮罐到达11212回风巷道后开始向防火密闭中注液氮,截至4月22日共注液氮25 t,气化氮气20 000 m³。注液氮具体步骤及注意事项如下:

① 如图11-2所示,将装注液氮罐的平板车放平稳,固定好防止其下滑和移动。

② 将注液氮软管5与注浆管2连接好并打开注浆管上的阀门4,然后将注液氮软管5与注液氮管连接并打开注液氮管上阀门3开始向防火密闭1中注液氮。

③ 现场施工人员必须密切观察压力表6的变化情况,当压力表6显示的值低于0.01 MPa时应立即停止注液氮工作,去掉注液氮软管5,将注液氮罐提升上井,再开始注另一罐液氮,如此往复不停地向防火密闭内注液氮,以达到防灭火的效果。

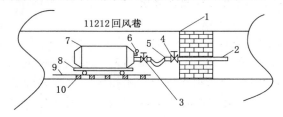

图 11-2   11212 回风巷道注液氮示意图

1——防火密闭;2——注浆管;3,4——阀门;5——注液氮软管;6——压力表;7——注液氮罐;
8——平板车;9——轨道;10——枕木

（5）地面填堵地表裂缝。发生火灾后,在采空区对应地表观察发现由于地震原因新出现了10条裂缝,最长裂缝达到130 m左右,最宽裂缝有0.5 m左右,为了防止地表大气继续从裂缝进入采空区引发次生灾害,经研究决定填堵上述裂缝,截至4月19日共填堵裂缝10条,用沙子15 t,有效地填堵了大气导入采空区的通道,防止大气通过裂缝进入到井下采空区。

（二）综合防灭火技术现场应用效果分析

从阿刀亥煤矿11212采空区着火情况看,矿方采取综合防灭火技术对火区进行了处治。通过图11-3可以看出采取综合防灭火措施后,11212封闭火区内的O_2浓度从原来的17.938%降到了2.608 5%,CO浓度从原来的0.054 4%降到了目前的0,收到了良好的防灭火效果。

三、阿刀亥煤矿井下火灾事故致因分析

针对阿刀亥煤矿11212工作面采空区自燃原因进行了深入的分析和探讨,分析认为采空区遗煤自燃和高分子材料引起煤炭自燃的可能性不大,主要基于以下几方面的原因:

（1）煤炭自燃要经历潜伏、自热、燃烧、熄灭4个阶段,在煤的自热阶段,煤的氧化放热

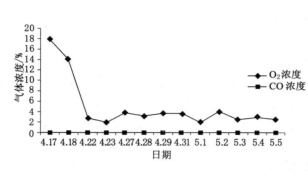

日期	O_2/%	CO/%
4.17	17.938	0.054 4
4.18	14.032	0.042 8
4.22	2.816 3	0.009 7
4.23	1.897 9	0
4.27	3.859 6	0
4.28	3.200 4	0
4.29	3.739 9	0
4.30	3.588 7	0
5.1	1.999 8	0
5.2	4.121 1	0
5.3	2.531 6	0
5.4	2.926 1	0
5.5	2.608 5	0

图 11-3 11212 采空区束管监测部分气体浓度变化曲线图表

较大,煤温及其环境温度升高,并且产生 CO、CO_2 和碳氢类气体产物,但是事实上直到 4 月 16 日上午 10:30 发现烟气之前工作面上隅角的 CO 监控探头、采空区埋设的束管监测系统测定的 CO 浓度都为 0,且该矿定期用人工采集的气样、人工用 CO 鉴定器测定的 CO 浓度都为 0,甚至出现烟气时人工测定上隅角的 CO 浓度仅为 4 ppm,而且温度一直保持在 18 ℃,没有明显变化。

(2) 在煤的自热和燃烧阶段煤会散发出煤油味和其他芳香气味,但现场直到 4 月 16 日上午 10:30 发现烟气之前工作面上隅角及回风巷均未闻到煤油味和其他芳香气味,及时发现烟气时现场人员也没有闻到上述气味。

(3) 在煤的自热阶段有水蒸气生成,火源附近出现雾气,遇冷会在巷道壁面上凝结成水珠,即出现"挂汗"现象。但现场直到 4 月 16 日上午 10:30 发现烟气之前也未发现"挂汗"现象。

(4) 高分子材料是阻燃材料,自身不发生自燃,一般在高分子材料和助化剂发生化学反应时产生热量,如果是采空区高分子材料产生热量引起的遗煤自燃,那么应表现出煤炭自燃的各种特征,这与实际情况不符。

经过分析认为绝氧条件下生成的 FeS 遇漏风通道中的空气发生自燃是采空区火灾的主要原因,理由如下:

① 阿刀亥煤矿 Cu_2 煤层为高硫煤,其中 Cu_2 煤层含硫量 1.14%;在井下采空区、废弃巷道等地点会闻到一种具有臭鸡蛋气味的 H_2S 气体。

② 11212 工作面回风巷道由于顶板压力大,大批金属棚、金属网等金属物品不能及时回收都遗留在采空区,在绝氧条件下,工作面回风巷道遗留的金属棚、金属网等金属物品受水长期侵蚀作用与煤中硫化物结合易形成 FeS,并放出热量 Q,在窒息带内生成的绝氧条件下的 FeS 处于静止状态,其化学方程式如下:

$$Fe_2O_3 + 3H_2S = 2FeS + 3H_2O + S + Q$$
$$2Fe(OH)_3 + 3H_2S = 2FeS + 6H_2O + S + Q$$
$$Fe_3O_4 + 4H_2S = 3FeS + 4H_2O + S + Q$$

③ 4 月 15 日,当地发生 5.8 级地震,阿刀亥煤矿震感明显,11212 工作面对应地表生成多个新的裂缝,最大裂缝的宽度 0.5 m,受采动和地震诱导因素影响,地面与本煤层采空区通过裂隙形成漏风通道,使采空区形成的 FeS 具备了燃烧的条件,进而引燃了周边浮煤,导

致 11212 工作面火灾事故。

④ 由于 FeS 自燃的化学方程式如下：

$$4FeS+3O_2=2Fe_2O_3+4S+Q$$

由化学式可以看出 FeS 自燃生成氧化铁和硫,自始至终就没有炭的参与因此也就不会产生 CO、CO_2 和碳氢气体,也就不会闻到煤油味和其他芳香气味;另外由于 FeS 自燃具有突然性的特征,因此前期是发现不到温度变化的,这与现场目击者反映的情况完全相符,至于发现烟气 2.5 h 以后 CO 浓度上升到 400 ppm,是由于 FeS 自燃引起周围遗留的煤炭自燃才出现大量 CO 这也与事实相符合。

四、FeS 自燃室内相似性模拟试验

通过本次室内试验模拟井下 FeS 自燃过程,对煤矿井下火灾致因进行核实、验证,以便得出科学、合理的自然规律,为制订有效的安全技术措施提供理论依据,最大限度地保障矿山安全生产。实验室内 FeS 自燃试验设计方案示意图如图 11-4 所示。

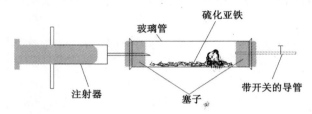

图 11-4　FeS 自燃试验原理示意图

(1)试验材料

① 铁锈 500 g;

② H_2S 气体 1 L,N_2 气体 2 L,O_2 气体 1 L(注:氮气的分子量为 28,空气的分子量为 29,硫化氢气体的分子量为 34,氧气的分子量为 32);

③ 容积为 200 mL 的玻璃管 3 个,塞子若干;

④ 带刻度的注射器 1 个,带开关的导管 1 个;

⑤ 试管夹 1 个,支架 2 个。

(2)试验步骤

① 如图 11-4 所示,把铁锈 50 g 平铺在玻璃管内,两端塞上塞子。

② 打开右端的导管开关,用注射器在玻璃管的左端注入 N_2 直至充满玻璃管为止(考虑安全系数可以注入氮气大于 500 mL 以确保把玻璃管内的空气排干净,达到绝氧的环境),注完后关闭导管开关。

③ 停放一段时间后,打开导管开关,在玻璃管左端用注射器注入硫化氢气体直至注满为止(考虑安全系数可以注入硫化氢气体大于 500 mL 以确保把 N_2 排干净),注完后关闭导管开关。

④ 为了确保铁锈跟 H_2S 充分反应,观测时间不小于 48 h。

⑤ 打开导管开关,用注射器在玻璃管的左端注入一定量的 O_2,观察玻璃管内的 FeS 燃烧现象并做好记录。

(3)试验结果分析

通过观测铁锈和硫化氢气体反应时间 53 h,FeS 与氧气反应时间 2.5 h,试管的温度由 32 ℃升高到 226 ℃,FeS 颜色变暗,25 min 时发现明火,并产生烟气,气球开始膨胀,立即停止试验。试验结果证明:试管内 FeS 处于无氧环境,不会与空气接触而发生氧化反应。但当往试管内注入 O_2 后,FeS 与 O_2 发生氧化反应,释放出大量的热量,由于局部温度升高,加速了周围 FeS 的氧化,形成连锁反应。如果周围中存在炭、油等可燃物,则它们在 FeS 的作用下,会迅速燃烧,放出更多的热量。

五、总结

矿方总结了火灾致因的经验教训,严禁废旧的锚杆、锚网、W 钢带以及 U 型钢棚等金属制品不进行回收直接抛入采空区,并对井下金属材料进行防锈处理,从根本上杜绝 FeS 的形成。

第二节　急倾斜特厚煤层综放注浆防灭火新工艺

一、灭火方法的对比

（一）灭火方法的确定

根据本火区的特征、范围、燃烧深度、地形条件等,可能采用的灭火方案概括起来主要有 4 种:

（1）地表黄土覆盖将火区加以隔绝。

（2）地面钻孔灌浆直接灭火。

（3）剥离挖除在燃体,根除火源。

（4）综合灭火。

（二）灭火方案的比较

1. 地表黄土覆盖将火区加以隔绝方案

利用黄土充填覆盖火区的地表裂缝、塌陷坑,使火区达到封闭状态,从而断绝火区通风供氧通道,使火区熄灭。其特点是施工速度较快,施工后火区外观形象好。覆盖灭火对火区发展具有一定的控制作用,但由于火源没有消除,火区仅仅被黄土"捂"了起来,火区熄灭要经过相当漫长的过程。

（1）优点:简单易行。

（2）缺点:① 地形复杂,地下塌陷,裂隙及采空区纵横交错,黄土覆盖难以彻底隔绝达到预期效果;② 火区残留资源不能回收;③ 适用条件:适用地表较平整,黄土充足,火源较浅、火势较轻的煤田浅部火区。

2. 地面钻孔灌浆直接灭火方案

通过裂缝灌浆和在地表按照一定的间隔向火区煤层打钻孔,将一定比例的黄泥浆灌进着火煤层,阻断火区供氧通路,进而阻止燃烧,降低火区温度,使火区逐步熄灭。其特点是不受火区面积大小、火源深度等条件限制,施工灵活,效果较好,但由于灌入火区的泥浆流向无法控制,泥浆不一定按预想到达着火体,针对性不强,浆液流失量大,灌浆效率低,但由于小窑采空区存在,很难实施注浆灭火方案。

（1）优点:① 速度快、灭火工程本身安全;② 能够取得灭火、防火双重效果。

（2）缺点:① 该地区水资源缺乏,取材困难;② 工艺较为复杂;③ 火区范围较大,其间地下塌陷,裂隙及采空区纵横交错,效果差,难以彻底根除火源;④ 火区残留资源不能回收。

(3) 适用条件:适用地表沟壑纵横,火区面积较少,黄土充足,水源充足,火源较深、火势较重的采空区火区。

3. 地面开挖剥离灭火挖除灼热体和燃烧体根除火源方案

在火区范围内自上而下分台阶地面开挖,超前注水,降低燃体温度,挖除火体。其特点是灭火效果彻底,但施工工艺复杂,前期投资大,适用条件要求高,火源必须埋藏较浅,火区发展速度较慢。在严重缺水、缺黄土情况下,采用地面开挖剥离灭火方法比较合适,另外,挖出的残煤,不仅可以抵补投资,而且还可以回收宝贵的煤炭资源。

(1) 缺点:工程量较大,工期较长。

(2) 优点:① 施工使用的中小型挖掘机、自卸卡车、推土机等设备社会上闲置较多,容易租用,可依托社会力量;② 使用水和黄土量较小,施工准备简单;③ 灭火彻底,火区内灼热体、燃烧体和所有可燃物质可全部挖出;④ 在灭火的同时,可以回收残煤。

(3) 适用条件:适用火区面积小,火源较浅,火势较重,缺水少土的煤田露头火区。

4. 综合灭火方案

此种方法适用于地形条件复杂、地形高差变化较大、水量匮乏、黄土稀缺、地面开挖剥离灭火费用较高的火区。一般在施工初期对浅部火区进行地面开挖剥离灭火,挖除浅部火源,深部则采用钻孔注浆、裂缝注浆,待火区熄灭后,再用黄土覆盖。此方法综合效益高,能达到保护地面永久设施、彻底熄灭火灾、抢救资源的目的。

(三)灭火方案的确定

(1) 方案一:地表覆盖

利用黄土充填覆盖火区的地表裂缝、燃烧破碎岩体,使火区达到封闭状态,但山体裂缝处基本无法覆盖,地下交错纵横的废巷道依然存在,火源体依旧,此方法很难满足彻底灭火的要求,对采空巷道的威胁没有解除,也不能抢救宝贵的煤炭资源,因此本治理区不宜采用此方法进行灭火。

(2) 方案二:灌浆灭火

若本火区在燃区面积 $0.35~km^2$,若采用黄泥灌浆灭火方案,灌浆所需黄土数量为:

$$Q_\pm = K_1 \cdot L_1 \cdot H \cdot M \cdot N \cdot (1 + K_2)$$

式中　$Q_\pm$——灌浆区内所需固体泥浆材料量;

　　　L_1——火区走向长度;

　　　H——火区倾向长度;

　　　M——煤层厚度;

　　　N——火区内煤层裂隙率,取 $0.1\sim0.3$;

　　　K_1——黄泥浆充填系数,静压力灌浆时取 $0.5\sim0.7$;

　　　K_2——黄泥浆自然流失系数,一般正常取 $0.03\sim0.05$。

计算得出灌浆灭火方法需黄土 77 万 m^3,水土比通常在 6∶1,共需水 462 万 m^3。采用此法,虽具有施工灵活、效果较好等诸多优点,但由于泥浆流向无法控制,泥浆不一定按设想到达着火体,因此灌浆量不好控制,针对性不强,灭火也不彻底,也达不到抢救资源的目的,同时还增加了灭火主体负担及安全生产管理上的难度。所以本火区治理也不采用此方法。

（3）方案三：地面开挖剥离灭火

地面开挖剥离灭火就是在火区范围内自上而下分台阶开挖剥离，超前注水，降低燃体温度，挖除着火体，后期用黄土覆盖煤层露头，最后回填开挖坑，整平后再覆盖黄土，以备以后绿化复垦。其特点是灭火效果彻底，但施工工艺较复杂，前期投资大，但可回收煤炭资源，以抵补项目投资。

根据火区地质资料分析，本矿的着火煤层 Cu_2 煤层，地质条件属中等类型，煤层赋存较浅。本治理区范围内无其他重要建筑，比较适合采用此方案进行灭火。

综上所述，本区治理方案采用地面开挖剥离灭火方案。

（四）灭火方法的实施

1. 地面开挖剥离灭火的必要性

（1）地面开挖剥离灭火可以彻底根除火区的火源。

由于开采煤层的采空区出现塌陷，使得残留煤与空气接触，火区燃烧面积将会逐步扩大，只有通过地面开挖剥离灭火进行彻底根治火区，才能保证治理火区的效果。

（2）地面开挖剥离灭火是有效回收宝贵煤炭资源、减少煤炭损失的需要。

由于火区的火灾是一个动态发展过程，且地下历年遗留下的废弃巷道交错纵横，随着火区的扩大，宝贵的煤炭资源损失将越来越大，对周围环境污染也越来越严重。只有有效地对火区进行地面开挖剥离灭火彻底根治，才能减少资源浪费损失、火灾蔓延。

2. 地面开挖剥离灭火的可行性

治理区内交通、通信、电力、居住等基础设施较为完善，同时近年来地面开挖剥离灭火工程不断进行，灭火技术不断提高，整体施工素质也有较大的提高，以上这些基础条件都为本期的灭火剥离创造了必备条件。

本灭火工程主要采用地面开挖剥离灭火方式，其开挖工艺与露天矿的开采工艺相类似，技术上可行且有较成熟的施工及管理经验，所选用的设备也是社会上较常用的设备，易于租赁及组织生产。技术工人也雇用社会中的力量，不用现培训。

3. 灭火目标

按照抢救国家宝贵的煤炭资源并保护本地区的环境的原则，本次灭火专项初步设计目标是在本火区范围内火源彻底消除、熄灭。

灭火方案实施的工序为：注水降温→上覆土岩层的地面开挖剥离→排渣→火区残煤的回收及运输→开挖坑底部边界煤层露头、黄土封堵、覆盖→开挖坑回填、整平→黄土覆盖（以备绿化复垦）→绿化。

二、地下防灭火新方法

煤层自燃发火矿井存在采空区浮煤、煤柱自燃发火的潜在安全隐患，现在国家对煤矿防灭火提出了更高的要求，要求各煤矿必须建立健全完善的以防灭火注浆为主、注氮、均压通风、喷洒阻化剂等其他预防灭火技术为辅的综合防灭火系统。因此研究一种更加高效、更加便捷、更加有效的防灭火注浆方法显得至关重要。在传统的防灭火注浆方法的基础上，提出了把注浆管路固定在综放工作面液压支架后立柱上，采用区域分布排列的方法向采空区均匀敷设管路注浆，注浆管路随着液压支架前移而移动，该方法可实现准确、均匀、定向、定量注浆防灭火要求，具有更高的理论研究价值和实际意义。

（一）背景技术

传统的防灭火注浆方法是将注浆管路敷设至工作面倾向上部的采空区，定期、定量向采空区内采取注浆防灭火措施，浆液从倾向上部注浆管路流出，从而自流至采空区各地点，覆盖采空区浮煤达到预防自然发火的要求。该种传统的注浆方法我们很难把握浆液是否全部覆盖全部采空区，浆液是否均匀分布，浆液是否遇阻力发生积浆导致溃浆事故，注浆效果的判断往往以经验为主，很少、很难进行详细、科学的考察，致使注浆参数选择不合理。在煤层自然发火严重的矿井，由于注浆时间、注浆量选择设计不合理，往往造成采空区注浆过多造成下巷道溃浆事故，严重影响生产或注浆量过少，浆液未覆盖全部采空区浮煤，造成预防灭火效果不好。传统的采空区防灭火注浆量过多的效果，如图 11-5（a）所示；注浆量过少的注浆效果，如图 11-5（b）所示；最佳的注浆效果如图 11-5（c）所示，当注浆浆液均匀地覆盖在采空区浮煤上，既满足安全、又经济的条件下，注浆效果最优。

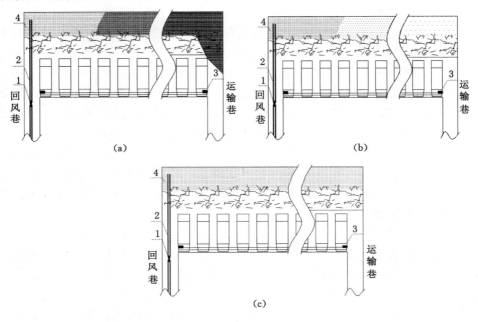

图 11-5　传统注浆方法注浆量效果图

（a）注浆量过大造成溃浆事故；（b）注浆量过少造成采空区浮煤未被完全覆盖；（c）理想的注浆效果

1——注浆主管阀门；2——注浆主管；3——工作面支架；4——注入工作面浆液

煤层自然发火是煤矿重大自然灾害，而注浆防灭火是目前防灭火最主要的方法，管理不善极易造成煤层自然发火，进而造成瓦斯事故、损坏设备，破坏资源，影响生产。而传统的注浆工艺主要考虑了往采空区氧化带内注浆，而对浆液能否均匀覆盖采空区浮煤，能否通过特殊地质构造、能否满足注浆防灭火条件不得而知，而如何能使浆液在冷却带内能均匀地喷洒在采空区浮煤、浮矸上，从源头上对采空区浮煤进行覆盖、冷却被忽视。正是基于这种情况，我们积极探索利用工作面支架均匀布管、逐架注浆，全面覆盖采空区浮煤，达到隔离、冷却、预防采空区浮煤自燃发火的新工艺、新技术，研制成功一种新型综放工作面注浆防灭火方法，并在阿刀亥煤矿 11212 综放工作面取得了较好的社会和经济效益，保证了该综放工作面安全、高效、稳定地生产。

　　该种新型综放工作面注浆防灭火方法的工作原理如下：该种新型综放工作面注浆防灭火方法的工作原理主要是利用了工作面液压支架后支柱，使用抱箍固定胶管和注浆支管阀门，向采空区注浆的支管随着工作面支架的前移而移动，且每根支管靠近采空区侧一段加工成"鸭嘴"形状，使得喷出的浆液成"八"字形状，覆盖面积更广、覆盖效果更好，每5架支架之间设置一个区域阀门，以免浆液直接进入下部支架管路，未及时注入采空区而沉淀，导致堵塞管路，根据回采进度，每天早班安排注浆工从上至下逐架打开阀门注浆，这样就对采空区冷却带内浮煤进行了提前覆盖、隔离，完全达到预防灭火的效果。

　　（二）传统的注浆防灭火方法的缺点和不足

　　传统的注浆防灭火方法是利用将注浆管敷设至综放工作面采空区倾向上部位置，然后向采空区注浆，利用浆液自重自上而下流向采空区各处，从而覆盖采空区浮煤，达到预防灭火的目的。这种传统的注浆方法虽然在现代煤矿防灭火中起到了一定作用，但它们具有以下弊端和不足之处：

　　（1）传统的注浆防灭火方法，很大程度地利用了浆液自重自上而下流向采空区各处，覆盖采空区浮煤，但这种方法大量利用了浆液的流体特性，任其流动。而浆液在采空区的流动是不会以人的意志而改变，因此不能有效地覆盖全部采空区，进而起不到预防灭火的效果。

　　（2）传统的注浆防灭火方法在煤层倾角3°～10°的情况下，注浆效果较好，当煤层倾角小于3°时，浆液在采空区内流动很慢，浆液在采空区浮煤充分沉淀、覆盖，导致注浆成本大幅提高；若工作面倾角大于10°时，浆液将以很快的速度沿着阻力较小的通道迅速下泄，使得采空区浮煤不能得到充分的覆盖，而且很可能导致溃浆事故，或者大量积水从下隅角涌出，恶化生产环境。

　　（3）在回采有断层、褶曲等地质构造的综放工作面时，传统的注浆防灭火方法显得更加"手足无措"。因断层、褶曲等地质构造对浆液形成天然的屏障，浆液极易在这些地质构造处泄掉或大量积存，导致不能对采空区浮煤充分覆盖，达不到防灭火的效果。

　　（4）在回采沿倾向上行或下行回采的工作面时，传统的注浆方法更加显得"力不从心"。在沿倾向上行回采的工作面注浆时，传统的注浆方法仅能覆盖注浆管路方向及向采空区延伸的一段，并且大量浆液涌入采空区"窒息区"内，而大部分处于氧化带内的浮煤完全没有得到应有的覆盖，注浆效果极差；在沿倾向下行回采的工作面注浆时，大量浆液从灌浆管路出口沿着注浆管路流向冷却带内，进而进入工作面，导致工作面生产环境恶化，而大部分处于氧化带内的浮煤完全没有被有效的覆盖，防灭火效果极差。

　　（5）传统的注浆方法敷设管路有两种方法，一种是埋管注浆，一种是托管注浆。第一种注浆方法将大量的管材埋入采空区，在当前如此严峻的煤炭形势下，对煤矿安全生产、经营造成了一定的压力。而托管注浆需要辅助拖、拽设备，虽然管路的浪费得到了控制，但是安全风险明显加大，同时也增加了更多繁琐的人工操作。

　　正是基于上述弊端和不足，研究出一种新型防灭火注浆工艺、方法，新型防灭火注浆方法不但能够克服上述所有弊端和不足外，而且注浆量明显减少，采空区覆盖率明显提高，注浆效果明显改善。

　　（三）新型防灭火注浆方法的技术内容

　　该新型防灭火注浆方法正是在克服上述传统的防灭火注浆方法的弊端基础上提出的，目的为具有煤层自然发火倾向性的煤矿综放工作面提供一种科学、高效、准确、成本较低的采空区防灭火注浆新方法,为具有煤层自燃发火倾向性的煤矿综放工作面采空区防灭火注浆设计和施工提供科学依据和技术支撑,在降低成本的情况下大幅度地提高防灭火效率,为矿井的安全生产保驾护航。

新型综放工作面防灭火注浆示意如图 11-6 所示。

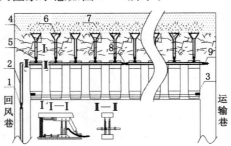

图 11-6　新型综放工作面防灭火注浆示意图

1——注浆主管阀门;2——注浆主管;3——工作面支架;4——注入工作面浆液;5——工作面支管阀门;
6——注浆支管出口末端"鸭嘴";7——"鸭嘴"喷出的浆液;8——每 5 架支架之间设置区域控制阀门;9——清洗阀门

该种新型煤矿综放工作面防灭火注浆系统充分利用工作面液压支架对注浆管路的控制,无需人工根据回采进度拖、拽,可以定点、定向、定量向采空区喷洒防灭火浆液,以达到覆盖采空区浮煤、达到防灭火的效果。因为每架支架后面都拖着一条注浆管,每五架为一组,本次注浆试验我们采取从上到下逐架注浆的原则。注浆工首先关闭第一组区域注浆阀门,然后逐架依次打开第一架注浆支管阀门、第二架注浆支管阀门……第五架注浆支管阀门向采空区注浆;第一区域注浆完成后,关闭 1~5 号注浆支管阀门,打开第一区域注浆阀门,并逐架打开第六架注浆支管阀门、第七架注浆支管阀门……第十架注浆支管阀门;同上,直至注完整个采空区,为了使浆液喷洒更加分散,覆盖面积更加广阔,我们将注浆管路末端设置成鸭嘴形状,这样注浆时,浆液将成"八"字形状向外喷射。该种新型注浆方法能完全克服上述 5 种原始注浆方法的弊端,能适应各种采煤法的采空区防灭火注浆,注浆结束后,打开清洗阀门,清洗注浆管路,直至清洗阀门流出清水,方可认为管路清洗干净,停止清洗,关闭清洗阀门。

为了不影响工作面正常生产,尽量减少平行作业,注浆工作尽量安排在每天检修班。由于本新型防灭火注浆方法对采空区浮煤提前注浆、冷却、覆盖、隔离,与传统的注浆方法向采空区氧化带内注浆有很大的不同,因此这种新型防灭火注浆方法比原始防灭火注浆方法、注浆措施更加主动、适应性更加强、预防灭火更加有效。

(四)注浆施工的具体要求

(1)注浆前必须由专业技术人员编制专门注浆设计、安全技术措施。

(2)必须由专业工程技术人员、专业注浆队伍进行注浆,相关人员必须经过专业培训后持证上岗。

(3)必须分组逐架进行注浆,避免注浆压力不足、浆液分散度不足,造成浆液集中沉淀、造成防灭火效果差。

(4)施工期间必须有专人观测注浆压力、注浆量等参数,并做好记录,有专人进行数据整理、比较和分析,并形成观测报告。

（5）防灭火队必须配备专业技术人员,每天必须根据工作面回采进度确定注浆量,并下达注浆任务,跟班队长必须严格执行这一措施,确保注浆效果。

（五）该综放工作面采空区防灭火注浆方法的优点

（1）该种综放工作面采空区防灭火注浆新方法打破了传统的一根注浆管设在上隅角并延伸至采空区氧化带内的注浆方法,提出了利用综放工作面液压支架后立柱固定注浆管路并均匀地向采空区敷设注浆管路,随着液压支架前移而对注浆管路进行拖拽的新型注浆新方法、新工艺。使得采空区防灭火注浆实现了多管路、定向、定点注浆的新思路、新方法,填补了国内空白。

（2）新型综放工作面采空区防灭火注浆方法根据综放工作面日回采进度,通过计算,可从上往下逐架打开阀门定量注浆,节省时间、节约材料、浆液覆盖均匀,为具有煤层自燃倾向性的煤矿综放工作面采空区防灭火注浆提供了科学依据和理论指导。

（3）新型综放工作面采空区防灭火注浆可适应各类条件的综放工作面,如大倾角倾向、走向回采工作面,水平回采工作面,即使遇见断层等复杂地质构造的综放工作面,注浆效果也非常好,不会发生溃浆或地质构造裂隙带泄浆或一些地质构造带阻浆事故。新型综放工作面防灭火注浆准确度、采空区覆盖率非常高。

（4）新型综放工作面采空区防灭火注浆是将注浆管路随着工作面液压支架前移而拖拽、前移,不会将注浆管路埋入采空区而导致对注浆材料的浪费。

（六）实施方式举例

（1）阿刀亥煤矿注浆防灭火

阿刀亥煤矿所开采的 Cu_2 煤层具有煤层自燃倾向性,自燃等级为Ⅱ级,该矿 2012 年就引进了黄泥注浆系统,由于 11212 工作面倾角较大,最大达到 86°,因此该工作面迟迟未使用黄泥注浆防灭火系统,仅采取注氮、喷洒阻化剂等预防灭火措施,为了充分利用现有防灭火注浆设备对 11212 工作面实施以注浆为主的防灭火措施,我们对该工作面注浆方法、工艺进行了革新、改造,并于 2013 年 9 月份投入使用,到目前为止,该种新型综放工作面防灭火注浆方法在阿刀亥煤矿 11212 工作面应用效果非常好。

如图 11-6 所示,首先,我们在阿刀亥煤矿 11212 工作面回风巷道敷设一趟 3 寸注浆管路,在 3 寸注浆管路末端加工一个 3 寸变 $\phi38$ mm 的阀门,然后接 $\phi38$ mm 高压胶管至工作面支架第二根后立柱处;然后在工作面每部支架第二根后大力柱从下往上 0.6 m 处使用抱箍将一个 $\phi38$ mm 三通固定,在三通靠近采空区侧的出口处接一根 5 m(长度小于 4 m 时喷出的浆液容易流入支架后部,影响安全生产,若长度超过 6 m 时,该管路容易受到采空区浮矸挤压而被拉断,因此,该管的长度应根据各矿综放工作面特征而定)长的 2 寸焊管至采空区,2 寸焊管末端加工成"鸭嘴"形状;最后使用每根 2 m 长的 $\phi38$ mm 高压胶管连接相邻两部支架之间的三通,其中每 5 部之间设置一个区域控制阀门。

（2）注浆量计算

阿刀亥煤矿 11212 工作面平均月产煤量 12.5 万 t,根据中煤科工集团重庆研究院对阿刀亥煤矿 11212 工作面注浆量计算(表 11-2),及 11212 工作面特征表(表 11-3),我们可以得出该工作面每割一刀煤,注完每部支架对应的采空区需要注浆时间 1.905 min,因此注完工作面 187 部支架需要时间是 356.235 min,即 5 小时 56 分钟。

表 11-2   **11212 工作面注浆量计算**

名称	参数	名称	参数
工作面名称	11212 工作面	工作面月产量/(万 t)	12.5
煤的密度/(t/m³)	1.55	注浆系数	0.03
水土比	3	每天注浆时间/h	12
土壤密度/(t/m³)	2.6	浆液密度/(t/m³)	1.27
取土系数	1.1	水量备用系数	1.1
浆液制成率	0.88	注浆需土量/(m³/h)	6.72
制备泥浆需水量/(m³/h)	20.16	实际开采土量/(m³/h)	7.39
实际用水量/(m³/h)	266.13	实际灌浆量/(m³/h)	23.76
灌浆需土量/(m³/d)	80.65	制备泥浆需水量/(m³/d)	241.94
实际开采土量/(m³/d)	88.71	实际用水量/(m³/d)	266.13
实际灌浆量/(m³/d)	285.06	工作面注浆量/(m³/h)	24
设计注浆量/(m³/h)	60		

表 11-3   **11212 工作面技术特征表**

工作面长度/m	工作面支架宽度/m	工作面支架数量/台	工作面平均采高/m	原煤视密度/(t/m³)
58	1.5	40	2.2	1.55

注浆前、后效果对比:注浆前 11212 工作面上隅角 CO 浓度为 84 ppm,使用新型综放工作面防灭火注浆系统后 11212 工作面上隅角 CO 浓度下降到 12 ppm,注浆效果非常明显,保证了工作面的安全、高效地生产。

第三节　预防煤矿井下火灾的安全技术措施

阿刀亥矿所采煤层燃点低,自燃等级为 Ⅱ 级。井田内现存两处火区,即西部火区和东部火区,均为原地表小井开采时明火引燃所留。近几年,随着矿采区的延伸,火点的存在已严重制约着矿井正常生产布置和安全。2003 年发现至今,从未间断对火区的治理。现西部火区的地表明火已全部清挖,深部的火点也已通过地面打孔进行了圈定,采取注凝胶封闭,注粉煤灰、氮进行惰化,注水熄灭等措施对火区进行治理。目前,累计注水 8.6 万 m³,已取得阶段性效果。东部火区也已进行了地表剥离、打孔探查和注水熄灭。2006 年兴建了一座 800 m³/h 的制氮系统,不间断向采空区注氮,同时建立液态 CO_2 灭火系统防灭火。

一、预防井下火灾的措施

本矿井煤层均属易自燃煤层,故井下火灾是本矿井灾害预防的重点,设计采用综合预防煤层自然发火措施,对服务年限较长的煤层大巷,全部采用不燃性支护方式。井上下设置了消防系统,消防管路全部敷设到相关的巷道及硐室。在井上下设有消防材料库。

考虑本矿井的采煤方法,回采工作面及采空区管理采用灌浆为主、注阻化剂为辅防灭火系统预防煤层自然发火。煤层开采后,随着工作面的推进,及时对采空区进行灌浆和注阻化剂。灌浆灭火采用分散式地面灌浆系统。采完的工作面要及时密闭。

1. 灭火措施

根据本矿井开采煤层自燃倾向性,按照《煤矿安全规程》规定,本矿井设计采用综合预防煤层自然发火的措施,采空区防灭火设计采用灌浆防灭火和阻化剂防灭火措施,其中以灌浆防灭火为主,阻化剂防灭火为辅。并在井下配备灭火器等综合措施防灭火,工作面建立火灾预报束管监测系统,带式输送机硐室设 DMH 型自动灭火系统。

2. 煤的自燃预防措施

根据本矿井煤层自燃外部和内部条件,制定相应预防措施。现就针对开拓、开采、通风和监测等方面所采取的措施,分别叙述如下:

(1) 开拓方面的措施

① 合理的巷道布置系统

本矿井岩石普氏系数较小,所以本矿井大巷布置在煤层中,并进行了锚喷及刷浆以防煤层巷道与空气的充分接触。

② 控制矿山压力,减少煤体破碎

在采掘过程中尽量减少巷道裸露的时间,在部分顶底板来压较大的地方加强支护,减少顶底板来压对煤体的破碎,减少煤体与空气接触面。

③ 对巷道周边煤炭自燃防治的具体措施

a. 在掘进过程中,加强巷道支护。

b. 对巷道高冒区或空洞采取注浆充填措施。

c. 对巷道破碎区提前采取注浆措施。

d. 加强监测和预测,发现异常,再次采用注浆等防灭火措施。

(2) 开采方面的措施

工作面采用后退式回采;装备高档普采工作面,尽可能地提高推进速度和回收率;采煤工作面采到停采线时,必须采取措施使顶板冒落严实;采空区及时封闭。

采煤工作面正常生产时采用预防性灌浆,在工作面开切眼处、工作面推进速度减慢时、工作面停采前、撤架期间及封闭后采取的具体措施如下:

① 工作面开切眼的防火措施

a. 对工作面开切眼附近煤壁压注阻化剂。

b. 加快工作面设备安装速度和工作面初始推进速度。

c. 开切眼埋设灌浆管路。

d. 在工作面回风巷道预埋束管监测系统,取样分析采空区内的气体变化。

② 工作面推进速度减慢时的防火措施

a. 在工作面与运输巷道连接处隅角挂设风帘,减少向采空区漏风。

b. 在工作面与回风巷道连接处隅角堆设土袋(或砂袋),建立防火隔离墙。

c. 在工作面喷洒气雾阻化剂。

③ 工作面停采前、撤架期间和封闭后的防火措施

a. 在工作面距离设计停采线一段距离(可取 50~60 m)时,即开始在工作面喷洒气雾阻化剂。

b. 在工作面停采时,对采空区实施灌浆。

c. 在工作面停采期间,适当降低工作面风量。

d. 在停采后 45 d 内将工作面设备全部撤完,并完成永久性密闭。

e. 在撤架过程中,加强停采线回风流气体、温度监测和自燃危险性预测。

f. 工作面设备全部撤出后,在停采线以外进、回风巷道的适当位置建立防火墙,并留设观测孔。

g. 对封闭区进行灌浆处理。

h. 定期检测闭合气体、温度状况。

(3) 通风方面的措施

开采自燃煤层时,合理的通风系统可以大大减少或消除自燃发火的供氧因素,无供氧蓄热条件,煤是不会发生自燃的。所谓合理的通风系统是指矿井通风网络结构简单,风网阻力适中,主要通风机与风网匹配,通风设施布置合理,通风压力分布适宜。

本矿井通风系统为中央并列式通风系统,主、副斜井进风,回风斜井回风,通风方式为机械抽出式,配备轴流式通风机 2 台,1 台工作,1 台备用。

本矿井通风网络结构简单,通风设施布局合理,位置恰当,通风压力分布合理。

综上所述,本矿井的通风系统较为合理,大大减少或消除自然发火的供氧因素,无供氧蓄热条件,煤炭减少了发生自燃的可能性。

(4) 监测方面的措施

矿井选用一套 KJ325 型矿用安全监测系统,监测系统中设有 CO 传感器、温度传感器和报警装置,监测预报火灾情况。

带式输送机硐室设有 DMH 型自动灭火系统,以实现对火灾的连续监测、报警和自动洒水灭火,并接入矿井安全监测系统。

由于本矿井开采 Cu_2 煤层为自燃煤层,根据《煤矿安全规程》规定,井下应建立矿井火灾预报监测系统,本设计采用 ASZ-Ⅱ 型矿井火灾预报束管监测系统。该系统通过安全监测监控系统预留的接口并入矿井监测系统,可实时对矿井煤炭自燃火情进行监测。

① 在工作面设自燃发火观测点,并建立监测系统,建立自然发火预测预报制度。

② 在井下设置 ASZ-Ⅱ 型移动式火灾气体束管采样监测系统。

a. 系统组成:

该系统既具有原束管系统的功能,又克服了原束管系统的一些不足。系统经济实用,维护方便,适用于中小型矿井自然发火的预测预报,也适用于大型矿井高产高效工作面的自然发火预测预报及火灾治理过程中火灾信息的连续检测。该系统由以下三部分组成:抽气束管、抽气泵、采样柜。

b. 技术参数:

供电电压   660/380 V

功率   4 kW

供水量   1 m^3/h

抽气量   1.35 m^3/min

负压   −0.087 MPa

抽气距离   5 000 m

c. 操作步骤:

本系统按照配置图组装完毕检查无误后,操作使用步骤如下:

首先打开预抽取地点的气路进口控制开关,打开气水分离器的压力控制阀门并开至最大,防止真空泵电机过载启动。

打开水循环式真空泵注水开关,并保持供水量在 0.2 L/s。

启动真空泵运行,为抽取到采样地点的气体,需排出系统管路中残余其他气体,以免影响测量精度。根据不同采样地点管路长短的不同,估算出采样地点气体到达采样柜的走行时间。

采样气体到达采样柜后,逐渐关小气水分离器压力控制阀门(不可完全关闭),并通过监测压力表数值达到 0.05 MPa 时,采样柜取样口即有足够压力的气样排出以供收集。

d. 井下监测方案:

在进、回风巷道按一定间距布置束管采样器,采空区气体成分测定范围距工作面 150 m左右,约 50 m 设一个测点,保持采空区内部进、回风侧各设 3 个探头,上下巷道同时观测。

③ 地面色谱分析

井下通过束管采样仪采样并送至地面色谱分析,分析参数主要有:O_2、N_2、CO、CO_2、CH_4、C_2H_6、C_2H_4、C_3H_8。正常情况下,每天早班检测一次,工作面异常时,每班检测两次。鉴于矿方目前的技术力量状况,建议矿方将所采气体送交其他部门进行分析。

二、防灭火系统

(一)灌浆防灭火系统

1. 灌浆系统及方法

(1)灌浆系统

我国各煤矿使用的灌浆系统,基本上可以分为两大类:

① 集中灌浆:在地面工业场地或主要风井煤柱内设集中灌浆站,为全矿或一翼服务的灌浆服务。

② 分散灌浆:在地面煤层走向打钻孔网或分区打钻灌浆,地面有多个灌浆站,分区设灌浆站的系统。

为了节省投资和占地,便于灌浆和管理,本次设计采用集中灌浆系统,灌浆站布置在矿井工业场地内。灌浆系统为:灌浆管路由灌浆站通过注浆孔至主副井联络石门,与 +1 310 m 辅助运输大巷(一采区)、+1 310～+1 260 m 暗副井、+1 260 m 轨道运输大巷(二采区)、轨道下山、分层石门、工作面运输巷道,到达 Cu_2 煤层综放工作面。

(2)灌浆方法

我国煤矿现在使用的预防性灌浆方法有随采随灌和采后灌浆两种。

① 随采随灌:随采煤工作面推进的同时向采空区灌注泥浆,在灌浆工作中,灌浆与回采保持有适当距离,以免灌浆影响回采工作。

随采随灌适用于自然发火期短的煤层。

② 采后灌浆:在采区或采区的一翼全部采完后,将整个采空区封闭灌浆。采后灌浆仅适用于自然发火期较长的煤层。

本井田煤层自然发火期较短,故本设计选择的灌浆方法为随采随灌,在采空区上方埋管注浆和采空区洒浆,要求灌浆后能在采空区底板形成 5 cm 左右的泥浆层,即可防止浮煤发火,对工作面进行预防性灌浆。

2. 灌浆参数计算及选择

（1）灌浆站工作制度

灌浆站工作制度与矿井工作制度相同为 330 d，每天纯灌浆时间为 10 h，灌浆工作应与回采工作紧密配合。

（2）灌浆所需土量

$$Q_{t1} = K \cdot m \cdot l \cdot H \cdot C = 0.03 \times 15 \times 2.1 \times 32 \times 0.93 = 28.1$$

式中　Q_{t1}——日灌浆所需土量，m^3/d；

　　　K——灌浆系数，参照类似矿井取 0.03；

　　　m——煤层采高，m；

　　　l——工作面日推进度，2.1 m；

　　　H——灌浆区倾斜长度，32 m；

　　　C——采煤回收率，93%。

（3）日灌浆实际所需土开采量

$$Q_{t2} = \alpha \times Q_{t1} = 1.1 \times 28.1 = 30.91$$

式中　Q_{t2}——日灌浆实际所需土开采量，m^3/d；

　　　α——取土系数，取 1.1。

（4）灌浆泥水比

从我国部分矿井实际生产情况看，泥水比多为 1：3～1：7，考虑到该井田煤层埋藏较浅且灌浆管路长，本矿井灌浆泥水比取为 1：5。

（5）每日制浆水量

$$Q_{s1} = Q_{t1} \times \delta = 30.91 \times 5 = 154.55$$

式中　Q_{s1}——每日制浆用水量，m^3/d；

　　　δ——灌浆泥水比的倒数，5。

（6）每日灌浆用水量

$$Q_{s2} = K_s \times Q_{s1} = 1.15 \times 154.55 = 177.73$$

式中　Q_{s2}——灌浆用水量，m^3/d；

　　　K_s——用于冲洗管路防止堵塞的水量备用系数，取 1.15。

考虑到制浆工艺，制浆用水量考虑 20% 备用，则每日实际制浆用水量为 213.3 m^3/d，取为 214 m^3/d。

（7）每日灌浆量

$$Q_{j1} = Q_{s1} + Q_{t1} = 154.55 + 28.1 = 182.65$$

式中　Q_{j1}——日灌浆量，m^3/d。

本矿井设置两个综合放顶煤工作面，因此回采工作面的灌浆量为：182.65×2＝365.3 m^3/d

3. 灌浆材料

煤矿井下常用的灌浆材料一般多采用黏土、亚黏土、轻亚黏土等。本矿井地表为第四系黄土，设计灌浆材料考虑充分利用本矿地表的第四系黄土资源。

4. 泥浆的制备

（1）土源、水源及取土方式

本设计采用水力取土方式，从取土场直接利用高压水枪冲刷黄土取土制浆。

（2）灌浆站

① 灌浆站的形式

本设计煤层开采范围较大，矿井服务年限较长，为了便于灌浆和管理，设计采用固定式灌浆站。

② 灌浆站主要设施

a. 集泥池

为便于泥浆泵吸送泥浆，设计在取土场设置集泥池，集泥池上设箅子，池底有 5%～10%的坡度。

b. 泥浆搅拌池

搅拌池的容积按 2 h 灌浆量计算，设计池身长 20 m，宽 2 m，高 2 m。搅拌池分成两格，轮换使用，且向出口方向有 2%～5%的坡度，在泥浆出口处应设箅子。

（3）制浆主要设备

选用开滦 755 型水枪 2 台，1 台工作，1 台备用。

（4）泥浆制备

黄土被送入泥浆池浸泡 2～3 h 后，待土质松软即可进行搅拌，采用机械搅拌方式。泥浆浓度由供水管的控制阀调节。泥浆搅拌均匀后，经泥浆池出口通过两层孔径分别为 15 mm 和 10 mm 的过滤筛流入灌浆管，然后送入井下注浆点。

制浆用水利用井下排出的水处理后输入灌浆站清水池进行制浆。

（5）灌浆站制浆系统与工艺流程

水力冲刷表土制成泥浆，泥浆通过泥浆沟进入泥浆搅拌池经搅拌后通过箅子，进入灌浆管路，送入回采工作面。

5. 灌浆管道、泥浆泵选择

（1）灌浆管道

根据管路压力和泥浆流速的要求，经计算灌浆管路选用无缝钢管，+1 310 m 轨道运输大巷、+1 310～+1 260 m 暗副井、+1 260 m 轨道运输大巷主干管选用 $\phi114\times7$（内径为 100 mm）的无缝钢管，工作面运输巷道选用 $\phi89\times5$ 的无缝钢管，为了拆接方便，工作面回风巷和回风大巷管路采用快速接头。

生产单位在每次灌浆前后应用清水清洗管路，以免堵管。

（2）泥浆泵选择

根据灌浆所需的流量和扬程，设计选择 50PN 型泥浆泵 2 台，1 台工作，1 台备用。

（二）阻化剂防灭火

根据本矿的实际情况，矿井防灭火工艺选用机动性电动喷洒压注系统，在井下设置药液车（容量为 2 m^3）和注液泵，由 50.8 mm 铁管沿运输巷道和辅运巷道铺设到工作面，由注液泵加压后向工作面喷洒阻化剂。

电动喷洒系统如图 11-7 所示。

（1）阻化剂选择

考虑到货源充足，价格便宜，阻化率高（可达 80%），对井下设备和金属构件腐蚀性小，对人体无害等因素，设计选用工业氯化钙作为矿井防灭火阻化剂。

（2）参数计算

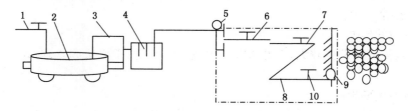

图 11-7　机动性电动喷洒系统示意图

1——供水管路；2——药液车；3——水泵上药液管；4——往复拉杆泵；5——压力表；
6——50.8 mm 输药液管；7——38.1 mm 输液胶管；8——喷洒管；9——喷枪；10——阀门

① 阻化剂溶液的浓度和密度

a. 阻化剂溶液的浓度

$$p = \frac{T}{C} \times 100\% = \frac{T}{T + W} \times 100\%$$

式中　p——阻化剂溶液浓度，%；

　　　C——阻化剂溶液量，kg；

　　　T——阻化剂用量，kg；

　　　W——用水量，kg。

设计确定本矿阻化剂溶液的浓度为 10%。

b. 阻化剂溶液的密度

此参数由实测取得，拟取 1.05 t/m³。

② 原煤的吸药液量和松散煤（浮煤）的密度

a. 原煤的吸药液量

此参数由实测取得，拟取 47 kg/t。

b. 松散煤（浮煤）的密度

此参数由实测取得，拟取 1.0 t/m³。

③ 工作面一次喷洒量

工作面每天喷洒一次量为：

$$G = K_1 \cdot K_2 \cdot L \cdot b \cdot h \cdot A$$

式中　G——按重量计算一次喷洒，kg；

　　　K_1——一次喷洒加量系数，取 1.2；

　　　K_2——松散煤（浮煤）的密度，t/m³；

　　　L——工作面长度，m；

　　　b——一次喷洒宽度，m；

　　　h——底板浮煤厚度，m，取 0.02 m；

　　　A——原煤（浮煤）的吸药液量，kg/t。

则工作面一次喷洒量为：

$G = 1.2 \times 1.0 \times 32 \times 4.0 \times 0.02 \times 47 = 144.38$ kg

工作面一次喷洒所需阻化剂用量为：

$G_阻 = 144.38 \times 10\% = 14.44$ kg

④ 巷道煤壁的喷洒量

$$G_0 = K \cdot L_0 \cdot A_0$$

式中　G_0——喷洒范围内巷道所需溶液的喷洒量，kg；

　　　K——喷洒加量系数，取 1.2；

　　　L_0——喷洒巷道的长度，取 1 400 m；

　　　A_0——巷道单位长度的吸液量，kg/m，取 2 kg/m（在实际操作时，需实测）。

则巷道喷洒量为：

$G_0 = 1.2 \times 980 \times 2 = 2 352$ kg

巷道喷洒所需阻化剂用量为：

$G_{阻} = 2 352 \times 10\% = 235$ kg

⑤ 巷道钻孔压注量

$$G_1 = K \cdot S \cdot n \cdot A_1$$

式中　G_1——钻孔压注范围内所需的溶液压注量，kg；

　　　S——压注范围内的巷道煤壁面积，m^2，取 6 000 m^2；

　　　n——钻孔数目，个/m^2，取 0.5 个/m^2；

　　　A_1——钻孔的平均压注量，kg/个，取 25 kg/个（在实际操作时，需实测）；

　　　K——喷洒加量系数，取 1.2。

则巷道钻孔压注量为：

$G_1 = 1.2 \times 6 000 \times 0.5 \times 25 = 90 000$ kg

巷道压注所需阻化剂用量为：

$G_{阻} = 90 000 \times 10\% = 9 000$ kg

（3）喷洒设备

选用 WJ-24-2 型阻化多用泵，主要技术指标：工作泵压 0.2～2.5 MPa，最大射程 15 m，阻化溶液喷射量为 11～40 L/min，Y90L2 型防爆电机 2.2 kW，380/660V，体积 1 500 mm×400 mm×450 mm，质量约 65 kg。每个综放工作面配备 1 台。

（三）束管监测系统

（1）系统的组成

束管监测系统是利用真空泵，通过一组空心塑料管将井下监测地点的空气直接抽至分析单元中进行监测，由采样器、接管箱、放水器、除尘器、抽气泵、采样控制柜和分析单元组成。

（2）ASZ-Ⅱ型束管监测系统

本矿井采用 ASZ-Ⅱ型束管监测系统，系统通过束管取样，利用安在地面上的抽气泵、各种气体分析仪器以及微机，连续监测井下巷道、采空区、密闭中的 CO、O_2、CO_2、CH_4 等气体组分浓度，根据 CO 变化趋势和格雷哈系数，早期预报煤炭自燃预兆。

（3）观测站、移动和临时观测站的布置

在采区回风巷、工作面的进、回风巷各建立一个观测站，并符合井下测风站的要求，观测站的位置应使进风观测点能够控制全部进风流，回风观测点能够控制全部回风流；移动观测点布置在工作面进回巷内距工作面 10～20 m 处，临时观测点布置在工作面老空区或有异常现象的区域。

束管监测系统可并入矿井集中监测监控系统,作为矿井集中监测监控系统的一个子系统。

三、液态 CO_2 防灭火安全技术措施

（一）液态 CO_2 灭火系统简图（图 11-8）

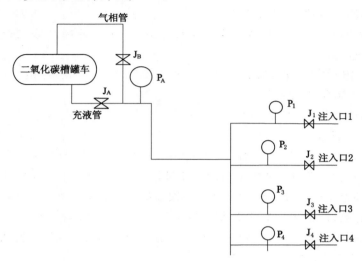

图 11-8　液态 CO_2 灭火系统简图

（1）J_A 低温截止阀 A:公称压力 2.5 MPa,注入口 3。

（2）J_B 低温截止阀 B:公称压力 2.5 MPa,注入口 4。

（3）P_A 压力表:耐低温 -50 ℃,量程 6.0 MPa。

（4）P_1、P_2、P_3、P_4 压力表:均为耐低温 -50 ℃,量程 6.0 MPa。

（5）J_1、J_2、J_3、J_4 截止阀:均为耐低温 -50 ℃,公称压力 6.0 MPa。

（6）二氧化碳管线材质为 Q235 无缝钢管,通径 55 mm,管壁厚≥5 mm。

（7）按管路长度配备相应法兰、金属垫片、法兰连接高强度螺栓等配件。

（二）液体二氧化碳注入程序

（1）要求井下管线按图加装压力表、截止阀、安全阀等附件。

（2）对井下管线、附件进行安全性、气密性检查。

（3）完善准备工作,通知 CO_2 槽罐车到场,使用气相管对管线进行置换、吹扫。

（4）置换完毕,对灭火系统管线缓慢进行升压至 1.8 MPa 左右,保压 20 min 检查管线及各附件的气密性,是否存在泄漏、降压现象。

（5）系统试压结束后,开始由 CO_2 槽车注入液体 CO_2。

（6）液体 CO_2 注入结束后由槽车气相对管路进行吹扫,保证管路中不留液体。吹扫完毕,整个注入二氧化碳程序结束。

（三）具体操作方法

做好前期准备工作,进场人员安全技术交底,确保人员到位、通信畅通、应急措施完备、井下警戒工作到位。

在二氧化碳管线保压的状态下,缓慢开启 CO_2 储罐出液控制阀,向管线缓慢注入液体

CO_2,密切观察管道内液体 CO_2 气化升压程度,同时缓慢打开井下末端注入口截止阀开始注入。确定管线注入口压力在 $1.6\sim2.0$ MPa 内,打开注入口截止阀,并向地面指挥人员报告压力、流量等。正常开始注入后,井下人员撤离到安全区域观察,配备正压式呼吸器防止 CO_2 泄漏缺氧。液体二氧化碳注入完毕,关闭 CO_2 槽罐车出液控制阀,打开 CO_2 槽车气相截止阀对整个灭火系统管线进行吹扫,确保管线内 CO_2 液体吹扫干净。吹扫完毕,二氧化碳管线泄压至常压,注入结束。

第四节　井下防灭火技术发展趋势及未来展望

煤炭工业是国民经济和社会发展的基础产业,煤炭工业的可持续发展直接关系着建设全面小康社会目标的实现和国家能源安全。我国煤矿安全生产危险源多、灾害严重的形势非常严峻,煤矿百万吨死亡率与国外相比,差距很大。"十二五"期间,全国 657 处重点煤矿中,有煤层自然发火倾向的矿井占 54.9% ,经验发火期在 3 个月以内的矿井占 50% 以上,每年自燃形成的火灾近 400 次,煤自燃氧化形成火灾隐患近 4 000 次,仅我国北方煤田累计已烧毁煤炭达 42 亿 t 以上。煤矿火灾防治及其继发性灾害的防控技术,对煤矿的安全生产具有非常重要的意义。

一、中国煤矿火灾防治技术的现状

我国从 20 世纪 50 年代起在煤矿推广灌浆防灭火技术,60～70 年代对均压通风防灭火技术、阻化剂防灭火技术、泡沫防灭火技术进行了研究应用;80～90 年代研究了自燃火灾预测预报技术、惰性气体防灭火技术、凝胶防灭火技术、火区快速密闭技术、堵漏风技术、带式输送机火灾防治技术、内外因火灾监测监控技术等;90 年代以后主要集中在原有防灭火技术装备性能提升以及新型防灭火材料研制等方面。煤矿火灾防治技术经过 50 余年的发展,已形成了火灾预测、监测、预防、治理相结合的综合火灾防治技术体系,并且在灾变时期风流流动及控制、救灾决策辅助系统、灾后抢险救灾技术等方面取得了较大进展。

二、煤矿火灾监测技术

煤矿火灾是一种非控制性燃烧,其发生发展过程中表现出了一些宏观特征及规律性,人们往往利用这些特征及规律来进行火灾危险性识别,即煤矿火灾监测。煤矿火灾早期监测技术主要有气体分析法和测温法,最常用的监测特征参数有气体、温度及烟雾等。

气体分析法的监测手段主要有检知管、气体传感器、便携仪表及色谱分析仪等。检知管操作手段落后,自动化程度低;气体传感器具有体积小、电信号输出、使用方便等特点,但多数气体传感器的稳定性、灵敏度和寿命尚有不尽如人意的地方;色谱分析法是气体分析的最精确、稳定和可靠的方法。20 世纪 70 年代初,煤炭科学研究总院抚顺分院首先将气相色谱技术应用于煤矿气体分析,突破了原有单一 CO 指标及其派生指标的缺陷,创新性地提出了以 CO、C_2H_4 、C_2H_6 、链烷比、烯烷比等为主指标的综合指标体系,并以典型煤种为例,提出了褐煤、长焰煤、气煤、肥煤、焦煤、瘦煤、贫煤、无烟煤八大煤种的标志气体优选原则。在众多矿井火灾早期监测中得到实际应用,收到了良好的效果。

测温法也是煤自然发火监测的常用方法,主要用于煤层巷道异常点温度的监测。测温法可分为 2 类:① 直接用检测到的温度值进行预报或报警;② 通过监测点温度的变化特性进行预报。温度监测用的传感器主要有热电偶、测温电阻、半导体测温元件、集成温度传感器、热敏材料、光纤、红外线、激光及雷达波等。其中热电偶、测温电阻、半导体元件、热敏材料和便携式激光测温仪表得到较广泛的普及,而红外热成像、雷达探测等因受穿透距离、地质构造等因素的影响应用受到一定限制。"十一五"期间,我国在热敏电缆温度监测技术和光纤温度监测技术方面进行了研究,其装置可用于多个地点的火灾早期监测。

三、几种常见的防灭火技术

(1) 灌浆防灭火技术

灌浆防灭技术的原理是通过浆液包裹煤块保水增湿减缓煤体氧化速度、浆体固化沉淀物充填煤体缝隙隔绝漏风阻止氧化来达到防灭火的效果。按与回采工艺关系灌浆方法可分为采前预灌、随采随灌、采后灌浆;按实施方法可分为埋管灌浆、钻孔灌浆与工作面洒浆。灌浆防灭火技术是我国煤矿普遍应用和行之有效的方法,传统的灌浆材料主要用黄土,从20世纪80年代开始,对黄泥灌浆的代用材料如页岩、矸石、电厂粉煤灰等材料进行了应用性研究,并在芙蓉、兖州、开滦、平顶山、抚顺等矿区进行了推广。

(2) 均压防灭火技术

均压通风防灭火技术就是采用通风的方法减少自燃危险区域漏风通道两端的压差,使漏风量趋近于零,从而断绝氧源起到防灭火的作用。常用的风压调节技术主要包括:风门、风窗调节法,风机调节法,风机、风窗调节法,风机风筒调节法,气室调节法,调整通风系统法等。这些具体措施,从调节后的风压变化情况来看,实质上可分为两种类型,即增加风压的措施和减少风压的措施,或者分为增压调节法和减压调节法;根据作用原理、使用条件不同,均压技术大体可分为两类:开区均压和闭区均压。我国自20世纪50年代初开始研究和应用均压通风防灭火技术,先后在全国许多煤矿进行了实践。1984年由波兰专家、煤炭科学研究总院抚顺分院与大同矿务局煤峪口矿,共同协作在该矿采用了大面积均压通风防灭火技术,防治了大面积火区,安全采出煤炭超过150万t,取得了良好的效果。在煤矿的正常开采过程中均压通风已经成为一项系统的、常规的、行之有效的矿井防灭火技术措施。

(3) 阻化剂防灭火技术

阻化剂防灭火技术是指利用阻化原理将具有阻化性能的药剂送入拟处理区,利用阻化剂的负催化作用,煤炭经阻化处理后,在煤炭表面上形成一层能抑制氧与煤接触的保护膜,阻止了氧气和煤结构上的活动链环的羧基反应,使煤炭和氧的亲和力降低,阻化剂有一种主动排斥氧和煤化合的功能,但它并不和煤、氧等物质化合,从而达到防灭火的目的。目前常用的阻化剂主要是氯化物,阻化剂防灭火技术包括:① 喷洒阻化剂防灭火技术,是将含有阻化剂的水溶液均匀喷洒到煤体表面,以达到防灭火的目的;② 气雾阻化防灭火技术,是将受一定压力下的阻化剂水溶液通过雾化器转化成为阻化剂气雾,气雾发生器喷射出的微小雾粒可以以漏风风流为载体飘移到采空区内,从而达到采空区防灭火的目的。1974年,煤炭科学研究总院抚顺分院开始研究阻化剂防灭火技术,并于沈阳、平庄等地实验成功。20世纪80年代又在铜川矿务局试验成功采空区气雾阻化技术。阻化剂防灭火技术由于其成本低、工艺简单,在全国范围内得到了广泛应用。

(4) 泡沫防灭火技术

泡沫防灭火技术是以化学方法产生膨胀惰性泡沫,以进行防灭火处理的一种技术手段。由于其可堆积、流动性好,并且有一定的固泡时间,所以更适用于深部高温区域的防灭火工作。常用的泡沫防灭火技术有化学惰性气体泡沫防灭火技术和三相泡沫防灭火技术。化学惰性气体泡沫防灭火材料由多种原料组成,其原料皆为固态粉状,井下灭火时一般采用钻孔压注方法将其溶液注入自然发火的区域。发生化学反应生成的惰性气体泡沫可迅速向周围空间、漏风通道及煤壁裂隙扩展,充填火区空间,窒息火区,而且惰性气体泡沫具有较好的稳定性,可以起隔绝空气的作用。此外,化学惰性气体泡沫的落液还具有较高的阻化能力,可以有效地抑制残煤的复燃,从而达到防灭火的目的。三相泡沫由液体膜、固体粉末和气体组成,并可添加无机固体干粉以增加其固化性能。无机固体三相泡沫用于防灭火充填封堵作业时,可适当增加固体废弃物用量以降低成本,适当提高流动性,使之能被压入所有漏风通道堵住漏风。而用于高顶垮落空洞防灭火充填作业时,应减少固体废弃物的添加量,提高凝固速度以缩短无机固体三相泡沫的凝胶时间,以利于无机固体三相泡沫的堆积,从而密闭支护空洞,使着火点熄灭。含惰气的无机固体三相泡沫不仅有普通无机固体三相泡沫的作用,并且在破泡时能释放出惰性气体,稀释该地点瓦斯、氧气等浓度,促进着火点窒息,防止瓦斯爆炸 。

（5）惰化防灭火技术

惰化防灭火技术是指将惰性气体送入拟处理区,达到抑制煤自燃或扑灭已生火灾的技术,按惰性气体的种类可分为氮气防灭火技术、燃油惰气防灭火技术和 CO 防灭火技术。

氮气防灭火技术是集约化综采及综放开采条件下采空区防灭火的主要技术手段。按工作原理分,制氮装备有深冷空分、变压吸附和膜分离 3 种,根据安装与运移方式不同,后 2 种又设计成井上固定、井上移动和井下移动 3 种。原生煤体独立工作面的注氮方式有拉管式、埋管式和钻孔式 3 种,无煤柱开采的复合采空区通常采用旁路式注氮方式。我国于 20 世纪80 年代进行了氮气防灭火技术的研究,1983 年天府矿务局进行了罐装液氮入井灭火试验,1987 年抚顺龙凤矿利用井上氧气厂氮气防治综放工作面采空区自燃,1992 年西山矿务局杜儿坪矿利用井上移动式变压吸附制氮装置制氮防治近距离煤层群自燃,1995 年兖州兴隆庄矿利用井下移动式膜分离制氮防治无煤柱开采邻近工作面采空区自燃。从目前看,氮气防灭火系统仍落后于综采、综放开采技术的发展,应进一步提高制氮装备的稳定性和可靠性,研制采空区氮气浓度自动监控与制氮装置联动系统,并完成信号自动分析与传输,优化注氮工艺,使氮气防灭火系统更加完善。

燃油惰气灭火技术主要用在当发生外因火灾或因自燃火灾而导致的封闭区,以民用煤油和空气为原料,经过急剧的化学反应,形成惰性气体产物（主要成分是 CO_2 及少量的 O_2、微量 CO、水蒸气等）,然后将具有一定压力的惰气注入预处理区,达到防灭火的目的。煤炭科学研究总院抚顺分院于 20 世纪 80 年代初研制成功煤矿专用的燃油惰气发生装置。但燃油惰气防灭火技术还有一些关键问题需要进一步解决,如惰气的纯度、温度,装备的稳定性,远距离操作性等。CO 防灭火技术是利用 CO 发生器或液态 CO 对预处理区进行防灭火的技术,利用 CO 分子量比空气大、抑爆性强、吸附阻燃等特点,可在一定区域形成 CO 惰化气层,对低位火源具有较好的控制作用,并能压挤出有害气体以控制灾区灾情,该技术特别适用于电气设备和精密、昂贵仪器的火灾,灭火后不会对仪器设备造成污染性的损失。但对于复杂地质条件或不明高位火源点,其应用则受到了限制。

（6）凝胶防灭火技术

凝胶防灭火技术是 20 世纪 70 年代以来研究出的一项防灭火新成果,适用于处理巷道帮、顶、高温区域、撤面期间的自燃隐患以及火区治理。凝胶防灭火技术应用于防火时起到覆盖、堵漏、隔氧、阻化的作用，应用于灭火时起到降温、覆盖、堵漏、隔氧、防复燃的目的。凝胶主要由基料、促凝剂和水组成，把所选择的基料和促凝剂按一定比例配成水溶液，再按一定比例均匀混合后，发生"胶凝作用"化学反应，形成无流动性、半固体状的凝胶。凝胶防灭火技术应用于现场主要有普通硅酸凝胶、无氨凝胶、复合凝胶、分子结构型膨胀凝胶、粉煤灰胶体等配方方案。其中普通硅酸凝胶是应用最广泛的一种凝胶，成本低，但承压强度低且成胶时会释放出 NH；无氨凝胶选用无氨促凝剂作为铵盐的替代品，无毒无害；分子结构型膨胀凝胶以水玻璃为基料，加入膨润土等添加剂，增加了胶体的热稳定性、可塑性和吸湿性，且具有二次成型的特点；复合凝胶是由基料、促凝剂、增强剂和溶剂按一定比例混合后，经一定时间形成的复合凝胶胶体；粉煤灰胶体即在普通凝胶中添加粉煤灰，由于粉煤灰比表面积大，均匀分散在水中形成泥浆，与胶体间形成多种化学键和分子间力，增加了胶体强度，并减缓脱水速度。

（7）堵漏风防灭火技术

堵漏风防灭火技术用于采空区密闭堵漏风、隔离煤柱裂隙堵漏风、无煤柱工作面巷道巷帮隔离带堵漏风等多个场合，初期的堵漏防灭火措施主要为灌注黄泥浆、砂浆等，近年来研究成功了各种性能优良的新型充填堵漏材料，如无机固化粉煤灰、轻质膨胀快速密闭堵漏材料等。无机固化粉煤灰充填防灭火技术指以粉煤灰为主料，添加固化激发剂、硬化速凝剂和水，增加粉煤灰的活性，在高水分含量下实现流动性灌注粉煤灰浆体，并控制其固化速度，以实现防灭火的目的。无机固化粉煤灰经济成本低，堆积能力强，固化以后不脱水（或少脱水），初凝时间和固化强度可调，具有堵漏、防火、灭火、防复燃、充填支撑等功能，可用于防治巷道高冒、空洞、沿空巷道帮、溜煤眼、联络巷、停采线、采空区等地点煤炭自然发火。快速密闭封堵漏风是煤矿井下灭火时的最关键和基本的手段。煤炭科学研究总院抚顺分院于20世纪70年代用聚氨酯材料研制成功封闭火区用的快速临时密闭，后期又研制出闭孔率高、气密性好的轻质膨胀型高分子化学合成材料，具有黏结性强、保温、防震、防渗水、隔潮等优点。可作为煤矿封闭堵漏应用，还可广泛应用于建筑工程中的防渗水、隔潮等作业环节。

（8）综合防灭火技术

煤矿火灾防治是一系列措施方案组成的综合技术体系。矿井防灭火技术的实施必须面对复杂的矿井地质条件、多变的人员作业条件、艰巨的现场工程条件以及不可确知的火源或发火隐患变化条件等方面的制约，往往采取单一技术方法不能取得理想的防灭火效果，为此，必须因地制宜，采取综合防灭火措施，即将几种防灭火技术手段有机地结合起来，可达到最佳的防灭火效果。

目前，在煤矿生产实践中，"以防为主"的防灭火原则基本得到了贯彻，并逐渐形成了火灾预测、监测、预防、治理相结合的综合火灾防治技术体系。

四、防灭火技术发展趋势

（1）加强应用基础研究，为创新防灭火技术的开发奠定理论基础

煤矿火灾的发生发展是一极其复杂的演化过程，并且处于受限空间的巷道网络系统中，具有复杂性和特殊性，因此基础性的应用型研究工作对于煤矿防灭火技术的创新与开发具有十分重要的意义。比如煤矿火灾演化过程规律及其定量指标，煤最短自然发火期快速量化测定技术的理论依据及关联评价方法等。

（2）突破关键技术，在防灭火新材料及专用装备方面更具有针对性

　　有针对性、实用性的防灭火材料、技术、工艺与装备是煤矿防灭火工作的重要保障,深入开展无毒生态型防灭火新材料及专用装备、隐蔽火源精确探测技术与装备等方面的研究,取得关键技术突破,才能根本性提升煤矿防灭火技术水平。

　　(3) 开发灾变应对技术,控制煤矿火灾的扩大与继发性灾害的发生

　　煤矿火灾引发大量有毒有害气体的生成与蔓延,严重威胁着矿井通风系统的安全,并存在进一步诱发瓦斯(煤尘)爆炸(燃烧)重大灾害的可能。因此,必须深入研究煤矿火灾灾变气体蔓延规律及其与瓦斯灾害的转化机制,开发基于矿井网络系统的快速应变技术与专用装备,控制煤矿火灾的扩大与继发性灾害的发生。

　　(4) 立足系统安全,实现矿井防灭火系统的动态分析与控制

　　煤矿防灭火技术的设计、实施与实现是一项复杂的系统工程,并关联与人机环境。从系统工程的角度,将防灭火预测预报、监测监控等煤矿火灾不同时期的防治技术有机地结合起来,实现从矿井通风系统防火设计到矿井防灭火技术方案实施的全矿井防灭火系统的动态分析与控制。

　　煤矿火灾是制约煤矿安全生产的主要灾害之一,煤矿火灾防治技术及其继发性灾害的防控技术,对煤矿的安全生产具有非常重要的意义。中国煤矿火灾防治技术经历了多年的发展,在煤矿火灾监测、灌浆防灭火、均压防灭火、阻化剂防灭火、泡沫防灭火、惰化防灭火、凝胶防灭火、堵漏风防灭火技术方面取得了多项科研成果,已逐渐形成了火灾预测、监测、预防、治理相结合的综合火灾防治技术体系。

　　煤矿防灭火技术的设计、实施与实现是一项复杂的系统工程,只有通过加强应用基础理论研究,开发适用性防灭火材料、技术、工艺与装备,有效控制煤矿火灾扩大与继发性灾害,将各种技术有机地结合起来,才能实现全矿井防灭火系统的技术创新。

第十二章　阿刀亥煤矿急倾斜特厚煤层"三环一化"安全管理体系

"三环一化"安全生产循环制约管理,就是利用责任倒追机制和循环制约理论科学组织生产,使各单位之间互相配合,相互制约,以解决现场安全隐患排查不到位、人员出勤不稳定、管理人员对工作面实际情况了解不充分、对现场任务安排不合理、对工作面设备状况认识不足、检修不到位、生产过程中备品备件不足、辅助区队主动服务意识不强、互相扯皮等问题,实现生产活动计划、安全目标明确化、生产任务具体化,理顺工作质量和职工收入之间的关系,出现工作失误按照"遵章高效必奖,违规失误必究"的原则量化考核,核减或赔付工资。该体系是煤矿安全生产的理论创新成果和实践经验的总结,对推动高产高效矿井建设、实现安全生产,具有非常重要的意义。

第一节　区科之间"大循环"制约

一、大循环制约管理的内涵

煤矿安全生产都离不开设计、施工、通风抽采及安装准备、安装、采煤、拆除、封闭这7个环节。大循环制约管理就是从工程设计开始,施工、通风抽采及安装准备、安装、采煤、拆除、封闭7个环节的全过程闭合循环制约管理,业务科室同时服务于这七个环节。矿井工程设计要求提前下发到施工区、队,开掘工作面施工及安装前准备工作完成后移交安装区,安装队组进行工作面的安装工作;工作面安装完成后移交采煤队回采;工作面回采、收尾后移交安装区拆除工作面;工作面拆除完成后移交通风区对工作面进行封闭,完成一个闭合的大循环。各循环过程都要求按照规定的时间、规定的标准完成,各业务科室同时做好对各个环节的业务保障工作。大循环如同自行车的链条一样,每项工作环环相扣,相互连接,其目的是使各个环节的工作达到目标要求,不影响下个环节。

大循环制约管理主要是利用区、科之间的相互制约机制,各生产区(科)、业务科室在分管范围内各负其责,相互创造条件,互不影响工作。大循环制约管理就是利用经济和问责手段,使各个环节的各个责任主体主动做好各自的工作,从而实现工作主动化,充分调动各单位的主观能动性。大循环制约管理在运行过程中主要由下一环节责任主体对上一环节责任主体的工作完成情况进行考核和验收,如上一环节达不到下一环节施工要求,则要求上一环节责任主体对下一环节责任主体进行工资赔付;各业务科室影响一线生产区队生产的,由业务科室赔付生产区队工资,促进各区、科之间的密切配合、主动工作,不推诿扯皮。各区、科责任主体的工作未完成,影响其他区队责任主体的工作时,同时追究相关单位及领导责任。供应、机电部门每月底根据月度生产衔接计划,按计划做好下月各队组所需资料、设备、配件的供应工作,因无货或设备材料配件不合格影响生产的,按小时赔付工资。例如,开掘工作面施工及安装前准备工作,要求按采煤工作面衔接要求预留安装时间,如果没有按时完成,那么采煤工作面的接面时间,就随着顺延,则应追究相关责任主体单位及领导的责任。安装区未按规定时间完成工作面安装,造成工作面不能正常衔接的,追究安装区队主体及领导责任。

大循环制约管理不设定额定允许影响时间,按实际影响时间考核,赔付工资要落实到具体队组或责任人。

大循环制约管理主要是从矿井宏观角度出发,是区、科层面上的制约管理,主要是对各区、科工作质量的制约管理,对个人的行为规范没有更多的要求。

二、大循环制约管理的目标

大循环制约管理主要是立足于企业安全生产的宏观视角,是对采掘衔接、生产系统、生产布局、生产技术服务、材料设备供应以及工作面交接等大环节的制约管理,以确保矿井衔接正常、系统可靠、布局合理、各业务科室服务到位。

阿刀亥煤矿自实施"三环一化"安全生产循环制约管理以来,制定了生产过程中每一个环节和工序的标准,并将验收的主要权利交给了下一个环节的责任主体。大循环各环节工程施工完毕后由各专业副总牵头组织进行验收,验收要以专题纪要形式下发各相关单位,纪要明确工作面存在问题、整改单位、整改时间、质量要求等内容。规定期限内未整改完或由于衔接要求提前撤离的属于遗留工程量。井巷工程由掘进副总或开拓副总组织验收,工作面安装前由机电副总组织验收,工作面回采前由采煤副总组织验收,工作面拆除前由机电副总组织验收,工作面通风抽采工程及封闭前由安全副总组织验收。大循环制约管理旨在通过环环相扣的责任倒追机制,推动工资由工作不力的单位向工作出色的单位流动,通过收益的再分配,调动各责任主体及所属员工的工作的积极性、主动性,最终保障各环节安全、优质、高效施工。

三、大循环制约管理的流程

大循环制约管理是从工程设计开始,施工、通风抽采及安装准备、安装、回采、拆除、封闭7各环节的全过程闭合循环预约管理,其运行流程如图12-1所示。

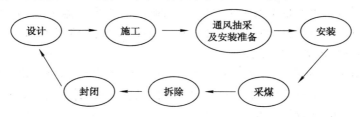

图 12-1　大循环制约流程图

四、大循环制约管理各环节的具体要求

阿刀亥煤矿对于大循环制约管理过程中的"工程设计、工作面施工、通风抽采与安装准备、设备安装、工作面回采、工作面拆除、工作面封闭"7个环节均提出了明确的具体要求。单位间工资赔付考核内容如表12-1所列,责任领导工资核减考核内容如表12-2所列。

表 12-1 　　　　　　　　　　　　大循环制约单位间工资赔付考核表

日期

影响单位	被影响单位	遗留问题及工程量	赔付工数	赔付工资	合 计

注：

生产副矿长：　　　　副总工程师：　　　　调度主任：　　　　劳资科长：

表 12-2 　　　　　　　　　　　　大循环制约责任领导工资核减考核表

日期

责任领导	所在单位	核减原因	核减工数	核减工资	合 计

注：

生产副矿长：　　　　副总工程师：　　　　调度主任：　　　　劳资科长：

（一）工程设计

设计是矿井生产的源头，对安全生产至关重要，但在实际工作过程中，设计有时是保守的、不到位的，或者说不是最优的，这些都给安全生产工作带来了不利因素。矿井的设计分为大设计和小设计。大设计是由生产技术科牵头，地测科、机电科、通风区、抽采区、安装区等相关单位配合所作的设计；小设计是由各区、科技术主管和队组技术员所作的设计。

工作面施工前，由生产技术科牵头完成工作面设计，下发到施工区、队及有关科室。施工过程中，生产技术科要根据实际情况，必要时对设计及时进行补充修改。阿刀亥煤矿对于设计环节作了如下具体规定与要求：

（1）生产技术科负责牵头完成采区设计和工作面设计，报集团公司审批后，下发到施工区、队及有关科室。施工过程中，生产科要根据实际情况，对设计及时进行补充完善；工作面安装前根据工作面实际情况，修改完善工作面安装设计。

（2）地测科负责及时提供设计所需的有关地质、测量及水文资料，对地质情况、水情水患、瓦斯涌出、煤层自燃等情况作出详细说明，并负责探放水设计和防治水安全评价。

（3）通风区负责工作面掘进及回采通风系统、防尘、防灭火、监测监控设计和"一通三防"安全评价。

（4）抽采区负责工作面瓦斯抽采设计及抽采管路安装设计。

（5）机电科负责工作面设备选型配套、供排水及供电系统设计。

（6）设计要充分考虑地质构造情况，通过多方案比较，选择最优方案，最大限度增加工作面储量，尽可能地减少无效进尺。

（7）设计要充分考虑通风、运输、抽采、供电、供排水、供风等系统，确保系统合理可靠。

（8）设计要充分考虑施工方法及工艺，为施工创造条件。

（9）工作面设计实行会审制度，提前20天下发到施工单位。

工程设计所需资料必须由资料提供人员、分管技术的副科长和科长签字后交生产技术科。由于设计资料提供不及时，影响设计工作的，对提供资料单位的责任人、分管技术的副科长、科长按50元/人/天核减工资。由于设计资料提供错误，造成设计失误或施工错误的，由总工程师组织追查，对提供资料单位的责任人、分管技术的副科长、科长按照《阿刀亥矿技术管理责任追究制度》严格进行责任追究。

由于设计不到位，影响工作面正常施工的，根据影响时间生产技术科按200元/小时赔付被影响单位工资；生产技术科科长、分管设计的副科长负领导责任按50元/人/天核减工资。因设计影响采掘工作面正常衔接或者设计出现严重错误，由总工程师组织追查，按照《阿刀亥矿技术管理责任追究制度》严格追究相关人员和领导责任。

由于地测工作不到位或出现失误影响采、掘一线正常生产的，地测科按200元/小时赔付被影响单位工资；地测科科长、分管副科长负领导责任按50元/人/天核减工资；出现严重失误时，由总工程师组织追查，按照《阿刀亥矿技术管理责任追究制度》严格追究相关人员及领导的责任。

（二）工作面施工

施工区、队要根据设计、采掘衔接时间及掘进安全质量标准化要求组织施工，完成巷道掘进及工作面安装前准备工作。工作面竣工验收后，仍由所辖采区负责管理，安装前移交安装区，安装期间由安装区管辖。阿刀亥煤矿对施工环节提出了以下具体要求：

（1）施工队组全面负责工作面施工管理，要求按规定衔接时间竣工。

（2）施工队组所属区、科技术主管负责牵头组织技术人员提前两周编写并审批完毕"作业规程"或"安全技术措施"。

（3）施工队组严格按照设计、作业规程（措施）及"生产矿井安全质量标准化标准"要求组织施工，施工过程中对出现的问题，及时对设计方案提出修正意见，尽可能为下一步的安装创造条件。

（4）施工区、队要根据本工作面的接替时间组织工作面掘进及安装前的准备工作，留足安装、通风抽采工程时间。由于生产衔接要求，通风、抽采工程需要与掘进工程同时施工时，参照小循环制约管理考核办法考核。劳资科要根据设计及掘进工程量核定工资总额，实行工资总额承包。

（5）施工区、队在工作面掘进和安装前的准备工作完成后，要对工作面验收纪要中提出的问题限期进行整改，高质量地移交抽采区或安装区；无特殊原因推迟交面时间造成工作面衔接不上的，由分管矿领导组织追查，按照有关规定严格追究相关区、队领导责任。安装区接面后2日内由于开掘区、队的原因，影响工作面正常安装的，施工区队按200元/小时赔付安装队组工资；区、队正职及分管副职负领导责任按50元/人/天核减工资；具体责任人由施工区队自行落实，按50元/人/天核减工资；遗留工作量由劳资科核定工资，从所属队组当月工作中核减，支付给施工队组。

（三）通风抽采与安装准备

阿刀亥煤矿对于通风抽采与准备工程环节提出了以下具体要求：

（1）施工区、队负责完善责任区内工作面安装前运输、供排水、供电及两巷防尘、防灭火等系统,按照工作面移交管理办法移交工作面。移交时,两巷风水管、里程碑等一并移交抽采区或安装区。

（2）通风区负责构筑通风设施,完善通风、安全监测监控系统;牵头完成工作面安装前通风系统验收工作。

（3）抽采区负责工作面移交后瓦斯抽采钻孔施工、瓦斯管路安装等工作,形成抽采系统,保证回采前瓦斯抽采达标。

（4）机电科负责根据衔接时间组织设备到矿,并做好设备入井前验收工作。

（5）安装区根据衔接要求制订安装所需材料设备计划及安装工期计划,并报送有关单位。

（6）机电科、供应科根据安装设备、材料计划组织设备材料供应。因供货不及时或设备、材料、配件严重不合格影响生产队组正常生产的,由分管矿领导组织追查,影响单位按照300元/小时赔付被影响单位工资;科正职和分管副职负领导责任按50元/人/天核减工资;具体责任人由影响单位自行落实,按50元/人/天核减工资。

（7）通风区、抽采区根据安装接面时间认真组织通风、抽采工程的施工,保质保量完成通风及瓦斯治理工程按时完工,因推迟交面时间造成工作面衔接不上的,按有关规定追究相关区、队领导责任。影响工作面安装或回采的,通风、抽采队按200元/小时赔付安装或采煤队组工资;区、队正职及分管副职负领导责任按50元/人/天核减工资;具体责任人由影响单位自行落实,按50元/人/天核减工资;遗留工作量由劳资科核定工资,从所属队组当月工资中核减,支付给施工队组。

（四）设备安装

在安装环节,必须对设备进行安装前的检查验收,确保安全可靠,阿刀亥煤矿对设备安装环节作出了如下明确要求:

（1）安装区负责工作面设备安装,按规定衔接时间及安装安全质量标准化要求完成安装任务,并完成工作面调试工作,达到正常生产条件,调试合格后移交采煤队。

（2）由机电副总工程师牵头,组织相关单位,根据工作面衔接时间和工作面实际情况确定安装期限,劳资科根据工作面安装设计核定工作量,实行工资总额承包。

（3）安装区根据安装工作面规定时间高质量地组织工作面安装,未按规定时间完成安装造成工作面不能正常衔接的,由分管矿领导组织追查,按有关规定严格追究区、队领导责任。工作面移交后2日内因安装质量影响采煤队组正常生产的,安装区队组按200元/小时赔付采煤队组工资;区、队正职及分管副职负领导责任按50元/人/天核减工资;具体责任人由影响单位自行落实,按50元/人/天核减工资;遗留工作量由劳资科核定工资,从所属队组当月工资中核减,支付给施工队组。在工作面移交安装队组或采煤队组后,因设备一般质量问题影响安装队组正常安装或采煤队组正常生产的,机电科按200元/小时赔付采煤队组工资,科正职及分管副职负领导责任按20元/人/天核减工资;具体责任人由机电科自行落实,按20元/人/天核减工资。

（五）工作面回采

采煤队要按照计划及采煤安全质量标准化要求组织生产,工作面收尾后移交安装区队。阿刀亥煤矿对于工作面回采环节作出了以下明确要求:

（1）采煤队按照生产计划及采煤安全质量标准化要求组织生产，并做好工作面收尾工作，为拆除工作面创造良好条件。

（2）劳资科要根据工作面条件、储量等核定工作面工资总额，实行工资总额承包。采煤工作面收尾结束后，由于收尾质量影响安装区拆除工作的，采煤队按 200 元/小时赔付安装队工资；矿调度采煤组组长，副组长，采煤队正职和分管副职负领导责任按 50 元/人/天核减工资；具体责任人由影响单位自行落实，按 50 元/人/天核减工资；遗留工作量由劳资科核定工资，从所属队组当月工资中核减，支付给施工队组。

（六）工作面拆除

安装区、队要按照拆除工作面安全质量标准化要求及规定时间，组织工作面的拆除工作。阿刀亥煤矿对于工作面拆除环节作出了以下明确要求：

（1）安装区、队负责按照安全质量标准化标准及规定时间组织工作面的拆除工作。

（2）工作面拆除时，按照通风区指定密闭位置，拆除工作面，满足工作面密闭要求，为工作面顺利封闭创造条件。

（3）劳资科要根据运距、拆除工作量等核定工资总额，实行工资总额承包。工作面拆除时，由通风区指定密闭位置，拆除后满足密闭要求，影响通风区正常密闭的，安装队组按 200 元/小时赔付通风区工资；区、队正职及分管副职负领导责任按 50 元/人/天核减工资；具体责任人由影响单位自行落实，按 50 元/人/天核减工资。

（七）工作面封闭

工作面拆除完毕后，通风区要按照规定时间及安全质量标准化要求进行封闭。通风区负责在工作面拆除完毕后 15 日内封闭工作面，严格按照通风工程质量标准化要求进行施工，保证施工质量。

五、大循环制约管理在阿刀亥煤矿的运用情况

大循环制约管理就是将生产过程中设计、施工、通风抽采及准备工作、安装、回采、拆除、封闭各个环节组成一个生产链，形成一个大循环问责制约体系，环环相扣，循环制约，没有了事后的责骂和处罚，只有工资赔付，保证了生产的有序进行，减少了各环节的推诿扯皮。通过大循环制约管理，进一步增强了各工作主体的责任意识，实现了大循环各生产环节的安全有序推进。

六、大循环制约管理实际案例

（一）案例 1

1. 资料

阿刀亥矿综采一队 11212 工作面收尾结束后，安装队即将接面负责工作面拆除工作。2013 年 11 月 22 日，乙班，由机电副总牵头，调度室、生产科、安装区、综采一队、安装二队等相关单位人员参加，对工作面进行了验收。通过现场办公，验收组认为工作面存在以下一些安全隐患和遗留工作：

（1）工作面机头、机尾绞车硐室深度不够，未盘帮构顶。

（2）工作面有部分帮网没有连接，部分帮网没有接地。

（3）工作面回采帮单体液压支柱没有打在实体上，部分不接顶。

（4）工作面有 62 道支架行程不够及其他遗留工作。

2. 考核依据

根据《阿刀亥矿"三环一化"安全生产循环制约管理办法》的规定:采煤工作面收尾结束后,由于收尾质量影响安装区拆除工作的,采煤队按 200 元/小时赔付安装队工资;矿调度采煤组组长、副组长,采煤队正职和分管副职负领导责任按 50 元/人/天核减工资;具体责任人由影响单位自行落实,按 50 元/人/天核减工资;遗留工作量由劳资科核定工资,从所属队组当月工资中核减,支付给施工队组。

3. 处理结果

经验收组集体研究以及劳资科核定,安装二队处理第(1)条问题需 6 个工,第(2)条问题需 3 个工,第(3)条问题需 15 个工,第(4)条问题需 10 个工,累计 34 个工。按照安装二队正常出勤计算,折合影响时间为 18 h,综采一队赔付安装二队 3 600 元。采煤组组长、副组长、采煤队队长、书记各核减工资 100 元。对采煤队分管副队长、具体责任人的考核由采煤队组自行落实。

4. 点评

在大循环制约管理过程中,"采煤收尾→拆除"这个环节是大循环 7 个环节中重要的一环,长期以来形成了"重采煤、轻拆除"的习惯思维,对"采煤收尾"这个环节出现的问题往往是"有怨言,无办法",或者是象征性地罚款了事,不仅给工作面拆除带来了安全隐患,而且影响了工作面拆除速度和封闭时间。通过大循环制约管理,"采煤"成为 7 个环节中平等的一环,每个环节都有权利对上一个环节进行考核、验收,并要自觉接受下一个环节的考核。

(二)案例 2

1. 资料

21203 工作面平巷及开切眼由矿建二队负责施工,于 2013 年 4 月 26 日甲班施工完毕,根据矿衔接计划,由安装一队负责该工作面安装工作。根据大循环制约管理相关规定,2013 年 4 月 26 日乙班,由机电副总牵头,矿调度、生产科、安监处、供应科、机电科、安装区、矿建管理科、安装一队、矿建二队等相关单位主要负责人参加,对 21203 工作面进行了安装前验收。通过现场验收发现下列问题影响安装一队安装:

(1) 21203 轨道巷里程 190~215 m 处高度不够,影响安装一队设备运输。

(2) 工作面开切眼靠老山帮浮煤、杂物较多,影响工作面支架安设。

(3) 工作面开切眼机尾扩帮处靠老山帮少打 20 根点柱。

(4) 胶带巷内 H 架、托辊等设备没有及时回收,影响工作面平巷带式输送机铺设。

2. 考核依据

根据《阿刀亥矿"三环一化"安全生产循环制约管理办法》的规定:安装区接面后两日内由于开掘区、队的原因,影响工作面正常安装的,施工区队按 200 元/小时赔付安装队组工资;区、队正职及分管副职负领导责任按 50 元/人/天核减工资;具体责任人由施工区队自行落实,按 50 元/人/天核减工资;遗留工作量由劳资科核定工资,从所属队组当月工资中核减,支付给安装队组。

3. 处理结果

经验收组集体研究以及劳资科核定,安装一队处理第(1)条问题需 10 个工,第(2)条问题需 5 个工,第(3)条问题需 3 个工,第(4)条问题需 10 个工,累计 28 个工。按照安装一队正常出勤计算,折合影响时间为 15 h,矿建二队赔付安装一队 3 000 元,另外,矿建管理科科长、技术主管、矿建二队队长、书记各核减工资 100 元。矿建二队分管副队长和具体责任人的工资核减由矿建二队自行落实。

4. 点评

判断工作面合格不合格的标准第一要符合《煤矿安全规程》，第二要符合工作面安装、采煤的需要，为工作面顺利安装和后续采煤创造条件，否则就会带来安全隐患和造成人、财、物的二次投入。大循环制约考核就是要在工作面施工这个环节把设计图纸变为现实，形成一个高质量的工作面。如果在工作面施工过程中留下隐患和尾工那就要扣留工资。

（三）案例 3

1. 资料

阿刀亥矿 11212 工作面安装完毕后回采推进 10 m 后，发现两端出口安全距离达不到规程要求，经地测科实测，开切眼比设计长度少 0.6 m，通过实测闭合，查出掘进一队施工 11212 轨道巷二段时，10～11 号点（里程 680～801 m）激光出现偏差，导致巷道打偏 0.6 m，造成综采一队回采过程中需对巷道（里程 680～801 m）扩帮方可满足安全出口宽度要求。

2. 考核依据

根据《阿刀亥矿"三环一化"安全生产循环制约管理办法》的规定：因地测工作不到位或出现失误影响采、掘一线正常生产的，地测科按 200 元/小时赔付被影响单位工资；地测科科长、分管副科长负领导责任按 50 元/人/天核减工资；具体责任人由地测科自行落实，按 50 元/人/天核减工资；出现严重失误时，由总工程师组织追查，按照《阿刀亥矿技术管理责任追究制度》严格追究相关人员及领导的责任。

3. 处理结果

根据对此次技术失误的追查认定，按照《阿刀亥矿技术管理责任追究制度》，对掘进一队技术员、地测科测量组组长各罚款 1 000 元；掘进一队队长、书记、工程一区技术主管、地测科科长、副科长各罚款 500 元。按照《阿刀亥矿"三环一化"安全生产循环制约管理办法》的规定，地测科赔付综采一队 48 个工，按照综采一队的正常出勤计算，折合影响时间为 30 h，赔付综采一队工资 6 000 元，月底劳资科直接划拨给综采一队。具体责任人由地测科自行落实核减工资。

4. 点评

在以往的实际管理过程中，机关业务科室往往处于"管理者"的位置，而基层队组往往处于"被管理者"的位置。位置的不平等常常造成"上级处处是理，下级处处无理"，"成绩属于上级、问题出在下面"的惯性思维。通过大循环制约管理，业务科室和生产区队放在了同一个平台进行考核，无论是业务管理科室，还是生产区队，出现工作失误就必须用同一个标准考核。

（四）案例 4

1. 资料

2012 年 12 月 20 日，丙班，采煤组综采二队接面回采 21203 工作面。回采过程中，发现东区下组煤变电所 1 号高开频繁过载定闸，严重影响综采二队 21203 工作面正常回采。2013 年 1 月 1 日，经区、队两级会诊发现，安装一队安装时，将工作面 1 号移变与输送带头移变高压侧同时接到 1 号高开，造成 1 号高开负荷过大。后经追查发现，安装区安装一队在接线过程中对图纸识别有误，导致综采二队接面后不能正常生产。

2. 考核依据

根据《阿刀亥矿技术管理责任追究制度》以及《阿刀亥矿"三环一化"安全生产循环制约管理办法》的规定:工作面移交后2日内因安装质量影响采煤队组正常生产的,安装区队按200元/小时赔付采煤队组工资;区、队正职及分管副职负领导责任按50元/人/天核减工资;具体责任人由影响单位自行落实,按50元/人/天核减工资;遗留工作量由劳资科核定工资,从所属队组当月工资中核减,支付给施工队组。

3. 处理结果

根据《阿刀亥矿技术管理责任追究制度》规定,对安装一队机电技术员罚款1 000元;安装一队队长、安装区机电副区长、安装区区长、机电副总各罚款500元。按照《阿刀亥矿"三环一化"安全生产循环制约管理办法》的规定,安装一队赔付综采二队100个工,按照综采二队的正常出勤计算,折合影响时间为72 h,安装一队赔付综采二队14 400元,月底劳资科将工资从安装一队扣除直接划拨给综采二队;具体责任人由安装一队落实,按规定核减工资。

4. 点评

在实际生产过程中,一个小的疏忽有可能对安全生产造成重大影响。要想杜绝事故必须从源头抓起,本案例中原因看似简单,但造成的影响却很大。大循环制约管理,就是要从源头抓起,强化每个职工的责任心,让所有的人和队组清楚,任何工作无论大小都不得有半点麻痹,否则有可能一个小的失误造成严重影响。

(五)案例5

1. 资料

阿刀亥矿安装二队在11212工作面安装过程中,带式输送机安装比衔接计划推后5 d。经追查,造成安装工作推后的原因是:抽采区钻探一队、瓦斯抽采队没有按衔接计划完成抽采工程施工,导致安装二队在安装带式输送机过程中,钻探一队在该巷道施工本煤层钻孔影响安装二队的正常安装进度,打钻后产生的煤渣袋未及时处理,给安装工作造成一定影响。抽采区瓦斯抽采队在安装二队安装过程中进行了连孔工作,影响了输送带的正常安装工作。

2. 考核依据

根据《阿刀亥矿"三环一化"安全生产循环制约管理办法》的规定:通风区、抽采区要根据安装接面时间认真组织通风、抽采工程的施工,保质保量完成通风及瓦斯治理工程按时完工,因推迟交面时间造成工作面衔接不上的,按有关规定追究相关区、队领导责任。影响工作面安装或回采的,通风、抽采队按200元/小时赔付安装或采煤队组工资;区、队正职及分管副职负领导责任按50元/人/天核减工资;具体责任人由影响单位自行落实,按50元/人/天核减工资;遗留工作量由劳资科核定工资,从所属队组当月工资中核减,支付给施工队组。

3. 处理结果

根据《阿刀亥矿"三环一化"安全生产循环制约管理办法》的规定,11212工作面遗留工作抽采区打钻一队、瓦斯抽采队赔付安装区安装二队情况如下:钻探一队赔付95个工,按照安装二队正常出勤计算,折合影响时间45 h,钻探一队赔付安装二队9 000元;瓦斯抽采队赔付70个工,按照安装二队正常出勤计算,折合影响时间35 h,瓦斯抽采队赔付安装二队7 000元。月底劳资科将工资直接划拨给安装二队。抽采区正职和分管副职,打钻一队、瓦斯抽采队正职各核减工资150元。队组分管副职和具体责任人由队组自行落实,按规定核减工资。

4. 点评

矿井的生产组织是一项系统工程,每个单位和部门都要围绕生产衔接,倒排工期制订本单位相应的工作计划,完成不了计划就会给下一个环节的工作造成影响。在高瓦斯矿井,瓦斯治理工作是矿井安全生产的关键,瓦斯抽采工作尤为重要,一定要精心组织,按时完成,确保安全生产和工作面正常衔接。

第二节 队组之间"小循环"制约

一、小循环制约管理的内涵

小循环制约管理的核心是要求各生产辅助队组围绕采、掘生产一线队组做好生产服务和生产辅助工作,主要体现辅助队组与采、掘生产一线队组之间的循环制约关系。小循环制约管理旨在通过工资赔付手段,进一步加强对辅助队组的管理,实现辅助队组与生产一线队组的相互制约,最终促进生产系统良性循环。

小循环制约管理办法规定,对辅助队组(有检修任务的辅助队组,规定检修时间除外),影响采、掘一线队组生产的,每月底累计影响时间,再减去额定允许时间,剩余影响时间进行单位间工资赔付。对于影响单位当班值班领导,具体责任人的工资核减不考虑额定允许影响时间,按实际发生的影响时间核减。辅助队组对一线队组的影响一般发生在生产过程中,不像大循环制约管理发生在工作面交接过程中,因此,对责任领导的考核主要考核当班值班领导,分管领导不作为考核对象。

二、小循环制约管理的目标

小循环制约管理的目标是利用经济手段与工资专业赔付机制,通过工资再分配,进一步加强对辅助队组的管理,实现辅助队组与生产一线队组的相互制约。实施小循环制约管理的核心是通过循环制约机制,提高辅助区队的责任心和服务意识,保障安全生产,减少由于辅助队组的原因对生产一线队组正常生产造成的影响。

三、小循环制约管理的流程

小循环制约管理主要是辅助队组围绕采、掘生产一线队组形成的内在制约机制,流程如图 12-2 所示。

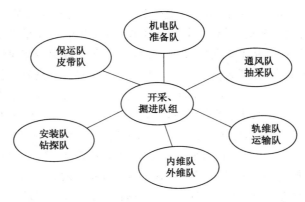

图 12-2 小循环制约流程图

四、小循环制约管理各责任主体的具体职责及考核标准

（一）小循环制约管理各责任主体的具体职责

（1）施工区队负责在开口施工前提前编制作业规程或安全技术措施，作业规程经区科、队审核后，提前2天通知生产技术科，由生产技术科负责组织相关单位进行会审，作业规程或安全技术措施要求在工作面开工前2周编写并审批完毕。

（2）施工队组开工前严格执行开工报告制度。开工报告经队组技术员、队长签字后，依次经区（科）、地测科、通风区、抽采区、机电科、矿调度室、安监处等相关单位签字审批，最后报专业副总，总工程师批准，经批准后方可施工。

（3）工程开工及施工过程中，严格执行测量工作联系制度。施工队组在井巷工程开工前10 d内填写开工报告及开口测量委托通知单，地测科在接到工程开工报告与开口测量委托通知单后，2～5 d内标定开口位置，实测放线，同时下发施工测量通知单，施工队组在施工过程中及时与地测科联系，并配合地测科做好测量工作。

（4）施工队组于每月生产衔接计划会后两天内，根据月度生产计划编制材料、设备计划报供应科、机电科、生产技术科等单位，供应科、机电科负责做好井下各队组所需材料、设备、配件的日常供应，保证生产队组正常生产。

（5）通风区、队负责井下各采掘作业地点通风系统管理、通风设施构筑、局部通风地点风筒延接、各地点瓦斯循环检查、监测监控设施安装使用和维护，矿井风量、粉尘测定，通风仪器仪表管理，确保矿井通风系统安全可靠，瓦斯不超限。

（6）探水队负责开掘队组防治水超前钻探工作，严格执行"有掘必探"相关规定，保证开掘工作面防治水超前钻孔始终维持在可允许掘进长度范围内，不得因超前钻孔施工不到位影响开掘队组正常掘进。

（7）瓦斯抽采队在采掘工作面生产过程中及时做好瓦斯抽采管路的延接、拆除及瓦斯抽采钻孔的封孔、连孔、带孔等工作，不得影响采掘队组正常生产。

（8）保运队负责责任区内采区集中皮带管理、使用及维护工作，必须按时开机，生产时间不得停机检修。保运队设备检修要与生产队组设备检修同班进行，乙班检修时13:30开机，丙班检修时19:30开机。因特殊原因延迟开机，需提前向矿调度室报告，由生产矿长审批后执行。

（9）机电队要保证盘区生产队组生产过程中供风、供水、供电正常，不能影响正常生产，并对巷道开口做好风、水、电机、风机安装准备工作，按生产队组要求加工小型配件。

（10）准备队负责采区责任范围内设备、材料运输和所辖区域轨道质量维护、绞车安装以及责任区内标准化工作，保证采区内物料供应及时，运输系统完好，运输设施安全可靠。

（11）轨维队负责+1 260 m水平运输大巷、石门、采区暗斜井井下车场有架线地点的轨道、架线牵引网络、风水管、水沟、照明、煤库溜煤斗以及1.5 t、5 t矿车的检修维护以及信集闭系统、漏泄通信系统的维护，保证+1 260 m水平运输大巷运输畅通。

（12）运输一队负责+1 260 m水平运输大巷原煤运输，生产所需设备、材料以及回收材料设备车运输，岩巷掘进所需矿车的供应，渣车的运输，并做好人员上下班接送任务，保证+1 260 m水平运输大巷原煤、材料设备、人员及车辆正常运输，满足生产需求。

（13）运输二队负责地面1.5 t矿车、材料设备车、渣车的调度使用，工业广场运输及轨道维护，职责范围内井下生产所需材料的装车以及副立井、副斜井材料设备车的下放和回

收,维持出、入井人员乘罐秩序以及地面排矸系统的运行、管理和维护工作,保证生产所需材料设备能够及时入井。

（14）内维队负责井下各采区变电所、中央水泵房、架空乘人装置的管理、维护、使用以及中央水仓和强排水淤泥清理工作,确保井下供电系统、主排水系统、架空乘人装置正常运行,满足安全生产需求。

（15）外维队负责地面大型设备机房、地面变电站、绞车房、信号房、矿灯房以及地面供电线路的日常管理和维护,确保地面供电系统、大型设备机房正常运行。

（16）皮带队负责主斜井+1 155 m、+1 260 m皮带,Cu_2北翼转运集中皮带的日常运输、管理和维护,主斜井底排水,保证主斜皮带及主斜井底排水系统正常运行,不得影响矿井正常生产。

（二）小循环制约管理各责任主体的考核标准及要求

小循环制约管理要求各辅助队组做好生产辅助工作,不得影响一线队组生产,出现影响赔付一线队组工资。生产一线队组在辅助队组做好生产辅助工作后,按正规循环要求组织生产,由于组织不力,未完成工作任务的核减工资。具体考核标准如表12-3、表12-4所列。

表 12-3　　　　　　　　　　小循环制约队组间工资赔付考核表

日期

被影响单位	影响原因	影响时间	影响单位	队组值班负责人签字

矿值班领导:　　　　　　　　矿调度室主任:　　　　　　　　矿调度员:

表 12-4　　　　　　　　　小循环制约区、队值班领导工资核减考核表

日期

被影响单位	影响原因	影响时间	影响单位	区、队值班领导	核减工资额

矿值班领导:　　　　　　　　矿调度室主任:　　　　　　　　矿调度员:

（1）辅助队组影响其他队组正常生产的（有检修任务的辅助队组,规定检修时间除外）,实行工资赔付制度,以小时为考核单位。影响单队组生产的,按1 000元/小时赔付被影响队组工资;影响单位值班区（科）队领导按100元/人/小时核减工资;具体责任人由影响队组自行落实并按50元/人/小时核减工资。影响多队组生产的按500元/小时/队赔付被影响队组工资;影响单位值班区（科）队领导按50元/人/小时/队核减工资;具体责任人由影响队

组自行落实并按 30 元/人/小时/队核减工资。

（2）为了提高各辅助队组的积极性，减少影响时间，实行额定基础影响时间减少奖励制度。根据辅助队组的具体情况和设备管理数量，确定基础额定允许影响时间，每缩短 1 小时，给予 2 000 元奖励。设备管理数量、管理区域变化后，由矿调度室及时调整额定允许影响时间。基础额定允许影响时间及奖励工资如表 12-5 所列。

表 12-5　　　　　　　　　基础额定允许影响时间及奖励工资一览表

队、组	月度基础额定允许影响时间/小时	奖励金额/(元/小时)	赔付金额/(元/小时)	备注
保运一队	15	2 000	1 000/500	
保运二队	18	2 000	1 000/500	
运输一队	10	2 000	1 000/500	
运输二队	5	2 000	1 000/500	(1) 各队所辖责任范围出现问题，造成采掘一线队组停产或其他辅助队组窝工的时间计为影响时间；
轨维队	10	2 000	1 000/500	
内维队	5	2 000	1 000/500	
皮带队	12	2 000	1 000/500	
机电一队、二队	5	2 000	1 000/500	(2) 影响时间累加计算，合计整取
准备一队、二队	5	2 000	1 000/500	
钻探队	5	2 000	1 000/500	
抽采队	5	2 000	1 000/500	
通风一、二、三队	5	2 000	1 000/500	

注：保运队、皮带队基础额定允许影响时间根据所管辖设备数、范围变化情况，由矿调度室逐月核定及调整，每部设备按允许影响 3 小时核定。

（3）生产队组要按计划要求积极组织生产，由于组织不力未完成矿产量、进尺计划的，核减工资。具体指标：采煤队每亏产计划产量的 1%，按 200 元/吨核减；机掘队组每亏计划进尺 1 米，按 100 元/米核减；炮掘（煤巷）队组每亏计划进尺 1 米，按 200 元/米核减；开拓队组每亏计划进尺 1 米，按 300 元/米核减。

（4）由于生产队组检修不到位或操作不当导致材料设备损坏，按有关规定追究相关人员责任。

（5）辅助队组影响采、掘一线生产时，被影响单位要及时汇报矿调度室，矿调度室如实记录并及时通知到影响单位。如被影响单位不向矿调度室汇报，视为放弃赔偿要求。

五、小循环制约管理在阿刀亥矿的运用情况

阿刀亥煤矿通过实施小循环制约管理，利用"责任倒追"机制和"工资赔付"手段，增强了各辅助队组及其所属员工的责任心和服务意识，充分调动了服务队组的主观能动性，理顺了各生产环节，扭转了过去出现影响事后追查、互相扯皮的现象，大大减少了对生产一线队组的影响时间，提高了各生产环节的工作效率，取得了明显的效果。

六、小循环制约管理实际案例

（一）案例 1

1. 资料

2013 年 10 月 5 日,丙班,阿刀亥矿综采一队在东区 11212 工作面正常回采,14 时 25 分,东区 2 号煤集中皮带突然停机。经检查发现,东区 2 号煤集中皮带 1 号电机减速器靠背轮内尼龙棒折断。后经保运一队全力抢修于 16 时正常开机,影响综采一队 1 小时 35 分钟。

10 月 6 日上午 8 时,机电科、矿调度、保运一队主要负责人对本次事故进行追查,发现由于保运一队乙班检修工张××责任心不强,没有将靠背轮对齐,强行将尼龙棒插住导致本次事故。

2. 考核依据

根据《阿刀亥矿"三环一化"小循环制约管理办法》的规定:辅助队组影响单队组生产的,按 1 000 元/小时/队赔付被影响队组工资;影响单位值班区(科)队领导按 100 元/人/小时核减工资;具体责任人由影响队组自行落实并按 50 元/人/小时核减工资。

3. 处理结果

保运一队赔付综采一队工资 1 500 元,月底直接从工资中拨付给综采一队;值班区、队领导各核减工资 150 元;具体责任人由保运队自行落实,并按 50 元/人/小时核减工资。

4. 点评

辅助队组工资来源于矿井产量,矿井产量又和辅助队组的服务质量密切相关,只有提高服务意识,搞好生产服务,才能提高自身收入。

（二）案例 2

1. 资料

2012 年 12 月 3 日,甲班,2 时 30 分,矿调度室接到汇报,东区采区压水水压不够,不能生产,立即组织轨维队、机电二队进行检查。经过检查发现,东区轨道下山里程 415 m 处闸阀损坏并堵塞,造成东区采区无压水。经抢修,于早晨 5 时完成更换闸阀工作,东区采区恢复生产。影响综采二队、掘进二队、掘进五队 2 小时 30 分钟,由于机电二队日常巡视检修不到位,闸阀老化、锈蚀严重,导致本次停产事故。

2. 考核依据

根据《阿刀亥矿"三环一化"小循环制约管理办法》的规定:辅助队组影响多队组生产的,按 500 元/小时/队赔付被影响队组工资;影响单位值班区(科)队领导按 50 元/人/小时/队核减工资;具体责任人由影响队组自行落实并按 30 元/人/小时/队核减工资。

3. 处理结果

机电二队当月核减工资 3 750 元,分别赔付综采二队、掘进二队、掘进五队各 1 250 元;区、队值班领导分别核减工资 125 元;具体责任人由机电二队自行落实,并按 30 元/人/小时/队核减工资。

4. 点评

通过本案例可以看出,有些工作虽小,但如果出现失误或者工作做不到位,影响的可能是整个采区,甚至是整个矿井。在实际生产过程中,不能因为工作量小就忽视其重要性。

（三）案例 3

1. 资料

2011 年 9 月 15 日,丙班,掘进三队在 21203 工作面轨道巷正常掘进。16 时 25 分,瓦检员郑××发现工作面风量突然减少,立即停止工作面生产并断电撤人,汇报矿调度室后,迅速对沿途风筒进行巡查,发现轨道巷与西区轨道下山交叉处风筒被刮坏,造成漏风严重。经 1 小时修补后,工作面恢复生产。影响掘进三队 1 小时。

9 月 16 日上午,由安全副总牵头对本次事故进行了追查,发现准备二队在轨道下山运输时,没有对设备和巷道进行检查,车辆设备高于风筒,导致车辆在运输过程中将风筒刮坏。

2. 考核依据

根据《阿刀亥矿"三环一化"小循环制约管理办法》的规定:辅助队组影响单队组生产的,按 1 000 元/小时赔付被影响队组工资;影响单位值班区(科)队领导按 100 元/人/小时核减工资;具体责任人由影响队组自行落实并按 50 元/人/小时核减工资。

3. 处理结果

准备二队赔付掘进三队当月工资 1 000 元;区、队当月值班领导各核减工资 100 元;具体责任人由准备二队自行落实并按 50 元/人/小时核减工资。

4. 点评

通过这个案例说明,在实际工作中仍然存在违章蛮干行为,这给安全生产带来了隐患。为了维护正常的生产秩序,创造安全、稳定的生产环境,必须加大对违章的处罚力度。

(四)案例 4

1. 资料

2013 年 10 月 6 日,甲班,阿刀亥矿综采一队在 11212 工作面正常生产。2 时 10 分,瓦检员王××发现工作面回风上隅角瓦斯浓度偏高(报警临界点),于是迅速停止了工作面生产,并汇报通风区调度。通风区立即组织工作人员调整工作面风量,2 h 后,工作面回风上隅角瓦斯浓度恢复正常。

2. 考核依据

根据《阿刀亥矿"三环一化"小循环制约管理办法》的规定:辅助队组影响单队组生产的,按 1 000 元/小时赔付被影响队组工资;影响单位值班区(科)队领导按 100 元/人/小时核减工资;具体责任人由影响队组自行落实并按 50 元/人/小时核减工资。

3. 处理结果

钻探一队赔付综采一队工资 2 000 元;值班区、队领导各核减工资 200 元;具体责任人由钻探一队自行落实,并按 50 元/人/小时核减工资。

4. 点评

这个案例说明,有些隐患存在着延迟性、隐蔽性,工作结束一段时间后才可能对生产造成影响,这种情况同样要按照小循环制约管理考核办法。

(五)案例 5

1. 资料

2013 年 11 月 1 日下午,东区采区综采三队 11212 工作面抽采泵站短路顶闸,造成 11212 工作面瓦斯浓度升高,导致工作面停机,影响综采三队 1 小时 20 分钟。经查,引起事故的原因是由于抽采泵检修不到位,在运行过程中没有及时检查冷水箱,水温过高导致顶闸断电。

2．考核依据

根据《阿刀亥矿"三环一化"小循环制约管理办法》的规定：辅助队组影响单队组生产的，按 1 000 元/小时赔付被影响队组工资；影响单位值班区（科）队领导按 100 元/人/小时核减工资；具体责任人由影响队组自行落实并按 50 元/人/小时核减工资。

3．处理结果

抽采队赔付综采三队工资 1 600 元，月底直接从工资中拨付给综采三队；值班区、队领导各核减工资 130 元；具体责任人由瓦斯抽采队自行落实，并按 50 元/人/小时核减工资。

4．点评

辅助队组的服务质量不仅影响生产一线队组的生产，而且更重要的是给安全带来了隐患。特别是负责"一通三防"、瓦斯治理、防治水工作的辅助队组责任更大，必须一丝不苟地做好本职工作。

第三节　班组之间"正规循环"制约

一、正规循环作业管理的内涵

正规循环作业是指生产班组在规定的作业时间内，按照作业规程、循环作业图表、正规循环操作标准的要求，优质高效地完成全部工序和工程量。具体而言，正规循环作业就是在定员、定额、定时、定质量的要求下，安全完成一个循环的全部工序作业。正规循环作业是生产班组之间的制约机制，各班组在作业时间段内按照正规循环作业标准完成工程量，为下一个班组正常生产创造条件。正规循环作业由下一班组对上一班组的施工质量进行验收，包括班前的"四人"现场安全环境确认和班后的"四人"现场工程质量验收，以促进各班组之间生产作业过程有序进行。在一个循环未完成、隐患未处理、标准化未达标前，不得进行下一个循环施工。工作面交接班在动态中交接，班与班之间循环制约，达不到正规循环标准、给下个班留下安全隐患或遗留工程的，上个班要对下个班进行工资赔付。例如，采煤队不留设备隐患，工作面不留浮煤，支架拉到位；开掘队做到一次成巷，支护到迎头，不留尾工等。

二、正规循环作业管理的目标

正规循环作业管理要求各队组根据各自的工作特点，按照《阿刀亥矿正规循环岗位工作标准及考核办法》的规定，制定本单位的"正规循环作业计划和操作标准"、"正规循环作业考核分配细则"以及"正规循环作业责任追究制度"，提高工程质量和工作质量，实现生产活动计划化、工作目标明确化、工作任务具体化，提高正规循环率，保证安全生产有序进行，阿刀亥矿规定，采、掘工作面正规循环率不得低于 85%。

三、正规循环作业管理的职责划分及具体要求

为了使正规循环作业管理能够在实际生产过程中得到有效贯彻落实，阿刀亥矿对于正规循环作业管理中各责任主体的职责进行了明确的规定，并提出了以下具体要求：

（1）各专业副总工程师、生产技术科根据生产队组实际施工情况，确定每日正规循环个数，按照正规循环个数，编制每月的生产计划。每月生产计划下达后，由各区（科）长、生产区（科）长、队长根据下达的生产计划指标，制定班组之间的正规循环制约考核办法和工程质量验收标准。

（2）开口、贯通、拐弯或遇地质构造等特殊情况下的循环数由生产区队自行调整。

（3）安全员负责现场安全监督和牵头实施"四人"现场环境安全确认,安监处负责建立"四人"现场环境安全确认停工单档案及统计工作,月底交劳资科核定工资;验收员牵头负责执行"四人"现场工程质量验收。

（4）各个班组根据区、队制定的正规循环作业数认真组织生产,每班由跟班队长或验收员汇报区(科)调度生产任务完成情况,再由区(科)调度集中向矿调度室汇报,矿直属采煤队直接向矿调度室汇报,矿调度室负责进行日统计;各班组在完成当班生产任务后,做好备料、检修、收尾等各项准备工作,不留尾工,为下一班生产创造条件。

（5）各班组开工前及当班生产过程中,严格执行"四人"现场环境安全确认,由现场安全员牵头,瓦检员、副队长、工长根据各自职责分工,对上一个班的安全质量及本班生产过程现场安全环境进行确认,只有在"四人"共同确认现场环境安全的情况下方可作业;一旦现场出现威胁安全生产的隐患时,立即执行"四人"现场环境安全确认工作法,停工处理隐患,当隐患得到妥善处理,对安全生产不构成威胁后,方可继续作业,停工处理隐患期间,矿将视同完成任务支付停工工资。

（6）班组在生产过程中,按照"四人"现场工程质量验收制度,由验收员、班长、副队长、安全员现场监督管理,当班验收员对现场每一道工序、每一个循环进行严格工程质量把关,发现工程质量问题,必须安排班长组织人员返工处理,只有在工程质量符合要求的情况下,方可进行下一个循环作业。对于验收员提出的工程质量问题,班长如不积极配合处理,不遵循正规循环作业规定,当班验收员有权根据实际情况,对当班计件工资进行打折、扣分。班末由验收员牵头,副队长、班长参与,安全员监督,对当班工程质量进行全面验收,验收员将工程质量及当班遗留问题逐一记录,按照循环制约考核办法对当班计件工资进行考核。因工程质量问题或正规循环作业执行不力,对下一个班正常生产造成影响时,验收员对当班计件工资进行打折、扣分,并与接班验收员进行现场交接,明确遗留工程量后,将扣除部分工资赔付给下一个班。接班验收员根据交接班提出的问题,现场对照检查,发现现场存在问题与交接班验收员提出的问题不相符时,有权根据具体情况对上一个班计件工资进行再扣分,并请示队值班领导裁决。队领导要加强对验收员工作的考核管理,对现场工程质量把关不严、不负责任的验收员进行批评教育或降低岗位工资系数进行处罚,确实不能胜任验收员工作的要及时撤换。安全员要加强监督,班末对当班"四人"现场工程质量验收情况在安全质量标准化评估表上认真记录,作为安全质量标准化打分定级的主要依据。

四、正规循环作业管理的考核办法及作业标准

（一）正规循环作业管理的考核办法

为了搞好正规循环作业管理,阿刀亥煤矿制定了下列考核办法:

（1）各队组根据制定的正规循环作业个数,严格考核班组正规循环完成情况及工程质量情况,根据正规循环作业标准及考核办法进行考核。

（2）采煤队生产班必须正点开、停机,不得随意晚开、早停,以大屏幕监控显示为准进行考核,按各区队所报的开、停机时间,迟开、早停半小时以内不考核;超过半小时按小时考核,当班的队值班领导、跟班队长、班组长按照20元/小时/人进行核减工资。无特殊情况完不成当日生产任务的,对当日区、队值班领导按照每亏500吨每人20元标准核减工资。

（3）开、掘队组无特殊情况没有完成当班生产任务的班组,每亏1米,当班的跟班队长、班组长按照20元/米核减工资。完不成日计划的,对区、队值班领导每亏1米按照20元/米

核减工资。

（4）采、掘工作面生产过程中因地质条件发生变化，无法完成当日生产计划的，由各专业副总进行裁定，并及时调整生产计划。

正规循环班组间工资赔付考核内容如表 12-6 所列。

表 12-6　　　　　　　　　　　　　　正规循环班组间工资赔付考核表

日期

被影响班组	影响原因	影响班组	赔付金额/元	班组负责人签字

队值班领导：

（二）正规循环作业标准

1. 采煤工作面正规循环作业标准

采煤工作面正规循环作业标准如下：

（1）作业规程和循环图表要具有科学性和可操作性。

（2）完成作业规程规定的正规循环数。

（3）工作面工程质量合格，机电设备完好。

（4）安全生产无事故。

采煤工作面正规循环流程如图 12-3 所示。

2. 掘进（开拓）工作面正规循环作业的标准

掘进（开拓）工作面正规循环作业的标准如下：

（1）作业规程和循环图表要具有科学性和可操作性。

（2）完成作业规程规定的正规循环数。

（3）工作面工程质量合格，机电设备完好。

（4）安全生产无事故。

掘进工作面正规循环工艺流程如图 12-4 所示；开拓工作面正规循环工艺流程如图 12-5 所示。

五、正规循环率计算方法

正规循环率一般指全月实际正规循环次数与全月工作日数乘以作业规程规定的日循环次数之比，即：

月正规循环率＝［全月正规循环次数÷（全月工作日数×作业规程规定的日循环次数）］×100％

全月工作日数是指当月日历数减去外在因素，如假期、全矿性的停电检修天数、重大运输和提升事故的影响等，不得减去由于自身原因造成的影响天数和其他队组对自身的影响造成的影响天数。

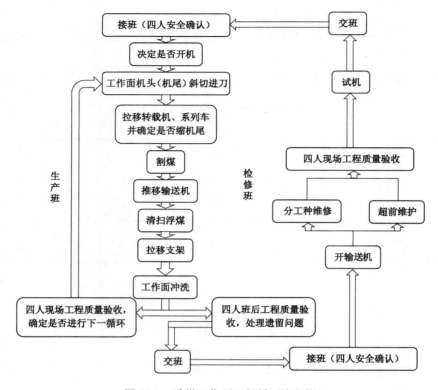

图 12-3　采煤工作面正规循环流程图

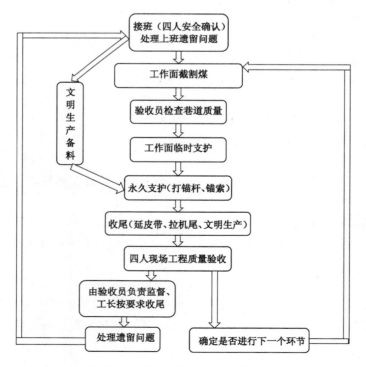

图 12-4　掘进工作面正规循环流程图

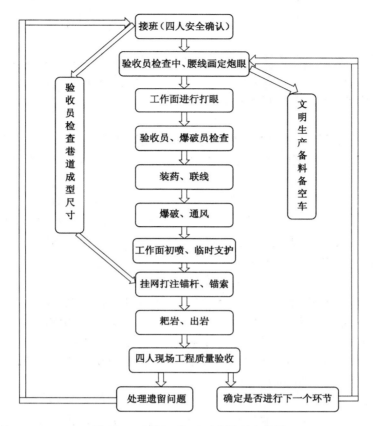

图 12-5　开拓工作面正规循环流程图

月实际正规循环数是按正规循环标准的要求,逐日累计的统计数,不得用月末总产量和总进尺数反算。

六、正规循环作业管理在阿刀亥煤矿的运用情况

阿刀亥煤矿通过正规循环作业管理的实际运用,使工作中各工序得到合理衔接,劳动组织与调配更为科学,设备得到有效利用,实现了生产秩序的稳定、连续与均衡,达到工作面安全、稳产、高效的目的。

七、正规循环作业管理实际案例

(一)案例 1

1. 资料

2013 年 6 月 20 日,阿刀亥煤矿掘进一队丙班在 11212 皮带巷掘进,在没有清浮煤、拉机尾、延接皮带的情况下,又割煤一个循环;交接班时,工作面顶板有一个顶锚索和一根顶锚杆未支护,导致甲班接班后,补打锚杆、锚索,清浮煤、拉机尾、延接皮带,影响甲班生产 1 小时 30 分钟。

2. 考核依据

根据"掘进一队正规循环作业考核分配细则"和"掘进一队正规循环作业责任追究制度"的规定:"本班必须给下一个班留下 2 m 的机尾,每少 1 m 扣 50 分;掘进机机身两侧浮煤未清理扣 50 分;最后一排顶锚杆最多空一根,帮锚杆可空一排,超过规定最后一排进尺取消,打锚杆按单项支付"进行考核,对责任人进行责任追究。

3. 处理结果

依据相关考核规定,作出如下处理决定:丙班最后一米不计资,打锚杆按单项支付;工作面没有清浮煤、拉尾机,罚跟班副队长50元、工长50元、验收员50元,本班扣计资150分;甲班补打锚杆、锚索,清浮煤、拉尾机,除按单项计资外,另奖励甲班100分。

4. 点评

正规循环制约的关键是要提高基层班组对正规循环重要性的认识。本案例表明,不严格按照正规循环作业,留下隐患和尾工就要扣留工资。

(二)案例2

1. 资料

2013年8月15日,乙班,阿刀亥煤矿掘进四队在21203皮带巷正常检修,由于掘进机检修不到位,有一根液管漏油未处理。丙班接班后,由于未发现漏油管,在割第二排煤时,掘进机不能正常使用,影响丙班生产2小时。

2. 考核依据

依据"掘进四队正规循环作业考核分配细则"和"掘进四队正规循环作业责任追究制度"的规定:"检修质量必须达到能满足一个原班正常生产需要,否则影响一个小时扣本班200分,另处罚跟班副队长100元,工长100元,验收员50元,掘进机修理工100元"以及"掘进机司机开机前未认真检查掘进机各部位状况,开机时出现设备故障导致开机时间延迟,影响正常作业,发现1次扣50元"进行考核。

3. 处理结果

依据相关考核规定,作出如下处理决定:乙班当班计资扣400分,另处罚乙班机电副队长100元,工长100元,验收员50元,掘进机修理工100元,丙班掘进司机50元。丙班更换油管、加油按单项计资双倍支付。

4. 点评

正规循环之约是班与班之间的循环制约关系。本案例中,由于上个班作业人员工作疏忽大意,检修不到位,对下个班的正常工作造成了严重影响;这充分说明了职工责任心的重要性和检修工作的重要性。

(三)案例3

1. 资料

2013年10月11日,丙班,阿刀亥煤矿矿建一队在东区进风大巷进行开拓作业,在爆破后,按照正规循环挂网支护,支护完毕后,对掘进工作面进行出渣,出渣过程中遇大块岩石,没有及时对大块岩石进行处理,而是采用耙斗硬拽方式,导致耙斗机钢丝绳断股。钢丝绳出现问题后没有及时汇报队值班领导,也没有在交接班时对下一个班说明情况,导致甲班在出渣过程中钢丝绳断裂,不能正常出渣,更换耙斗机钢丝绳用时1小时30分钟,最终导致乙班接班出渣,并影响乙班1小时30分钟。

2. 考核依据

依据《阿刀亥煤矿矿建管理科正规循环考核细则》中的相关规定进行考核。

3. 处理结果

依据相关考核规定,作出如下处理决定:丙班交接班没有交接清楚且野蛮操作设备,导致钢丝绳断股,罚丙班跟班队长、班长、耙斗机司机各 100 元。甲班接班后未对设备进行认真检查,罚甲班跟班队、班长、耙斗机司机各 50 元。乙班完成甲班留下的遗留工程,按照出渣的计资标准双倍计资。

4. 点评

这个案例充分说明,一个班的正规循环出了问题,可能影响的不只是下一个班,有可能影响好几个班,也从另外一个角度说明了正规循环的重要性。

（四）案例 4

1. 资料

2013 年 10 月 25 日,丙班,阿刀亥煤矿综采一队在东区 11212 工作面正常回采,丙班割煤 4 刀。到 20 点丁甲班接班时,工作面 1～30 号支架浮煤没有清理干净,机头缺一根中间柱没有打设,丁甲班清理浮煤打设支柱推后开机 45 分钟。

2. 考核依据

根据"综掘一队正规循环考核细则"和"综采一队正规循环作业责任追究制度"的规定:"上一个班因工程质量问题或正规循环执行不力,对下个班正常生产造成影响时,验收员将对当班计件工资支付标准进行打折、扣分;下一个班处理完上一个班遗留问题时,将扣分加到下一个班"的相关规定进行考核。

3. 处理结果

依据相关考核规定,作出如下处理决定:当班验收员在工资台账上扣丙班 130 分(浮煤没有清理干净扣除 100 分,一根中间柱没有打设扣除 30 分)。扣除丙班清煤工 300 元,支护工 50 元。月底核算员将扣除的分直接折合成工资平均分配给丁甲班当班职工。

4. 点评

本案例中,由于前序班组在既定的工作时间内没有保质保量完成任务,遗留了一定的安全隐患和工作量,进而影响了后续班组的正常生产。因此,必须充分利用正规循环作业考核机制,加大对各班组的考核力度,保障各生产环节的正常衔接与安全推进。

（五）案例 5

1. 资料

2013 年 8 月 15 日,阿刀亥煤矿综采一队丙班 14 时在 11212 工作面正常回采,14 时 25 分在回采过程中刮板输送机司机发现输送机缺一块刮板,工作面立即停机处理,影响正常生产 15 分钟。

2. 考核依据

依据"综采一队正规循环考核细则"、"综采一队正规循环作业责任追究制度"的相关规定进行考核。

3. 处理结果

依据相关考核规定,作出如下处理决定:丙班在接班 1 小时内发现设备事故,全部为检修班责任,验收员根据造成影响对检修板进行打折、扣分,并将扣下的分赔付给丙班。当班验收员扣除检修班 50 分,并加在丙班计分台账上,并扣除检修班刮板输送机检修工 50 元,检修班工长 50 元。月底核算将扣除的分直接折合成工资平均分配给丙班当班职工。

4. 点评

阿刀亥煤矿正规循环制约管理对一些具体问题根据实际情况提出了规定时限,在规定的时间内出现问题由上个班负责。该案例说明,在正规循环作业的具体考核中要做到科学合理,奖罚分明。

第四节 "程序化"制约

一、程序化管理的内涵

程序化管理包括程序化指挥和程序化作业两个层面。程序化管理是指井下所生产、辅助队组作业时,必须有专人(套长)指挥,下达指令,方可作业。程序化作业就是要求从班前会、入井、乘车、出井及井下各操作岗位人员操作时,均由专人指挥,下达口令,按照作业规程、井下各工种操作规程或现场议定的方案完成各项作业。阿刀亥煤矿制定并下发了《阿刀亥矿安全生产程序化管理实施方案》,制定了"各工种操作程序"、《程序化管理考核分配制度》及《程序化管理责任追究制度》、细化和量化了指挥程序及操作程序。

当然,作业现场是时刻变化的,安全管理的内容也不是一成不变的。同一个问题,在不同环境下,其处理方法是不同的,用既定的方法处理变化后的问题是行不通的。比如,"手指口述"安全确认法只适用于固定岗位、固定操作流程的安全管理,解决不了现场变化当中的安全管理,解决不了多岗位的安全管理。推行程序化管理,就是要通过程序化操作,通过严格执行套长制,保障与实现全体作业人员行为的规范化,真正实现现场处理问题时作业规范、有序不乱。

二、程序化管理的宏观目标

程序化管理的宏观目标在于通过程序化指挥,严格执行套长制,规范人的行为;按照操作规程规定的程序以及动作进行作业,解决生产变化中的安全管理、生产动态中的安全管理和非正常作业状态的安全管理,从而实现每道工序、每项作业都有标准、有指挥、有监管,杜绝蛮干、瞎干等违章行为的发生,实现井下所有作业过程都在安全可控范围内,最大限度地减少"三违"行为的发生,杜绝安全事故。

三、程序化管理的职责划分及具体要求

程序化管理对各责任主体的职责权进行了合理划分,并提出了明确要求,具体规定如下:

(1)生产及辅助队组必须按照规定程序开好班前会,班前会要交代清楚当班的工作任务及安全注意事项,如需安排两人或两人以上零星作业时,必须指定专人担任套长,套长由跟班副队长、工长或有经验的老工人担任,并享受一定待遇。

(2)如在生产过程中遇到班前会没有安排的工作,跟班队干或班组长请示队值班领导指定套长后方可作业。如需现场确定的工作,队领导到现场指挥;队领导在现场仍不能确定的工作,请示区值班领导,由区值班领导发出指令或到现场指挥;区领导在现场仍不能确定的工作,请示矿值班领导,由矿值班领导发出指令或安排业务科室现场确定方案,确保每项作业指挥程序化、操作程序化。

(3)生产及辅助队组在施工过程中遇特殊情况时,在跟班副队长、工长、套长、安全员、瓦检员认为没有具体施工方案的情况下,由副队长、工长、套长、安全员、瓦检员及操作人员按照现场条件共同议定方案,并由套长指挥方可操作,或按照程序请示各级值班领导后操作。

（4）涉及多队组、多环节作业的工程，必须指派一名科级干部担任套长，负责现场总协调指挥。

（5）所有入井人员要严格执行各项安全管理规章制度，严格执行作业规程、操作规程、生产矿井安全质量标准化标准规定，确保井下所有工作都在可控状态下进行，实现矿井安全生产。

（6）安全员负责监督检查井下所有作业的程序化指挥、程序化操作的执行情况，对不执行程序化管理的行为，有权停止其作业。

（7）各区、队正职负责建立健全本区、队程序化管理规章制度，并严格按照制度进行管理，确保职工作业行为规范，做到工作有章可循，违章必究。

（8）跟班副队长负责对生产过程中作业点的安全、设施情况、规程措施执行情况、作业人员操作过程中的程序化操作情况进行监督检查，对发现违反程序化管理的作业人员，立即进行纠正与制止，杜绝生产过程中的不安全行为，将隐患消除于萌芽状态。

（9）安全员、瓦检员负责现场作业过程中的安全隐患排查工作，如发现安全隐患，立即与跟班副队长协调，安排人员进行处理；如遇现场不能立即处理的问题，按照有关程序请示矿、区值班领导，由矿、区值班领导发出指令或安排区、队领导现场确定方案后方可进行作业。

（10）班组长负责生产过程中程序化管理的具体实施。

（11）井下所有单人单岗地点的单独作业人员，要严格按照操作规程作业，确保自身安全。

四、程序化管理的考核办法

为了确保程序化管理的科学、合理、有效推进，阿刀亥煤矿制定了 3 个层面的考核规定，具体办法如下：

（1）班前会的程序化管理由安监处负责监督检查，区值班领导具体实施，对于班前会任务安排不合理、有零星作业未安排套长的，每发现一次处罚队值班领导 50 元。

（2）现场安全员负责监督考核生产作业现场的套长制度执行情况，对于班前会明确安排套长而现场未实施的，每发现一次处罚套长 50 元；对于需要临时安排套长而现场未安排的，处罚跟班队长、班组长各 50 元。

（3）对涉及多队组、多环节作业的工程，未指派科级干部担任套长的，处罚责任区（科）正职各 200 元；指派后现场未实施的，处罚指派的科级干部 200 元。

作业过程程序化管理流程如图 12-6 所示。

五、程序化管理在阿刀亥煤矿的运用情况

阿刀亥煤矿全面推行程序化管理后，使每道工序、每项作业都有标准、有指挥、有监管，在很大程度上杜绝了蛮干、瞎干等违章违纪行为，实现了井下所有作业都在安全可控范围内，最大限度地减少了安全事故的发生，保障了企业的持续、稳定、高效、快速发展。

六、程序化管理实际案例

（一）案例 1

1. 资料

2013 年 4 月 16 日，乙班，阿刀亥煤矿建二队在 21203 工作面皮带挑顶作业队长刘××值班，跟班队长为杨××。13 时左右，挑顶作业结束一个循环，由于原锚索外露太长（外露

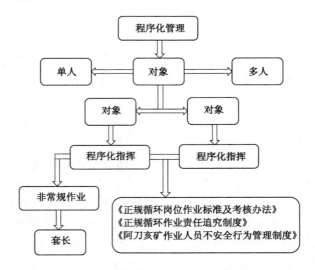

图 12-6　作业过程程序化管理流程图

长度达到1.5 m),跟班队长杨××违章指挥爆破员放明炮崩锚索,在准备爆破时被安全员发现制止。

2. 考核依据

根据《阿刀亥矿"三环一化"安全生产循环制约管理办法》的相关规定以及《阿刀亥矿作业人员不安全行为管理制度》进行考核。

3. 处理结果

通过程序化管理考核,作出如下处罚决定:① 跟班副队长违章指挥放明炮作业,罚款1 500元并参加安全教育学习班。② 矿建二队队长负队管理责任,罚款1 000元并参加安全教育学习班。③ 矿建管理科科长、书记、安全副科长负科管理责任,各罚款300元。

4. 点评

程序化指挥就是"正确"的人在"正确"的时间安排"正确"的人干"正确"的事。这个案例就是"正确"的人在"正确"的时间安排"正确"的人干了一件"不正确"的事。作为安全生产管理人员违反程序化管理的相关规定,违章指挥,必然要受到处罚,广大管理人员必须引以为戒,只有按章指挥、按规作业,才能保障生产的正常有序进行和职工的人身安全。

(二)案例二

1. 资料

2013年1月8日,丁甲班,阿刀亥煤矿综采队二队书记陈××值班并召开班前会,安排本班正常生产。22时30分左右,支架工金××发现16号支架跑液,准备进行处理。准备关闭16号支架高压管,由于截止阀老化生锈,金××用扳手敲截止阀操作杆,此时操作杆弹出打在金××右眼上,造成右眼受伤。经查,金××违章作业是造成事故的直接原因,"三员两长"现场监督不到位,队干部对职工的安全教育不到位是事故发生的重要原因。

2. 考核依据

根据《阿刀亥矿"三环一化"安全生产循环制约管理办法》的相关规定以及《阿刀亥矿事故报告和调查处理制度》进行考核。

3. 处理结果

通过程序化管理考核,作出如下处罚决定:① 金××对事故负直接责任,罚款1 000元,伤愈后进行岗前安全培训后方可安排工作。② 跟班副队长、班长现场安全监督不力,各罚款500元。安全员监管不力,罚款400元。③ 综采二队队长、书记负队管理责任,各罚款400元。④ 对当班其他"三员两长"及相关负责人,依据相关制度进行考核。

4. 点评

这个案例就是"正确"的人在"不正确"的时间干了一件"不正确"的事。阿刀亥煤矿规定"井下所有单人单岗地点的单独作业人员,要严格按照操作规程作业,确保自身安全";金××在没有人监督、指挥的情况下,冒险作业,造成了这一事故,警示广大作业人员在实际工作中,必须严格依照程序化管理的相关规定作业,确保人身安全。

（三）案例3

1. 资料

2013年2月23日,甲班,阿刀亥煤矿掘进准备队队长杜××值班并召开班前会,安排本班在21203进行拉底作业。4时左右,班长张××带领3名工人准备卸耙斗机槽子(由于槽子较大,在矿车上垫2个背板,槽子放在背板上)。张××等4人一起推槽子,推至一半时由于背板受力不均,弹起打在张××左小臂上。经医院诊断,张××左小臂尺骨骨折。经查,职工安全意识淡薄,自保意识差,是这起事故发生的主要原因。区、队干部对职工的安全教育不到位,也是事故发生的一个原因。

2. 考核依据

根据《阿刀亥矿"三环一化"安全生产循环制约管理办法》的相关规定以及《阿刀亥矿事故报告和调查处理制度》进行考核。

3. 处理结果

通过程序化管理考核,作出如下处罚决定:① 张××对事故负主要责任,罚款1 000元,伤愈后进行岗前安全培训方可安排工作。② 跟班副队长现场安全监督不力,罚款500元。安全员监管不力,罚款400元。③ 掘进准备队队长、书记负队管理责任,各罚款400元。④ 一工区区长、书记、安全副区长负区管理责任,各罚款300元。⑤ 当班其他"三员两长"及相关责任人,依据相关制度进行考核。⑥ 对掘进准备队2月份的安全结构工资及职工个人安全账户依据相关规定进行考核。

4. 点评

这个案例中,由于直接责任人在作业之前没有事先排查安全隐患;班长没有进行安全确认,没有严格按照程序化管理的相关规定进行指挥,因此造成了事故。此案例充分说明了程序化作业的重要性。

（四）案例4

1. 资料

2013年6月2日,乙班。10时左右,阿刀亥煤矿准备一队队长崔××值班,安排副班长郭××带董××、王××和马××在东区02号煤轨道巷11212轨道巷口运料。郭××安排其他3人拉钩头准备提下部重车,自己负责开绞车,郭××担心拉不动,在绞车前8 m左右位置拉钢丝绳,3名职工为了省力在移变处挂一节重车放飞车,结果绷紧的钢丝绳把郭××弹到旁边的绞车滚筒上,导致左臂骨折。经查,职工安全意识差,违章边开绞车边拉绳且挂重车放飞车,是事故发生的直接原因。程序化管理不到位,是事故发生的重要原因。

2. 考核依据

根据《阿刀亥矿"三环一化"安全生产循环制约管理办法》的相关规定以及《阿刀亥矿事故报告和调查处理制度》、"关于开展阿刀亥煤矿2013年'安全生产月'活动的通知"进行考核。

3. 处理结果

通过程序化管理考核,作出如下处罚决定:① 郭××对事故负主要责任,罚款3 000元,伤愈后进行安全培训方可安排工作。② 跟班副队长,现场安全监管不力,罚款1 500元。③ 董××、王××和马××在没有通知郭××的情况下违章挂车放飞车,是导致事故的重要原因,各罚款800元。④ 准备一队队长、书记负队管理责任,各罚款800元。⑤ 工程一区区长宋××、书记王××、安全副区长樊××负区管理责任,各罚款500元。⑥ 依据"关于开展阿刀亥煤矿2013年'安全生产月'活动的通知"考核相关责任人的安全奖励。

4. 点评

这起事故是典型的程序化指挥不到位、程序化作业不规范造成的。在这个事故案例中,跟班队长没有监督指挥,履行程序化指挥的职责,班长带领职工没有进行程序化作业,干了一件"不正确"的事。警示广大作业人员必须严格按照程序化管理的相关规定进行作业,必须努力提高自保互保和安全意识。

(五)案例5

1. 资料

2013年9月27日,乙班,阿刀亥煤矿准备二队队长吕××值班并召开班前会,安排在东区提放车作业。13时15分左右,挂钩工王××将5辆喷锚料车及4个空车挂在一起,挂好钩后,准备往无轨胶轮车辅助运输系统3号绕道处倒车。随后被安监处小分队发现及时制止,避免了事故发生。

2. 考核依据

根据《阿刀亥矿"三环一化"安全生产循环制约管理办法》的相关规定以及《阿刀亥矿作业人员不安全行为管理制度》进行考核。

3. 处理结果

通过程序化管理考核,作出如下处罚决定:① 挂钩工王××超挂车违章作业,罚款1 000元,并参加安全教育学习班。② 对准备二队跟班队长、班长各罚款300元。③ 对准备二队队长、书记各罚款300元。④ 对工程二区值班区领导梁××罚款200元。

4. 点评

职工由于存在侥幸意识,在工作中不按照程序化的要求作业时有发生,图省时省力,岂不知事故就发生在侥幸之间。作业人员必须提高安全防范意识,按照规定操作;各级干部必须加强对职工的安全教育,才能保证安全生产。

第五节　其他安全生产特色管理经验

安全生产特色管理经验,具体包括"四人"现场环境安全确认工作法、"四人"现场工程质量验收制度、套长制、安全"线性"包保制度、群众性安全"互揭、互评、互帮"制度、"查短板、找差距、促整改"活动等特色管理经验,在很大程度上维护与保障了阿刀亥煤矿正常的安全生产秩序,促进了企业的持续、稳定、健康发展。

一、"四人"现场环境安全确认工作法

安全员、瓦检员、副队长、班长是现场安全生产组织的核心,是确保安全生产无事故的关键一环。为了充分发挥"三员两长"现场安全生产监督管理的职能,进一步深化阿刀亥煤矿"三环一化"安全生产循环制约管理,构建良好的安全生产环境,杜绝事故,阿刀亥煤矿决定实行"四人"现场环境安全确认法,如图 12-7 所示。

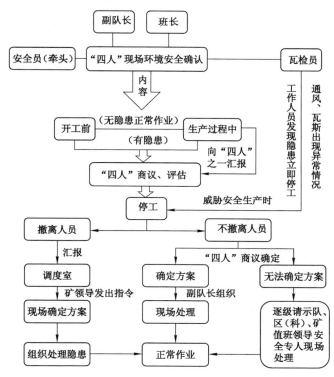

图 12-7　"四人"现场环境安全确认法流程图

（一）"四人"现场环境安全确认工作法的定义

"四人"现场环境安全确认法是指:在每班开工前及当班生产过程中,安全员、瓦检员、副队长、班长根据各自职责分工,认真履行岗位职责,全面排查作业地点的隐患。一旦发现威胁安全生产的隐患,主动停工先处理隐患,坚决做到"不安全不生产"。阿刀亥煤矿对因停工处理隐患而影响生产任务完成的,视同完成任务支付工资,消除停工后职工担心计件工资减少的顾虑。"四人"现场环境安全确认工作法是一种特定工作处理方式。

（二）"四人"现场环境安全确认工作法的隐患排查及确认流程

（1）"四人"根据各自职责分工,对本工作面或作业地点存在的隐患进行全面排查,发现威胁安全生产的隐患时,"四人"进行商议、评估,经"四人"共同确认后,立即停工。

（2）现场其他工作人员发现作业地点或本岗位存在威胁安全的隐患时,先停止作业,将隐患情况报告"四人"中的任何一人,再由"四人"进行商议、确认。

（三）"四人"现场环境安全确认工作法的隐患汇报及处理程序

当发生威胁安全生产的隐患停工后，由"四人"共同议定，针对客观情况，分别采取以下措施：

（1）需要撤离人员时，应立即组织现场所有工作人员撤到安全地点，然后汇报矿调度，由矿值班领导发出指令或安排区、队及业务科室专业人员现场确定方案，组织处理。

（2）不需要撤离人员时，要积极处理隐患。经"四人"商议，如果有妥善解决方案，由副队长组织现场人员进行处理；如"四人"现场无法确定方案组织处理，队领导必须到现场指挥；队领导到现场仍无法组织处理，请示区值班领导，由区值班领导发出指令或到现场指挥；区领导到现场仍无法组织处理，请示矿值班领导，由矿值班领导发出指令或安排业务科室专业人员现场确定方案，组织处理。

（四）"四人"现场环境安全确认工作法的停工工资支付办法

现场环境存在威胁安全生产的隐患时，经"四人"共同确认停工的，阿刀亥煤矿将视同完成任务同意支付停工工资。表 12-7 为"四人"现场环境安全确认停工单。

表 12-7   "四人"现场环境安全确认停工单

单位：   年   月   日   班

序号	作业地点	当班人员	停工时间	不安全情况	处理办法	解决时间	影响时间

安全员：   瓦检员：   副队长：   班长：

（1）每次停工后，统一填写"阿刀亥煤矿'四人'现场环境安全确认停工单"，四人签字认可，班后由安全员交回安监处。

（2）安监处建立档案，将交回的停工单妥善保管，月底统一交劳资科，由劳资科按完成任务的标准进行工资结算。

（五）"四人"现场环境安全确认工作法在具体实施过程中的特定要求

为了更好地发挥"四人"现场环境安全确认工作法在阿刀亥煤矿安全管理中的重要作用，使之真正成为安全管理的常态模式之一，特作出以下具体要求：

（1）每班开工前，由安全员、副队长、班长、瓦检员四人根据职责的分工，必须先对现场环境进行安全确认，只有在"四人"共同确认现场环境安全的情况下，方可开工作业。

（2）在生产过程中，一旦现场出现威胁安全生产的隐患时，必须立即启动"四人"现场环境安全确认法执行程序，主动停工先处理隐患，只有当隐患得到妥善处理，对安全生产不构成威胁以后，方可继续作业。

（3）各生产单位必须加强宣传教育，高度重视此项工作，真正领会其重要意义，消除停工顾虑，使"四人"现场环境安全确认工作法贯穿到安全生产全过程。

（4）此项工作由安全员牵头，其余三人必须积极配合，瓦检员负责通风、瓦斯管理，通风、瓦斯方面出现异常情况，威胁安全生产时，瓦检员必须指令立即停止现场作业，否则将追究瓦检员的责任。

（六）"四人"现场环境安全确认工作法在阿刀亥煤矿的实施情况

"四人"现场环境安全确认法在阿刀亥煤矿全面推行以来，在提高职工安全意识、确保作业环境安全、防范各类事故等方面均起到了非常明显的作用。该项工作在阿刀亥煤矿推行伊始，由于认识上的不到位、职能强制推行，但伴随实践运作成效的日渐显现、逐步过渡到各队积极主动地排查隐患、处理隐患。2013 年，阿刀亥煤矿执行"四人"现场环境安全确认主动停工 77 次，矿劳资科均按规定支付了工资。该项制度改变了以往处理隐患无工资，有利于职工积极主动处理安全隐患，化解了安全与生产的矛盾，有效地促进了矿井的安全生产工作。

二、"四人"现场工程质量验收制度

为了进一步强化"三环一化"安全生产循环制约管理，夯实安全基础工作，进一步巩固安全质量标准化水平，阿刀亥煤矿实施了"四人"现场工程质量验收制度。

（一）"四人"现场工程质量验收制度的定义

"四人"现场工程质量验收制度是指：在对当班工程质量进行检查验收时，由验收员牵头，副队长、班长、安全员必须同时在场，共同参与工程质量验收的一项制度。

（二）"四人"现场工程质量验收制度的具体规定

"四人"现场工程质量验收制度具体规定如下：

（1）验收员全面负责当班工程质量，必须认真抓好正规循环作业，确保现场工程质量合格。

（2）各队要根据本队实际，认真制定工程质量验收标准及循环制约考核管理办法，并严格执行。

（3）生产过程中，当班验收员要对现场每一道工序、每一个循环进行严格的工程质量把关，发现工程质量问题，有权安排工长组织人员进行返工处理；只有当一个循环完成结束，工程质量符合标准，方可进行下一个循环作业。

（4）对于验收员提出的工程质量上的问题，工长不配合、不及时处理、不遵循正规循环作业的，当班验收员有权根据实际情况，对当班计件工资进行打折、扣分。

（5）班末由验收员牵头，副队长、班长、安全员积极参与对当班工程质量进行全面验收，验收员将工程质量及当班遗留问题逐一记录，按照循环制约考核办法对当班计件工资进行考核。如果因工程质量问题或正规循环作业执行不力，对下个班正常生产造成影响时，对当班计件工资支付标准进行打折，并与接班验收员进行现场交接后，将打折部分赔付给下个班。

（6）接班验收员根据交班验收员提出的问题，现场对照检查，发现现场存在的问题与交班验收员提出的问题不相符时，有权根据具体情况对上个班计件工资进行再打折，并且汇报队值班领导。

（7）队长、书记要加强对验收员工作的管理考核，对现场工程质量把关不严、不负责任的，要进行批评教育或降低岗位工资系数，确实不能胜任验收员工作的要及时撤换。

（8）安全员要加强监督，班末对当班"四人"现场工程质量验收情况在安全质量标准化评估表上认真记录，作为本旬安全质量标准化打分项级的主要依据。

（9）安监处应加强监督检查，对不严格落实此项工作、在工程质量和执行正规循环作业方面不作为的队长、书记，给予警告、罚款直至建议撤职等处理。

三、套长制

(一)套长制的含义

井下零星作业人员的管理,一直是现场安全管理的薄弱环节和安全监管的盲区。所谓"套长制",就是井下有两人或两人以上的作业地点,必须在班前会上明确指定一名班组长或富有经验的老工人担任套长,由其统一指挥、统一行动,负责作业过程的安全。单独岗位工集中的区域也要设立一名套长,由其负责监管辖区内各岗位工的作业安全。为了调动套长在实际工作过程中的积极性、主动性,真正体现"责、权、利"的统一,规定套长享受一定的工资待遇。图12-8为"套长制"流程图。

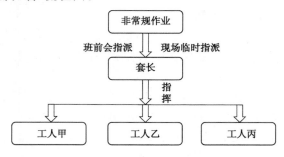

图 12-8 "套长制"流程图

(二)套长制的实际案例分析

1. 案例概况

2013年12月12日,丙班,阿刀亥煤矿运输区运输二队值班队长雷××主持并召开班前会,安排当班任务并强调了安全注意事项;跟班队长王××、工长梁××布置当班任务,由贺××、魏××负责手翻罐的操作及翻渣任务,并确认魏××为套长。正常作业至18时左右,当提上一车矸石至手翻罐口时,贺××按惯例在检查矿车的载物情况时,发现矿车内有一块两米长的木板,贺××遂将矿车内的木板拉出并放在手翻罐的一边,通知翻罐司机开机翻罐,由于丢在地下的木板,一头搭在手翻罐笼上,罐笼转动将木板挑起,打在贺××左侧腋下部位,导致贺××左侧肋骨受伤。

2. 事故原因

(1)贺××在取下木板后,没有把木板放在安全位置,罐笼转动将木板挑起,打在贺××的左侧腋下部位,是造成事故的直接原因,贺××对事故负有直接责任。

(2)跟班副队长王××、工长梁××现场监督不到位,魏××作为套长,没起到套长作用,未检查出手翻罐周围是否存在安全隐患,是造成事故的重要原因,王××、梁××、魏××对事故负有重要责任。

3. 处罚决定

依据《阿刀亥矿事故报告和调查处理制度》及"关于开展决战一百天实现全年安全无事故活动的通知",经矿研究决定,对相关责任人处罚如下:

(1)贺××对事故负直接和主要责任,罚款3 000元,取消12月12日到年底的所有奖励。

(2)运二队队长雷××、书记陈××平时对职工教育不够,对事故负管理责任,各罚款400元;队长、书记12月的安全绩效奖励不兑现。

（3）跟班副队长王××、工长梁××、套长魏××负现场安全监管责任，各罚款 500 元。

（4）运输区区长曹××、书记韩××、区值班领导刘××负区管理责任，各罚款 300 元；核减区领导 12 月 30% 的安全绩效奖励。

（5）"决战一百天实现全年安全无事故"活动奖励核减如下：根据文件规定，当班跟班副队长王××、工长梁××每人核减 500 元，上一级包保人李××核减 500 元，队值班领导雷××核减 400 元，区值班领导刘××核减 200 元，当班其他人员每人核减 200 元。

（6）运输二队 12 月的安全结构工资及职工个人安全账户依据相关规定进行考核。

（7）包队领导战××没有协助队组抓好安全管理和安全宣传教育工作，负连带责任，罚款 100 元。

4. 防范措施

（1）加强对职工的安全教育，作业中要仔细观察周围的情况，严格排查安全隐患，待隐患消除，确认安全的情况下，方可开机作业。

（2）操作手翻罐时，作业人员必须撤到安全地点，方可开机。

（3）严格执行"套长制"，充分发挥套长在安全管理中的作用。

5. 点评

套长是零星作业的指挥者，是零星作业人员的管理者。在这个案例中，由于套长没有履行统一组织协调现场作业的职责，没有检查现场安全隐患，发生了不该发生的事故。这起事故告诉我们，在实际工作中必须把"套长制"落到实处，才能构筑安全生产的基础。

四、安全"线性"包保制度

（一）安全"线性"包保制度的含义

安全"线性"包保制度的理念是"管好自己、约束他人、共创安全"。安全"线性"包保制度就是以班组为单位，从班长开始，一级包一级，形成链式安全包保系统制度。要求班组成员必须签订包保合同书，未签订包保合同书的职工，一律不准上岗。一旦在工作过程中出现违纪违章现象，除了当事人（责任人）要受到处罚外，还要对包保人员进行连带追究。这样一来，能够在很大程度上避免违章没人制止的现象，有效地控制了违章违纪行为的发生。

作业人员的行为是安全管理的薄弱环节。阿刀亥煤矿在全矿范围内以班组为单位实施安全"线性"包保制度，下一个工序的职工包保上一个工序的职工，一级包一级，形成上下联动、全员参与的链条式安全管理新格局，实现了多数人管多数人，一个班组一条线，营造了"人人都是安全员、人人都是警卫员"的浓厚安全工作氛围。通过实施安全"线性"包保，进行安全奖励，极大地提高了干部职工的安全自保、互保意识。这样一来，绝大部分干部与职工都意识到，安全不只是干部的事、不只是安监部门的事，更是自己的事，是关系到自己切身利益的事，不但要管好自身的安全，还要管好自己包保人的安全，有力地夯实了矿井的安全基础。

（二）安全"线性"包保制度的具体要求

为了确保安全"线性"包保制度的有效推行，阿刀亥煤矿特对包保范围的约定、包保合同的签订、考核与奖罚等作出了明确规定。

1. "线性"包保的范围

阿刀亥煤矿八区（科）所辖队组、采煤队组、安监大队、探水队以及民爆站等在册职工，必须做到只要有人上岗，必须有人包保。没有纳入包保体系的人员，一律不准上岗。

2. 包保合同的签订

各队组要建立以班组为单位的"线性"包保体系。班组"线性"包保体系为由班组长开始,依次排列本班组人员,逐一包保,形成:职工甲→职工乙→职工丙→职工丁→……的"线性"包保体系,包保成员必须签订包保合同书。

对于出现"三违"和事故的职工,连带处罚包保人,并由包保人负责对违章人员进行安全教育。

3. "线性"包保的考核与奖罚

(1) 采煤队组及工程一区、工程二区、通风区、机电科、安装区、运输区、抽采区所辖队组、安监队、探水队、巷道维修队和民爆站井下岗位职工包保奖励基数为:一线职工 1 500 元/人;二线职工 1 000 元/人;各业务科室下井人员、八区(科)科部人员(机电科只含四专组、电管组、技术组、设备组、配件组),各队组地面人员(材料员、库工、资料员),机电一队、机电二队场地人员,运输二队地面岗位人员,轨维队场地人员,通风三队仪器房、监控室人员,抽采队地面泵房人员和外维人员,包保奖励标准为 500 元/人。

(2) 纳入包保体系的职工,月度出勤大月低于 22 天(小月低于 21 天)或旷工 1 天以上(含 1 天)者,取消包保奖励。在岗有效出勤及矿委派的各类比赛、短期培训、比武为有效出勤,其他一律不作为"线性"包保出勤。劳资科要做好与队组计资台账的核对工作,杜绝虚假报工套取"线性"包保奖励的行为。

(3) 纳入"线性"包保体系的职工,当月出现一起三、四类违章事故,触犯铁规钢纪或者发生一起轻伤及以上事故,取消本人本月包保奖,包保人包保奖核减一半;出现一、二类违章事故,每起核减 100 元。

(4) 如果包保人不愿包保,必须写出书面报告,报活动办公室,解除包保合同。无人愿意包保的职工不得上岗。

(三) 安全"线性"包保制度的实际案例

1. 事故经过

2013 年 12 月 5 日,丙班,阿刀亥煤矿安装区安装一队队长赵××值班,安排在东区 11212 工作面正常作业,并强调了安全注意事项。正常作业至 19 时 20 分左右,跟班副队长李××等 4 人负责卸装在矿车内的大链,当时把矿车推到采煤帮一侧。卸完大链后,李××把导链挂在起吊锚杆上(起吊锚杆用于吊挂风水管,长度为 1.2 m),自己用导链吊矿车上道,当矿车吊起约 600 mm 高时,起吊锚杆被拉出,导链连同矿车一起掉下来,砸在经过此处的赵××右腿上,造成右小腿骨折。

2. 事故原因

(1) 安装一队跟班副队长李××起吊重物没有使用专门的起吊锚杆,而是把导链挂在起吊风水管的起吊锚杆上起吊矿车上道,导致锚杆被拉出,矿车砸在途经该处赵××的腿上,是造成事故的直接原因。李××对这起事故负直接责任。

(2) 掘进四队施工的起吊锚杆只使用一个药卷(作业规程规定上两个药卷),且没有搅拌充分,导致锚固力没达到设计要求,起吊 1.5 t 矿车时被拉出(设计锚杆可承载 10 t,而1.5 t 矿车自重 0.7 t),是发生事故的重要原因,掘进四队队领导和工程一区区主要领导负管理责任。

(3) 赵××在推矿车时自主保安意识差,是事故发生的另一个重要原因,赵××对事故负一定责任。

（4）安全员王××负现场安全管理责任（同时监管安装三队），罚款200元。

（5）安装一队队长赵××、书记张××负队管理责任，各罚款400元，核减队长、书记50％的安全绩效奖励。

（6）安装区区长潘××、书记张××、安全区长尹××、区值班领导杨××负区管理责任，各罚款300元，核减区领导30％的安全绩效奖励。

（7）包队领导段××没有协助队组抓好安全管理和教育工作，负连带责任，罚款100元。

（8）对包保人杨××，按照《阿刀亥矿开展"干部上讲台、培训到现场"活动实施方案》（阿矿发〔2012〕7号文件）进行考核。

（9）根据"决战一百天实现全年安全无事故"活动奖励办法，根据有关文件规定，当班"六员两长"每人核减500元，包保李××的包保人武××核减500元，队值班领导赵××核减400元，区值班领导杨××核减200元，当班其他人员每人核减200元。

（10）对安装一队12月的安全结构工资及职工个人安全账户依据相关规定进行考核。

4．防范措施

（1）加强对职工的安全教育，消除麻痹松懈思想，作业中要仔细观察周围及顶板的情况，认真及时排查隐患，提高职工的自保互保意识。

（2）起吊重物必须施工专用的起吊锚杆，严禁挂在其他锚杆上起吊。

（3）起吊重物时，所有人员不得站在起吊重物可能掉落后波及的范围内。

（4）掘进队组施工锚杆时，必须按规定装药卷，严禁少装药卷，药卷搅拌时间必须符合有关规定。

5．点评

"线性"包保制度的核心是人人都是包保者，人人都是被包保者；每一位职工都要包保本班的一个人，同时自己也被别人包保，形成一个"线性"的包保链条。无论包保人和被包保人是否同时在一起作业，包保关系依然存在，这就要求包保人对被包保人做好日常安全教育工作。本案例中，包保人武××虽然不在施工现场，但同样要承担包保责任。要充分认识到"自保、互保、联保"的重要性，切实把"线性"包保制度落到实处。

五、群众性安全"互揭、互评、互帮"制度

（一）群众性安全"互揭、互评、互帮"制度的含义

阿刀亥矿针对在日常管理过程中，个别领导干部在思想上的松懈麻痹、在管理上的松弛滑坡、在作风上的散漫慵懒等不正常现象，为确保矿井的持续、健康、稳定发展，特倡议在广大干部职工群众中开展安全"互揭、互评、互帮"活动，旨在形成一种"人人不敢违章、人人不愿违章、人人不能违章"的安全生产长效机制。

（二）群众性安全"互揭、互评、互帮"制度的宏观目标

群众性安全"互揭、互评、互帮"活动的实施，其目标在于通过"互揭、互评、互帮"，找差距，查漏洞，在安全管理上开展"批评与自我批评"，遏制"三违"现象的发生，消除事故隐患，提高广大干部职工对"三违"及隐含危害性的再认识，在全矿上下统一形成"三违不除，隐患不该，矿无宁日"的共识，努力创建"人人不敢违章、人人不愿违章、人人不能违章"的良好工作氛围，延伸矿井安全生产周期。

（三）群众性安全"互揭、互评、互帮"制度的主要内容

阿刀亥煤矿群众性安全"互揭、互评、互帮"活动由各区（科）负责落实与实施。"互揭"是前提，"互评"是手段，"互帮"是目标，主抓"互揭""互评""互帮""过关"四大环节。

（1）互揭。"互揭"是指在职工之间，上下级之间互相揭发、检举、举报"三违"现象和现场安全隐患，通过设立矿、区、队三级安全举报电话和邮箱，鼓励职工揭发与检举周围违章作业人员和违章指挥人员。矿、区、队各级必须确定专人对举报内容进行登记与备案，同时必须对检举人的信息严格保密，对举报内容进行核实。凡举报内容属实的，要对举报人进行物质奖励，具体奖励标准为：举报一类"三违"行为奖励 100 元；举报二类"三违"行为奖励 200 元；举报三类"三违"行为奖励 500 元；举报四类"三违"行为奖励 1 000 元。对被举报的"三违"人员暂不进行处罚，但必须进行"过关"教育。

（2）互评。"互评"是指各部门在广泛收集干部职工对安全工作的态度、意见、建议和干部职工自查的基础上，组织班组长以及其以上领导干部，结合岗位实际情况，认真查找不规范的安全管理行为和安全管理薄弱环节。针对查找出来的问题与不足，以"批评与自我批评"的方式进行职工与职工、干部与干部、干部与职工之间的互评工作。这一环节的目的在于通过安全互评、让所有从业人员"红红脸、出出汗"，对自己的工作与行为进行再检点，让全体干部与职工都深刻认识到违章行为对企业及个人的严重危害。

（3）互帮。"互帮"就是相互帮助、相互提高。凡被举报且发生过"三违"行为并查证属实的职工，在通过"过关"教育后，其"线性"包保的上线包保人、班组长、班干部及其家属要帮助"三违"职工提高认识、提升技能，增强安全防范意识。

（4）过关。"过关"是指"三违"人员要参加安全互评会、井口"三违"人员安全宣讲、"三违"人员班组巡讲等活动。通过这些活动的开展，切实让这些违规、违章的"三违"人员深刻认识到自己行为的过错，切实提升安全意识，真正实现"要我安全"向"我要安全"的转变。

六、"查短板、找差距、促整改"（简称"查、找、促"）活动

（一）活动的目的

为进一步强化"三基"工作，切实把"敬畏生命、敬畏制度、敬畏责任"落到实处，提高安全生产工作的执行力，强化各级管理人员安全责任的落实，提高全体领导干部的思想认识和生产组织能力，切实转变干部作风，加强监控管理，抓好现场工作的落实，把在管理中存在的问题摆出来，逐项制定专项措施进行整改，坚持面向问题抓安全，面向短板抓管理，面向缺陷抓投入，进一步做实做细安全生产工作，促进安全生产管理工作的持续稳定发展。

（二）活动的组织与领导

在活动过程中要成立领导组，下设办公室。领导组负责"查、找、促"活动方案的实施和监督落实。活动办公室负责"查、找、促"活动相关资料的汇总上报，负责对各单位开展"查、找、促"活动情况进行通报考核。

（三）活动的具体要求

（1）活动围绕"7311"进行。各专业副总每周四前组织相关单位召开"查、找、促"活动专题会，将 7 d 内本专业查出的短板及隐患整理摘选后汇报活动办公室（安监部门监察室）；区、科每 3 d 将查出的短板及隐患集中整理后汇报活动办公室；队组每天将查出的短板及隐患汇报所辖区、科；班组将每天查出的短板及隐患汇报所属队组；业务科室组长每天将各自专业管辖范围的短板及隐患汇报单位负责人。

（2）区、科、队要建立台账进行管理，将查出的短板及隐患进行公布，让人人都来查短板，人人都监督，人人都知道哪里有短板，哪里有隐患，便于及时处理隐患，便于职工自己保护自己，到达有短板和隐患的区域能自觉提前防范，便于每个管理干部都知道自己该干什么，去哪里干。

（3）安监部门调信科将信息卡收集到的短板及隐患集中汇总，报安监部门监察科，安监部门监察科要将各专业副总、区、科及调信科报上的短板及隐患整理筛选，将主要的问题通过早调会和周五调度会进行通报，并对每条通报的短板和隐患逐条进行闭合处理，不能短时间处理的问题要制定防范措施并严格执行，对没有按时间整改和闭合的问题，要对相关责任人依据《事故隐患排查与整改制度》进行处罚。监察科建立短板、隐患管理台账，便于责任落实和信息管理。

（4）要从人和物两个大方向查短板，要从思想认识、生产组织、技术规范、作风建设、安全监督、现场落实等 6 个方面查找不足和问题。要求全矿所有区（科）、队和每名干部职工均要开展自查活动，区、科、队各级干部要认识到人的安全管理需要高度重视，要充分发挥思想政治工作的优势，区、科、队各级干部要通过"线性"包保活动、班前排查活动、跟带班活动详细了解每个职工的思想动态，工作情绪，合理安排工作，对排查出的不放心人员重点关注，集体帮助，实现人人安全。

（5）提高认识，加强领导。"查、找、促"活动是从源头抓安全的一种重要手段，各级干部职工要提高认识，增强工作主动性和责任感，加强对"查、找、促"活动的组织领导。各单位负责人是"查、找、促"活动的第一责任人，负责全面组织本单位活动的开展。

（6）强化督查，认真考核。各单位负责人要对本单位"查、找、促"活动的开展情况进行检查，对思想认识不到位，不按照要求开展活动的人员进行考核追究。活动领导组根据各单位活动情况进行全面监督考核。

（7）矿调度要将通报的短板和隐患在矿调度电子屏幕和井口电子屏幕上公示，并注明整改落实情况，并及时更新。宣传部门要充分利用广播等传媒手段进行宣传，加大对活动的宣传力度，让活动方案深入人心，提升矿井全员安全意识。

参 考 文 献

[1] Arutyunyan N,Metlov V V. Some problems in the theory of creep in bodies with variable boundaries[J]. Mechanics of Solids,1982,17(5):92-103.

[2] Jiang Fuxing,Jiang Guoan. Theory and technology for hard roof control of longwall face in chinese collieries[J]. Journal of Coal Science & Engineering,1998,4(2):1-6.

[3] Qian M G,He F L,Miao X X. The system of strata control around longwall face in China[J]. Mining Science and Technology. Rotterdam:A A Balkema,1996:15-18.

[4] Qian Minggao,He Fulian. The behavior of the main roof in longwall mining,Weighting Span,Fracture and Disturbance[J]. Journal of Mine,Metals & Fuels,1989(6-7),240-246.

[5] Qian Minggao. A study of the behaviour of overlying strata in longwall mining and its application to strata control[M]. Strata Mechanics,Elsevier Scientific Publishing Company,1982:13-17.

[6] S. S. Peng. Coal mine ground control[M]. New York:John Wiley & Sons,Inc,1978.

[7] S. S. Peng. 煤矿地层控制[M]. 北京:煤炭工业出版社,1984.

[8] 蔡美峰,何满潮,刘东燕. 岩石力学与工程[M]. 北京:科学出版社,2002.

[9] 岑可法,姚强,骆仲泱,等. 燃烧理论与污染控制[M]. 北京:机械工业出版社,2004.

[10] 查文华,谢广祥,罗勇. 急倾斜煤层锚网索巷道围岩活动规律研究[J]. 采矿与安全工程学报,2006,23(1):99-102.

[11] 常富贵,章峰,黄轶. 大倾角三软煤层放顶煤支架选型及三机配套[J]. 煤炭科学技术,2009(11):59-62.

[12] 陈建强,邵小平,石平五. 铁厂沟矿回采巷道锚网支护试验研究[J]. 煤矿安全,2006(11):6-8.

[13] 陈炎光,钱鸣高. 中国煤矿采场围岩控制[M]. 徐州:中国矿业大学出版社,1994.

[14] 邓广哲. 放顶煤采场上覆岩层运动和破坏规律研究[J]. 矿山压力与顶板管理,1994,13(2):23-26.

[15] 丁大钧. 结构机制学——拱[J]. 工业建筑,1994,34(11):54-59.

[16] 董连岐. 葛泉矿5#煤综采三机配套选型研究[J]. 河北煤炭,2009(01):1-2.

[17] 范文胜. 超长工作面综采放顶煤开采矿压显现规律的研究[D]. 内蒙古科技大学,2010.

[18] 冯国瑞. 残采区上行开采基础理论及应用研究[D]. 太原:太原理工大学,2009.

[19] 高磊. 矿山岩体力学[M]. 北京:冶金工业出版社,1979.

[20] 高召宁,石平五,姚令侃. 急斜特厚煤层开采采动损害传递途径研究[J]. 中国煤炭,

2006(01):37-39.

[21] 高召宁,石平五,姚裕春,等.急斜特厚煤层开采围岩破坏规律研究[J].矿业研究与开发,2006(03):26-28.

[22] 高召宁,石平五.急倾斜水平分段放顶煤开采岩移规律[J].西安科技学院学报,2001(04):316-318.

[23] 高召宁,石平五.急斜特厚煤层水平分段放顶煤安全开采的研究[J].矿山压力与顶板管理,2005(1):21-27.

[24] 郝海金.长壁大采高上覆岩层结构及采场支持参数的研究[D].北京:中国矿业大学,2004.

[25] 贺正林,李志强.糯东煤矿综采设备三机配套选型研究[J].煤炭技术,2012(02):15-16.

[26] 侯忠杰,谢胜华.采场基本顶断裂岩块失稳类型判断曲线讨论[J].矿山压力与顶板管理,2002(2):1-3.

[27] 侯忠杰.基本顶断裂岩块回转端角接触面尺寸[J].矿山压力与顶板管理,1999(3-4):29-31.

[28] 黄春光.大倾角"三软"不稳定厚煤层放顶煤开采矿压规律研究[D].河南理工大学,2010.

[29] 黄庆享,钱鸣高,石平五.浅埋煤层采场老顶周期来压的结构分析[J].煤炭学报,1999,24(6):581-585.

[30] 黄庆享,石平五,钱鸣高.老顶岩块端角摩擦系数和挤压系数实验研究[J].岩土力学,2000(1):60-63.

[31] 黄庆享.浅埋煤层长壁开采顶板控制研究[D].徐州:中国矿业大学,1998.

[32] 季俊成.综采工作面三机配套设备的合理选择[J].煤炭技术,2011(04):16-17.

[33] 贾喜荣.坚硬顶板垮落机理及其工作面几何参数的确定[C]//第三届采场矿压理论与实践讨论会论文集,1986.

[34] 贾喜荣.矿山岩层力学[M].北京:煤炭工业出版社,1997.

[35] 贾向鹏.矿井工作面三机配套选型及应用效果分析[J].机械管理开发,2015(07):75-77.

[36] 姜福兴,Xun Luo,杨淑华.采场覆岩空间破裂与采动应力场的微震研究[J].岩土工程学报,2003(1):23-25.

[37] 姜福兴,Xun Luo.微震监测技术在矿井岩层破裂监测中的应用[J].岩土工程学报,2002(2):147-149.

[38] 姜福兴,宋振骐,宋扬.基本顶的基本结构形式[J].岩石力学与工程学报,1993(3):366-379.

[39] 姜福兴.薄板力学解在坚硬顶板采场的适用范围[J].西安矿业学院学报,1991,11(2):40-50.

[40] 姜福兴.岩层质量指数及其应用[J].岩石力学与工程学报,1994(3):270-278.

[41] 蒋新军,武建文,石平五.急倾斜水平分段放顶煤放煤规律的离散元模拟研究[J].煤矿开采,2006(05):1-3.

[42] 靳钟铭,徐林生.煤矿坚硬顶板控制[M].北京:煤炭工业出版社,1994.

[43] 康立勋.大同综放工作面端面漏冒及其控制[D].徐州:中国矿业大学,1994.

[44] 黎良杰.采场底板突水机理的研究[D].徐州:中国矿业大学,1994.

[45] 李建民,章之燕.急倾斜厚煤层水平分段放顶煤开采顶板和顶煤运移规律研究[J].煤矿开采,2006(02):49-51.

[46] 李栖凤.急倾斜煤层开采[M].北京:煤炭工业出版社,1984.

[47] 李思峰.急倾斜煤层断面形状及支护方式的选择及应用[J].煤炭技术,2009,28(5):69-70.

[48] 刘静云.硫化亚铁的产生及自燃预防[J].化学工程与装备.2009(08):73-75.

[49] 刘天泉.矿山岩体采动影响与控制工程学及其应用[J].煤炭学报,1995,20(1):1-5.

[50] 刘小辉,庄晓冬,莫广文,等.新型硫化亚铁钝化清洗剂[J].研制及应用,2005,22(3):41-44.

[51] 茅献彪,缪协兴,钱鸣高.采动覆岩中关键层的破断规律研究[J].中国矿业大学学报,1998(1):39-42.

[52] 缪协兴,钱鸣高.采场围岩整体结构与砌体梁力学模型[J].矿山压力与顶板管理,1995(3-4):3-12.

[53] 缪协兴,钱鸣高.采矿工程存在的力学问题[J].力学与实践,1995(5):70-71.

[54] 缪协兴.采场基本顶初次来压时的稳定性分析[J].中国矿业大学学报,1989,18(3):88-92.

[55] 钱鸣高,何富连,缪协兴.采场围岩控制的回顾与发展[J].煤炭科学技术,1996(1):1-3.

[56] 钱鸣高,何富连,王作棠,等.再论采场矿山压力理论[J].中国矿业大学学报,1994,23(3):1-12.

[57] 钱鸣高,茅献彪,缪协兴.采场覆岩中关键层上载荷的变化规律[J].煤炭学报,1998(2):135-230.

[58] 钱鸣高,缪协兴,许家林.岩层控制中关键层的理论研究[J].煤炭学报,1996(3):225-230.

[59] 钱鸣高,缪协兴,许家林,等.岩层控制中关键层的理论[M].徐州:中国矿业大学出版社,2000.

[60] 钱鸣高,缪协兴.采场矿山压力理论研究的新进展[J].矿山压力与顶板管理,1996(2):17-20.

[61] 钱鸣高,缪协兴.采场上覆岩层结构的形态与受力分析[J].岩石力学与工程学报,1995,14(2):97-106.

[62] 钱鸣高,石平五.矿山压力与岩层控制[M].徐州:中国矿业大学出版社,2003.

[63] 钱鸣高,许家林.覆岩采动裂隙分布的"O"型圈特征的研究[J].煤炭学报,1998(5):466-469.

[64] 钱鸣高,张顶立,黎良杰,等.砌体梁的"S-R"稳定及其应用[J].矿山压力与顶板管理,1994(3):6-10.

[65] 钱鸣高,赵国景.基本顶断裂前后的矿山压力变化[J].中国矿业学院学报,1986,15

(4):11-19.

[66] 钱鸣高.20年来采场围岩控制理论与实践的回顾[J].中国矿业大学学报,2000,29(1):1-4.

[67] 商永立.薄煤层工作面三机配套选型及效果分析[J].煤,2015(09):7-9.

[68] 邵小平,石平五.急倾斜放顶煤开采顶煤体结构研究[J].煤炭科学技术,2006(07):4-7.

[69] 邵小平,石平五.急斜放顶煤开采围岩破坏规律立体模拟研究[J].采矿与安全工程学报,2006(01):107-110.

[70] 邵小平,石平五.急斜煤层大段高工作面矿压显现规律[J].采矿与安全工程学报,2009(01):36-40.

[71] 邵小平.急斜煤层水平分段放顶煤开采围岩结构及其控制性研究[D].西安科技大学,2005.

[72] 石平五,邵小平.基本顶破断失稳在急斜煤层放顶煤开采中的作用[J].辽宁工程技术大学学报,2006(05):641-644.

[73] 石平五,张幼振.急斜煤层放顶煤开采"跨层拱"结构分析[J].岩石力学与工程学报,2006(01):79-82.

[74] 宋元文.急倾斜水平分段放顶煤开采基本顶来压规律探讨[J].煤炭科学技术,1997(12):35-38.

[75] 宋振骐.采场上覆岩层运动的基本规律[J].山东矿业学院学报,1979(1):22-41.

[76] 宋振骐.实用矿山压力控制[M].徐州:中国矿业大学出版社,1992.

[77] 谭云亮,王泳嘉,朱浮生.矿山岩层运动非线性动力学反演预测方法[J].岩土工程学报,1998(4):16-19.

[78] 王慧欣.硫化亚铁自燃特性的研究[D].中国海洋大学,2006.

[79] 王卫军,熊仁钦.瓦斯压力对急倾斜煤层放顶煤的作用机理分析[J].煤炭学报,2000(3):15-17.

[80] 魏辉,杨洋.极薄煤层三机配套设备选型研究[J].煤矿机械,2013(05):217-219.

[81] 武建文,蒋新军,石平五.急倾斜顶底板处顶煤放出规律研究[J].煤炭工程,2006(10):62-64.

[82] 谢东海.巷道放顶煤开采的实践与认识[J].煤矿设计,1996(8):6-9.

[83] 熊正明.防止块矿组拱的有效途径[J].黄金,1995,16(11):19-20.

[84] 徐精彩,薛韩玲,文虎,等.煤氧复合热效应的影响因素分析[J].中国安全科学学报,2001,11(2):31-35.

[85] 徐永圻.采矿学[M].徐州:中国矿业大学出版社,2003.

[86] 徐永圻.煤矿开采学[M].徐州:中国矿业大学出版社,2009.

[87] 徐曾和,徐小荷,唐春安.坚硬顶板下煤柱岩爆的尖点突变理论分析[J].煤炭学报,1995,20(5):485-491.

[88] 许家林,孟广石.应用上覆岩层采动裂隙"O"型圈特征抽采采空区瓦斯[J].煤矿安全,1995(7):2-4.

[89] 许家林,钱鸣高,高红新.采动裂隙实验结果的量化方法[J].辽宁工程技术大学学报,

1998(6):586-589.

[90] 许家林,钱鸣高.覆岩采动裂隙分布特征的研究[J].矿山压力与顶板管理,1997 (3-4):210-212.

[91] 许家林,钱鸣高.覆岩关键层位置的判断方法[J].中国矿业大学学报,2000(5): 463-467.

[92] 许家林,钱鸣高.覆岩注浆减沉钻孔布置研究[J].中国矿业大学学报,1998(3): 276-279.

[93] 许家林,钱鸣高.关键层运动对覆岩及地表移动影响的研究[J].煤炭学报,2000(2): 122-126.

[94] 许家林.岩层移动控制的关键层理论及其应用[D].徐州:中国矿业大学,1999.

[95] 闫少宏,贾光胜,刘贤龙.放顶煤开采上覆岩层结构向高位转移机理分析[J].矿山压 力与顶板管理,1996(3):3-5.

[96] 闫少宏,许红杰,樊运策.3.5~10 m大倾角煤层巷柱式放顶煤开采技术[J].煤炭科 学技术,2006(01):39-42.

[97] 叶威,张振华.硫化亚铁绝热氧化反应的影响因素[J].石油化工腐蚀与防护,2003,20 (1):19.

[98] 尹艳勇,高名利."三软"条件下薄煤综采工作面三机配套实际应用浅析[J].科技创新 导报,2012(36):131-133.

[99] 尹中凯,马波,王德旺.薄煤层工作面三机配套技术研究与应用[J].山东煤炭科技, 2014(04):141-143.

[100] 于学馥.信息时代岩土力学与采矿计算初步[M].北京:科学出版社,1991.

[101] 余磊.急倾斜煤层复杂条件下大规格巷道的支护[J].中国煤炭,2009,35(1):48-49.

[102] 翟英达.采场上覆岩层中的面接触块体结构及其稳定性力学机理[M].北京:煤炭工 业出版社,2006.

[103] 张百胜.极近距离煤层开采围岩控制理论及技术研究[D].太原:太原理工大 学,2008.

[104] 张振华.油品储罐中硫化亚铁自然氧化倾向性[J].石油化工高等学校学报,2004 (03):27.

[105] 赵伏军,李夕兵,胡柳青.巷道放顶煤法的顶煤破碎机理研究[J].岩石力学与工程学 报,2002(S2):21-25.

[106] 郑军.大倾角厚煤层放顶煤开采覆岩运动规律与矿压特征研究[D].河南理工大 学,2011.

[107] 钟新谷.采场坚硬顶板的弹性稳定性分析[J].煤,1996(4):15-17.

[108] 钟新谷.长壁工作面顶板变形失稳的突变模式[J].湘潭矿业学院学报,1994(2):1-6.

[109] 钟新谷.顶板岩梁结构的稳定性与支护系统刚度[J].煤炭学报,1995,20(6): 601-606.

[110] 周仕来,杨勇.综采工作面"三机"配套及实践应用研究[J].煤矿机械,2015(01): 200-202.

[111] 朱德仁.长壁工作面基本顶的断裂规律及应用[D].徐州:中国矿业大学,1987.